清华电脑学堂

U0385625

信息安全技术 标准教程
微课视频版

徐明明　郭倩倩 ◎ 编著

清华大学出版社
北京

内 容 简 介

本书系统介绍信息安全涉及的各类知识，帮助读者全面了解信息安全的基本概念、重要性以及面临的重大威胁。同时，本书还介绍各种信息安全防护技术和信息安全威胁的解决方案，帮助读者快速提升保护数据信息安全的能力。

全书共9章，包括信息安全技术概述、信息加密技术、身份认证技术、网络模型中的安全体系、网络威胁与防御方法、防火墙及入侵检测技术、信息存储安全技术、无线局域网安全技术，以及操作系统的安全管理等内容。正文内容除了必备的理论知识外，还安排了"知识拓展""注意事项"板块，为读者深度剖析知识点，让读者掌握得更加牢固。每章结尾处安排"知识延伸"板块，对于一些实用技术进行拓展。

本书内容全面、结构合理，语言通俗易懂，逻辑性强，易教易学，适合作为信息安全工程师、网络安全工程师、系统安全工程师、网络管理人员、软硬件工程师以及相关从业人员的参考用书，也适合作为高等院校相关专业师生的学习用书。

图书在版编目（CIP）数据

信息安全技术标准教程：微课视频版 / 徐明明，郭倩倩编著. -- 北京：清华大学出版社，2025. 3.
(清华电脑学堂). -- ISBN 978-7-302-68089-5

Ⅰ. TP309

中国国家版本馆CIP数据核字第202562NY81号

责任编辑：袁金敏
封面设计：阿南若
责任校对：胡伟民
责任印制：丛怀宇

出版发行：清华大学出版社
　　　　　网　　　址：https://www.tup.com.cn，https://www.wqxuetang.com
　　　　　地　　　址：北京清华大学学研大厦A座　　　　　邮　　编：100084
　　　　　社 总 机：010-83470000　　　　　　　　　　　邮　　购：010-62786544
　　　　　投稿与读者服务：010-62776969，c-service@tup.tsinghua.edu.cn
　　　　　质 量 反 馈：010-62772015，zhiliang@tup.tsinghua.edu.cn
　　　　　课 件 下 载：https://www.tup.com.cn，010-83470236
印 装 者：三河市东方印刷有限公司
经　　销：全国新华书店
开　　本：185mm×260mm　　　　**印　　张：**16.5　　　　**字　　数：**445千字
版　　次：2025年4月第1版　　　　　　　　　　　　　**印　　次：**2025年4月第1次印刷
定　　价：59.80元

产品编号：107687-01

前 言

首先，感谢您选择并阅读本书。

在当今信息化、网络化迅速发展的社会中，信息安全问题已经成为我们不可回避的重要议题。无论是在个人数据保护，还是在国家安全层面，信息安全都扮演着至关重要的角色。为此我们组织一线教师和工程技术人员共同编写了《信息安全技术标准教程》一书。本书的写作目标是为读者提供一本全面、深入、实用的信息安全技术标准教程。通过阅读本书，读者能够全面了解和掌握信息安全的基本概念、原理、技术和方法，能够熟练运用这些知识和技能解决实际问题。

本书旨在为读者提供一个全面的信息安全知识框架，从基础的理论知识到实际的技术应用，涵盖加密技术、网络安全、数据隐私保护、操作系统安全等方面。通过系统学习，大家都能增强对信息安全重要性的认识，掌握保护信息安全的必要技能，并在未来的学习和工作中，能够有效应对各种信息安全挑战，为将来步入职场或深造打下坚实的基础。

▌本书特色

在编写本书的过程中，力求做到内容全面、准确、实用，希望本书能够帮助读者提高对信息安全技术的理解和应用能力，提高信息安全意识，提高信息安全管理水平。

- **知识全面，内容翔实**。书中的知识点涵盖信息安全技术各方面，并结合最新的安全标准进行讲解。通过学习本书，用户可以了解和掌握关于信息安全的各类知识。
- **学练结合，针对性强**。既阐述了信息安全技术的基本理论，又介绍了知识点的应用实践。两者结合可以更好地理解和掌握书中的内容，快速提高自身的信息安全意识和水平。
- **从零起步，易教易学**。针对初学者，本书对知识体系结构进行了梳理，科学地对学习内容进行了组织。让初学者入门零压力，有一定基础的读者也可以用来查漏补缺。
- **配套全面，资料完备**。本书附赠系统安全专题视频课、项目实训手册、PPT学习课件等资源。

▌内容概述

全书共9章，各章内容见表1。

表1

章序	内容	难度指数
第1章	介绍信息、信息安全的含义，信息安全的发展，信息安全的核心、影响因素与挑战，信息安全的主要防护措施，信息安全模型的意义与应用，常见的信息安全模型及特点，国际信息安全标准，国内信息安全标准与等级保护，等级划分、保护的原则、要求、工作流程及评测方法等	★☆☆

（续表）

章序	内容	难度指数
第2章	介绍信息加密技术与关键要素、对称加密算法与算法种类、非对称加密算法与算法种类、算法的综合应用、数据完整性保护、消息认证技术、报文摘要技术、哈希函数与算法、文件完整性校验、常见信息加密解密技术的应用与防范等	★★★
第3章	介绍身份认证的几种典型方式及特点，数字签名技术、过程及原理、算法与标准、技术应用与未来发展，数字证书的原理与功能，CA的作用与组成，PKI的组成、作用与应用，访问控制技术的要素及方式等	★★★
第4章	介绍OSI安全体系结构、安全服务及服务配置、安全机制、TCP/IP安全体系结构、数据链路层常见安全协议及工作原理、网络层IPSec安全套件、安全协议、虚拟专用网及安全协议、传输层常见的安全协议及工作原理、应用层安全协议及工作原理等	★★★
第5章	介绍网络威胁的目的，网络模型中的威胁形式，网络威胁的分类，网络威胁的类型、原理及主要防御手段，黑客渗透流程，信息收集内容，收集技术，网络嗅探技术，漏洞的影响，漏洞的扫描，漏洞的利用，后门的利用，日志的清理，漏洞的修复，蜜罐技术，蜜网技术及常用软件等	★★★
第6章	介绍防火墙的工作原理、功能、分类、类型、主要参数、系统结构，下一代防火墙技术，入侵检测技术及原理、系统组成、分类、与防火墙技术的关系、处理机制、评价指标、实施步骤，常见的入侵检测软件、部署方式及未来发展方向等	★★☆
第7章	介绍常见的数据信息存储介质及特点，信息存储的挑战及应对，数据库的挑战及应对，病毒的特点，分类与传播方式，木马的原理及类型，磁盘阵列技术，RAID技术功能及实现方式，RAID的级别与原理，服务器集群技术原理、方式和特点，组成与分类，数据转发方式，分配算法，容错，数据备份技术，备份类型及策略，常见应用方案，数据容灾技术与分类，容灾技术等级划分及具体应用等	★★★
第8章	介绍局域网及拓扑结构、无线局域网分类与结构、技术标准、面临的安全隐患、加密和身份验证技术、接入控制技术、入侵与安全防范技术等	★★☆
第9章	介绍操作系统及分类、操作系统面临的挑战、Windows系统账户的分类、认证机制、账户的安全管理、Windows安全中心、安全策略、NTFS的安全、提高系统安全性的操作、Linux系统资源管理器、Linux系统日志、Linux杀毒软件的使用、Linux防火墙的使用等	★★☆

　　本书的配套素材和教学课件可扫描下面的二维码获取。如果在下载过程中遇到问题，请联系袁老师，邮箱：yuanjm@tup.tsinghua.edu.cn。书中重要的知识点和关键操作均配备高清视频，读者可扫描书中二维码边看边学。

　　本书由徐明明、郭倩倩编著。在编写过程中得到郑州轻工业大学教务处的大力支持，在此表示衷心的感谢。作者在编写过程中虽力求严谨细致，但由于时间与精力有限，书中疏漏之处在所难免。如果读者在阅读过程中有任何疑问，请扫描下面的"技术支持"二维码，联系相关技术人员解决。教师在教学过程中有任何疑问，请扫描下面的"教学支持"二维码，联系相关技术人员解决。

附赠资源

教学课件

技术支持

教学支持

信息安全技术基础专题视频

☑ **课程简介**：本专题视频对操作系统常见的安全配置、软件的安全操作、安全测试、安全防御等内容进行介绍。

☑ **学习目的**：提高用户的安全防范意识，掌握安全测试方法，熟练使用安全设置，保护用户端设备和重要数据免受各种安全威胁。

☑ **新手痛点分析**：实际生活或工作中，很多人不会使用安全软件，不会进行安全软件设置或异常环境的修复，不会使用或维护测试命令，不会备份，网络测试的操作不熟练，鉴于此，特进行针对性的演示和讲解，力求让读者能够看得懂、学得会、做得到，以提高安全水平和威胁抵御能力。

❶ 安全软件的使用　　❷ 防火墙的使用　　❸ 系统更新及漏洞的扫描与修复　　❹ 硬盘分区的加密及解密

❺ 哈希校验值的计算　　❻ 加密工具的使用　　❼ 常见解密工具的使用　　❽ 文件及文件夹的权限设置

❾ 安全策略的设置　　❿ 误删除文件的恢复　　⓫ 系统密码的清空　　⓬ 系统备份及还原

⓭ 异常程序占用端口的解决　　⓮ RE环境的修复　　⓯ 网络维护常用命令　　⓰ 局域网设备的扫描

⓱ 使用SSH远程连接服务器

⓲ 使用Legion扫描局域网

⓳ 使用Amass进行子域名枚举

⓴ 使用Dmitry进行域名查询

㉑ 使用Wireshark统计数据

㉒ 使用Burp Suite篡改搜索内容

㉓ 使用arpspoof进行网络欺骗

㉔ 使用TcpDump抓取数据包

㉕ 查询最新的漏洞信息

㉖ 使用unix-privesc-check扫描漏洞

㉗ 使用Metasploit控制目标主机

㉘ 创建和使用后门程序

㉙ 使用内置模板进行网络钓鱼

㉚ 使用Hydra交互模式进行破解

㉛ 破解Linux密码

㉜ 社工密码字典生成工具Cupp的使用

㉝ 破解ZIP压缩文件密码

㉞ 无线局域网主机的扫描

㉟ 强制断开设备连接

㊱ 使用Wifite多种模式获取无线密码

㊲ 使用Airgeddon破解握手包

目 录

第7章

信息存储安全

第8章

无线局域网安全技术

第9章
操作系统的安全

附赠　项目实训手册

扫 码 下 载

第 1 章
认识信息安全

　　近年来，信息技术得到了高速的发展，与信息技术相关的产业也受到了各国政府以及企业界和学术界的高度重视。随着信息技术的广泛使用，信息安全性问题也日益突出。信息系统受到的各种攻击、信息的泄露、信息的恶意使用，也给各国带来了直接或间接的巨大损失。本章将向读者介绍信息安全相关的基础知识。通过本章内容的学习，使读者了解信息安全面临的威胁以及为提高信息安全所采用的主要措施。

重点难点

- ☑ 信息与信息安全
- ☑ 信息安全模型
- ☑ 信息安全标准与规范

1.1　信息安全基础

　　信息安全不是独立存在的，随着信息的载体和传输方式的变化，信息安全也有着不同的定义和技术手段。现阶段，信息主要依赖计算机技术、计算机网络和云计算等技术的融合，所以信息安全在这些领域更具现实意义。

▌1.1.1　信息与信息安全

　　信息的涵盖面非常广，首先介绍信息与信息安全的相关知识。

1. 信息

　　信息是指事物运动状态和存在方式的表现形式。它是物质、能量、信息及其属性的标识。信息论创始人香农对信息的定义是"信息是用以消除不确定性的东西"。国际标准化组织认为"信息是通过施加于数据上的某些约定而赋予这些数据的特定含义"。

　　信息的表现形式主要有声音、图片、温度、体积、颜色……，信息的类别包括电子信息、财经信息、天气信息、生物信息等。

　　（1）信息的定义

　　信息有多种定义，其中比较常见的有以下几种。

- 信息是事物及其属性标识的集合。
- 信息是事物运动状态和存在方式的表现形式。
- 信息是物质、能量、信息及其属性的标识。
- 信息是处理过的某种形式的数据，对于信息接收者具有意义，在当前或未来的行动和决策中具有实际的或可察觉的价值。

知识拓展

信息的主要作用
- **认识作用：** 信息可以帮助人们认识世界，了解事物的发展规律。
- **控制作用：** 信息可以帮助人们控制事物的发展过程。
- **沟通作用：** 信息可以帮助人们进行沟通交流，实现信息的共享。
- **决策作用：** 信息可以帮助人们进行决策，提高决策的科学性。

　　（2）信息的特性

　　信息具有如下特性。

- **客观性：** 信息是客观存在的，不以人的意志为转移。
- **普遍性：** 信息是普遍存在的，任何事物都包含信息。
- **依附性：** 用"符号"表示，依附于一定的物理介质。
- **动态性：** 信息是动态变化的，事物运动状态和存在方式的变化都会导致信息改变。
- **可处理性：** 内容可以识别，形式可以转换或变换。
- **共享性：** 信息可无限扩散。

- **可传递性：** 信息在时间和空间上都具有传递性。
- **异步性：** 以存储方式来接收，可在任何时间使用。
- **可交换性：** 可在两个主体间实现信息的交换。
- **可伪性：** 信息是可以伪造的。
- **价值性：** 信息具有价值，可以为人们的生产和生活提供服务。

（3）信息的处理方法

对于信息来说，主要的处理方法包括以下几种。

- **创建：** 通过记录或者自身的统计创建信息。
- **存储：** 信息被记录在计算机硬盘、纸张，或者以其他形式存储在介质中。
- **传递：** 通过载体或渠道，可以将信息分发出去，分享给其他使用者。
- **使用：** 通过使用达成某种需求的目标。
- **更改：** 可以对信息进行修改，以完善信息或者达到使用者的目的。
- **销毁：** 将信息彻底清除，不使用或不传播该信息。

本书中的信息主要指计算机科学领域的信息，信息在计算机中存储和传输的基本单位是二进制数，即0和1。信息在计算机中的主要存储格式如表1-1所示。

表 1-1

存储格式	说明
文本格式	用于存储文本信息，如ASCII码、Unicode码等
图像格式	用于存储图像信息，如BMP、JPEG、PNG等
音频格式	用于存储音频信息，如WAV、MP3、AAC等
视频格式	用于存储视频信息，如AVI、MPEG、MP4等
数据库格式	用于存储结构化数据，如MySQL、SQL Server、Oracle等

为了便于存储和传输，信息在计算机中通常会进行编码。常见的编码方式如表1-2所示。

表 1-2

编码格式	说明
ASCII码	用于编码英文字母、数字和一些特殊符号
Unicode码	用于编码世界上大多数语言的文字
GB-2312	用于编码简体中文
Big5	用于编码繁体中文

知识拓展

信息的压缩

为了提高存储和传输效率，信息在计算机中通常会进行压缩。常见的压缩方式包括无损压缩和有损压缩，前者表示在压缩过程中不丢失任何信息，但压缩率相对较低。后者表示在压缩过程中会丢失部分信息，但压缩率相对较高。

2. 信息安全

信息安全是指保护信息及信息系统免受未经授权的进入、使用、披露、破坏、修改、检视、记录及销毁。它是国家安全、经济发展和社会进步的重要基础。ISO对于信息安全的定义为"技术上和管理上为数据处理系统建立的安全保护，保护信息系统的硬件、软件及相关数据不因偶然或者恶意的原因遭到破坏、更改及泄露"。

信息安全对于个人、组织和国家都至关重要。

● 对个人而言，信息安全关系到个人隐私和财产安全。

● 对组织而言，信息安全关系到组织的竞争力和可持续发展。

● 对国家而言，信息安全关系到国家安全和社会稳定。

随着信息化发展进程的不断加快，各种信息技术已经渗透到国家和人民生活的方方面面，对信息的依赖程度也已经上升到前所未有的高度，信息已经成为重要的战略资源，信息化水平已经成为衡量一个国家的国际竞争力、现代化水平、综合国力以及经济成长的重要标志，所以信息安全已经成为影响和制约国家发展的重要因素。信息安全的影响关乎经济发展、社会稳定、国家安全、公众利益等方面。

1.1.2　信息安全的发展

信息安全并不是凭空出现的，从信息安全的整个发展过程来看，主要分为四个阶段。每个阶段的发展都为信息安全提供了新的视角和解决方案，推动了信息安全领域的不断进步和发展。随着技术的不断演进和社会的不断发展，信息安全仍然是一个持续发展和不断完善的领域。

1. 初级阶段：1960—1980 年

初级阶段主要集中在计算机的发展和普及阶段，信息安全的概念尚不成熟。安全主要依赖于物理控制措施，如门禁、密码锁等。主要关注点是保护主机和网络的物理安全，而非信息内容的安全。

2. 密码学阶段：1980—1990 年

随着互联网的普及，信息传输变得更加容易。保护通信内容的安全成为首要任务。保障信息在传递过程中安全，防止信源、信宿以外的对象查看是该阶段的主要目标。密码学成为信息安全的核心技术，包括对称加密、非对称加密和哈希算法的发展应用。随着互联网的发展，数字证书和数字签名等技术逐渐成熟，用于验证通信方的身份和保证通信内容的完整性。

3. 网络安全阶段：1990—2000 年

随着网络的快速发展，互联网成为人们生活和工作中不可或缺的一部分。信息安全开始着重于网络安全，包括防火墙、入侵检测系统、反病毒软件等技术的发展和应用。同时，网络攻击也开始呈现多样化和复杂化的趋势，安全威胁不断增加，网络安全成为关注焦点。此时的信息安全主要保证信息的机密性（Confidentiality）、完整性（Integrity）、可用性（Availability）、可控性（Controllability）、不可否认性（Non–Repudiation）。

● **机密性：**指信息只能为授权者使用，未授权的用户不能获取信息的内容。

● **完整性：**指保证信息在存储和传输过程中未经授权不能被改变的特性，从而确保信息的真实性。

- **可用性：**指保证信息和信息系统随时为授权者提供服务的有效特性。
- **可控性：**指授权实体可以控制信息系统和信息使用的特性。
- **不可否认性：**指任何实体均无法否认其实施过的信息行为的特性，也称为抗抵赖性。

4. 全球化与标准化阶段：2000年至今

随着全球化进程的加速和信息技术的普及，信息安全已成为全球范围内的重要议题。国际标准化组织和政府机构开始制定一系列的信息安全标准和法规，如ISO/IEC 27001系列标准、欧盟的GDPR等。信息安全管理体系逐渐成为企业和组织的必备管理手段，涵盖风险管理、安全意识培训、安全事件响应等方面。随着物联网、大数据、人工智能等新技术的快速发展，信息安全面临着新的挑战和机遇，需要不断创新和发展。

此时信息保障的主要内容可以归纳为保护（Protect）、检测（Detect）、反应（React）、恢复（Restore）四方面，从而构成信息安全保障的完整动态过程。

- **保护：**事先采取一定的安全防御措施，使攻击条件无法达成，让攻击者无法实施入侵信息系统的行为。保护属于被动防御行为，无法彻底阻止各种对信息安全系统的攻击行为。
- **检测：**根据相关的安全防御策略，利用各种技术手段，针对可能被攻击者利用的信息系统的弱点，进行进一步实时检查，形成检测报告。现在主要的检测技术有入侵检测、恶意代码检测以及系统漏洞扫描等。
- **反应：**针对破坏信息安全的行为做出的相应处理，抑制危害的进一步扩大，将损失减少到最小。
- **恢复：**危害事件发生后，将信息系统恢复到原有的状态，并加入针对性的防范措施，将危害减少到最小。

1.1.3 信息安全的核心

信息安全的三大核心要素就是常说的CIA，也是信息安全的核心目标。

- **C（Confidentiality，保密性）：**确保信息在存储、使用、传输过程中不会泄露给非授权用户或实体，确保信息只能被授权的人员访问和使用。
- **I（Integrity，完整性）：**确保信息在存储、使用、传输过程中不会被非授权篡改，防止授权用户或实体不恰当地修改信息，保持信息内部和外部的准确、完整和一致。
- **A（Availability，可用性）：**确保授权用户或实体对信息及资源的正常使用不会被异常拒绝，允许其可靠而及时地访问信息及资源，确保用户能够及时、可靠地访问和使用信息。

1.1.4 信息安全的影响因素与挑战

信息安全的影响因素有很多，也面临着大量的挑战。

1. 信息安全的主要影响因素

信息安全不是一个孤立的、静止的概念，信息安全具有系统性、相对性和动态性的特点。

在影响信息安全的主要因素中，人、技术、管理是最主要的因素，其中人是信息保障的基础、技术是信息保障的核心、管理是信息保障的关键。

影响信息安全的因素，可以分为内因和外因。

（1）内因

内因主要由于系统的复杂性所导致，包括过程复杂、网络结构复杂、软件应用复杂。在程序与数据上存在诸多"不确定性"，如多线程并发错误、数据竞争等。从设计的角度看，在设计时考虑的优先级中，安全性相对于易用性、代码大小、执行程度等因素被放在次要的位置。由于程序设计方法学的不完善，软件总是存在或明或暗的bug。另外，人为的无意失误、恶意攻击，如无意的文件删除、修改，恶意利用病毒，入侵工具实施的操作、监听、截包等都会对信息安全造成危害。在维护时，由于技术体系中安全设计和实现的不完整、技术管理或组织管理的不完善等原因，都给威胁提供了各种机会。

（2）外因

外因主要是指安全环境受到各种威胁，包括各种情报机构、犯罪团伙和黑客等。他们通过系统漏洞、通信设备监听、篡改、恶意程序等手段破坏信息的安全性。最常见的网络攻击就是网络安全重大威胁之一，包括扫描嗅探、口令攻击、伪造身份、获取及提升权限、种植病毒木马、篡改信息、对存储介质进行破坏、数据窃取等。

2. 信息安全面临的挑战

信息安全并不能脱离信息的应用技术而独立存在，信息安全与信息的载体、传递、使用过程等方面的安全性紧密相关。信息安全面临的挑战形式多种多样，主要集中在以下几方面。

（1）网络攻击形式不断演变

网络攻击是信息安全面临的最大挑战之一。近年来，网络攻击的手段和方法不断演变，攻击的复杂性和隐蔽性不断提高，给信息安全带来了巨大的威胁。如网络服务器和数据中心的大规模网络攻击、漏洞扫描及渗透，通过网络攻击威胁信息的正常获取，并且通过入侵获取各种数据信息。

（2）数据泄露风险日益加剧

数据泄露不仅会造成经济损失，还会严重影响个人隐私和国家安全。例如常见的内部人员对信息进行非法复制并泄露给某个非授权的实体，或者别有用心的人通过对废弃的存储介质进行数据恢复从而进行信息窃取。黑客也可以通过渗透技术并获取本地数据库存储的各种数据。非授权用户通过网络获取并复制重要的数据也是信息泄露的主要途径，例如信息在网络传输过程中，非法人员通过欺骗、窃听、截收、侧信道攻击等，可以窃听有线传输介质和无线传输中的数据信号，或者截获代理服务器中传输的代理数据包。如果加密手段不强，甚至是明文传输，非常容易被破解出数据信息的内容，会造成更加严重的安全后果。

知识拓展

侧信道攻击

侧信道攻击指攻击者不能直接获得信息数据，但可以获取这些加密信息的相关信息，然后通过分析破译出信息的完整内容。

（3）信息篡改欺骗愈演愈烈

信息在被截获后，除了有泄露风险外，还有被篡改和欺骗的风险。而且信息被恶意地修改并发送给信任的实体，将会引起更严重的后果。对信息进行恶意修改后，还会破坏信息的完整性，造成信息内容的变化，但使用者并不知道信息已经被篡改，篡改者通过这种伪造信息达到各种非法目的。所以对重要数据信息要使用合适的加密手段进行加密保存，以防被非授权人员查看和篡改。另外信息的篡改还会产生如下影响。

- **信息伪造**：非授权用户使用授权用户的信息去提升权限，进入信息管理后台后，就可以获取各种重要的信息，或者假冒授权用户，通过授权用户权限去修改、伪造信息。
- **信息否认**：在对授权或非授权的信息进行修改后进行各种非法操作，并否认此次修改行为的发生是自己所为，从而导致参与者成功逃避应承担的责任的行为。

（4）信息损坏与恶意破坏

信息的损坏往往与存储介质有关，包括但不限于自然灾害，如地震、洪水，或由于管理人员误操作造成信息文件的损坏、有意或无意地将信息销毁、存储信息的硬件介质损坏造成存储内容的损坏。虽然有妥善的数据备份策略，但并不是所有的信息损坏都可以被恢复，所以必须要保证存储介质运行时的环境安全。

使用者的使用环境不安全，信息被病毒恶意破坏或被木马窃取，也会造成信息的损毁或泄露，恶意代码也同样威胁着信息的安全。随着科技的发展，破坏性病毒已经不是单独出现，而是和木马结合，对使用者进行恶意勒索。

（5）新技术对信息安全的影响

新技术的开发和广泛应用促进了社会的进步，但新技术本身如果存在安全性问题，也会对信息安全造成影响。如现在广泛使用的物联网技术，随着物联网设备数量不断增长，不同的设备容易被攻击者利用，成为信息安全的新威胁。尤其是现在广泛使用的大数据技术，如果没有有效的监管措施和严密的防范技术，人们的隐私信息、关键性保密信息、涉及行业乃至国家级的安全信息将会带来无法预计的严重后果。

（6）法律法规与人员安全意识

信息安全法律法规还不够完善，难以有效应对新的信息安全威胁。另外人员安全意识薄弱也是导致信息安全事件发生的重要原因之一。人是整个安全体系中最不可控的一环，员工的安全意识薄弱，容易被攻击者利用，造成信息泄露。随着安全技术的不断发展，从外部非法获取信息变得越来越难。一些非法人员就将突破口放在了能接触到这些信息的关键人员身上，通过各种社工技术，从关键人员身上获取关键信息，效率和准确性都非常高。

知识拓展

其他信息威胁

其他信息威胁包括使用者在使用信息时所使用的设备本身可能会产生故障，供电故障、网络故障等都会造成信息无法使用或损坏。操作系统、使用信息的软件等，由于系统和软件漏洞被入侵、使用者的误操作、兼容性的问题等，都会造成信息无法正常获取、使用、传递。所以需要确保使用信息时的操作系统和软件的稳定性。

1.1.5 信息安全的主要防护措施

为了保障信息安全，需要采取各种防护措施，其中主要的防御手段包括以下几种。

（1）技术措施

- 部署防火墙、入侵检测系统、数据加密等技术手段，提高信息系统的安全性。
- 使用安全软件，如杀毒软件、防间谍软件等，保护信息系统的安全。
- 进行安全漏洞的扫描和修复，消除信息系统中的安全漏洞。

（2）管理措施

- 制定信息安全政策和制度，规范信息系统的管理和使用。
- 建立信息安全管理体系，对信息安全进行全面管理。
- 进行信息安全教育和培训，提高员工的信息安全意识。

（3）物理措施

- 建立安全的数据中心，对信息系统进行物理保护。
- 采用安全存储介质，存储敏感信息。
- 进行环境安全监测，防止信息泄露。

1.2 信息安全模型

系统性地研究信息安全，从安全理论角度指导安全防范技术的开发，以便应对不同的安全威胁。

1.2.1 信息安全模型的意义与应用

信息安全模型是指为实现信息安全而建立的理论框架和方法体系。它可以帮助人们理解信息安全的基本概念和原理，并指导信息安全实践。简单来说，信息安全模型是一系列旨在帮助组织理解和管理网络安全风险的标准、准则和程序。

安全模型要求精确、无歧义、简单和抽象，容易理解。模型一般只涉及安全性质，具有一定的平台独立性，不过多抑制系统的功能或实现；形式化模型是对现实世界的高度抽象，可以设定具体应用目标，并可以利用工具来验证；形式化模型适用于对信息安全进行理论研究。

1. 创建信息安全模型的意义

信息安全模型是信息安全领域的重要基础理论，它对于理解信息安全、指导信息安全实践、评估信息安全系统的安全性、设计信息安全系统以及促进信息安全技术的发展都具有重要意义。

（1）帮助人们理解信息安全的基本概念和原理

信息安全模型从理论上对信息安全进行了系统的描述和分析，帮助人们理解信息安全的基本概念和原理，例如机密性、完整性和可用性等。安全模型能够准确描述安全的重要方面与系统行为之间的关系，这有助于使用人员理解如何通过控制某些行为来保障系统的安全。

（2）指导信息安全实践

信息安全模型可以为信息安全实践提供指导，帮助人们设计和实施安全有效的安全措施。

例如，Bell-LaPadula模型可以用于设计访问控制系统，Biba模型可以用于设计数据完整性保护系统，Clark-Wilson模型可以用于设计交易处理系统安全，等等。

（3）评估信息安全系统的安全性

信息安全模型可以用于评估信息安全系统的安全性。通过分析信息安全模型，可以发现信息安全系统存在的安全漏洞，并提出改进措施。

（4）设计信息安全系统

信息安全模型可以用于设计信息安全系统。在设计信息安全系统时，可以参考信息安全模型，选择合适的安全技术和措施。

（5）促进信息安全技术的发展

信息安全模型可以促进信息安全技术的发展。为了实现信息安全模型所定义的安全目标，需要不断开发新的信息安全技术。

2. 信息安全模型的应用

随着信息安全技术的发展，信息安全模型已经与很多实际应用相结合，并应用在了一些具体的案例中。

- 在政府部门方面，信息安全模型被用于保护敏感信息，例如国家安全信息和公民个人信息。
- 在金融机构方面，信息安全模型被用于保护金融交易安全，例如防止网络攻击和数据泄露。
- 在医疗机构方面，信息安全模型被用于保护患者隐私和医疗数据安全。
- 在企业方面，信息安全模型被用于保护商业秘密和知识产权。

1.2.2　常见的信息安全模型及特点

信息安全模型有很多种，它们从不同的角度描述和分析信息安全问题。以下是一些常见的信息安全模型及其特点。

1. Bell-LaPadula 模型

Bell-LaPadula（BLP）模型是信息安全领域的一个经典模型，它基于多级安全模型，用于控制信息的访问权限。该模型由David Elliott Bell和Leonard J.LaPadula在1973年提出，最初是为了满足美国国防部对多级安全系统的要求。

（1）核心思想

Bell-LaPadula模型的核心思想在于其强制访问控制策略，这种策略通过对主体（用户）和客体（数据或资源）分配不同的安全级别来控制信息流动。安全级别通常由密级和范畴两部分构成，密级表示信息的敏感程度，范畴则表示信息所属的类别。这些安全级别之间存在一种"支配"关系，即高级别的信息不可以流向低级别。

Bell-LaPadula模型的安全特性可以概括为以下几点。

- **简单安全属性：** 主体只能从等于或低于其安全级别的客体中读取信息。这意味着高级别的用户可以访问低级别的信息，但低级别的用户不能访问高级别的信息，从而保证信息的机密性不会向下泄露。
- **星属性：** 主体只能向等于或高于其安全级别的客体中写入信息。这样防止高安全级别的信息被写入到低安全级别的客体中，确保信息的机密性不会被破坏。

- **完整性方面**：虽然Bell-LaPadula模型主要关注机密性，但它也间接地支持数据的完整性。通过限制谁可以修改数据，模型有助于防止未授权的更改，从而保护数据的完整性。
- **范畴的组合**：在Bell-LaPadula模型中，不同范畴的信息是相互隔离的，即使它们具有相同的密级，也不能相互访问。这增加了模型的灵活性和安全性。
- **形式化描述**：该模型使用数学方法描述系统的安全状态和状态转换规则，这使得安全策略的验证和分析更加严格和精确。

（2）模型的优点缺点

Bell-LaPadula模型具有以下优点。

- **简单易懂**：该模型的思想简单易懂，易于理解和实现。
- **有效性**：该模型已被广泛应用于多级安全系统，并证明是有效的。

Bell-LaPadula模型也存在一些不足。

- **不够灵活**：该模型过于严格，在实际应用中不够灵活。
- **不能防止所有攻击**：该模型不能防止所有攻击，例如Trojan horse攻击和社会工程攻击。

尽管存在一些不足，但Bell-LaPadula模型仍然是信息安全领域的重要模型之一，它为多级安全系统的设计和评估提供了重要的理论基础。随着信息技术的不断发展，Bell-LaPadula模型也在不断发展和完善。未来的Bell-LaPadula模型将更加灵活。

2. Biba 模型

Biba模型是信息安全领域的一个经典模型，它基于多级安全模型，用于控制信息的完整性。该模型由K.J.Biba在1977年提出，模型的主要目的是保护数据的完整性和一致性，防止未授权的修改和破坏。它与Bell-LaPadula模型相对应，但两者的关注点不同。Bell-LaPadula模型侧重于保护数据的机密性，Biba模型则侧重于保护数据的完整性。

（1）核心思想

Biba模型的核心思想是强制访问控制（MAC），它通过主体、客体和完整性级别的管理来实施访问控制策略。在这个模型中，主体是指请求访问的用户或进程，客体是指被访问的数据或资源。完整性级别则用来表示数据的信任程度或准确性级别。以下是Biba模型的几条主要规则。

- **禁止向上写（No Write Up）**：主体只能向完整性级别等于或低于自己的客体写入数据。这样防止低信任级别的主体修改高信任级别的数据，从而保证数据的完整性不被破坏。
- **禁止向下读（No Read Down）**：主体可以从完整性级别等于或高于自己的客体读取数据，但不允许反向流动，以确保数据的完整性不会受到低信任级别数据的影响。
- **调用关系（Call Relationships）**：在一个系统中，如果一个主体A调用另一个主体B，那么主体B的完整性级别必须等于或者高于主体A的完整性级别。

总地来说，Biba模型通过这些规则确保了数据的准确性和一致性，防止了未授权的修改和破坏。它不直接关心数据的安全级别和机密性，而是侧重于防止数据从低完整性级别流向高完整性级别。这使得Biba模型特别适合于那些对数据完整性有严格要求的系统，如数据库管理系统和金融交易系统。

（2）模型的应用

Biba模型可以用于设计和评估信息完整性保护系统。在设计信息完整性保护系统时，需要根据简单完整性和完整性保护属性来定义访问控制规则。在评估信息完整性保护系统时，需要检查系统是否符合Biba模型的安全规则。

3. Clark-Wilson 模型

Clark-Wilson模型是信息安全领域的一个重要模型，它基于数据完整性模型，用于保护数据库系统的完整性。该模型由David D.Clark和David R.Wilson在1987年提出，目的是解决Bell-LaPadula模型和Biba模型无法解决的数据库完整性问题。

（1）核心思想

Clark-Wilson模型的核心思想是通过一系列的规则和机制来确保数据的完整性和一致性，防止未授权的修改。Clark-Wilson模型为保护数据的完整性提供一个强有力的框架，它通过严格的规则和控制机制来限制对敏感数据的访问和修改。

Clark-Wilson模型的几个关键特点如下。

- **定义两种类型的数据项**：约束数据项（CDI）和非约束数据项（UDI）。CDI是那些需要被保护的数据，UDI则是可以自由访问的数据。
- **转换程序（TP）**：Clark-Wilson模型中引入了转换程序的概念，这些程序是一组特定的、经过认证的程序，用于对CDI进行操作。只有通过这些程序，用户才能修改CDI。
- **完整性验证程序（IV）**：任何对CDI的操作都需要通过IV进行验证，以确保数据的完整性没有被破坏。
- **用户角色的分离**：模型将用户分为不同的角色，并限制用户只能通过特定的方式来访问和修改数据。
- **受控接口**：用户与系统之间的交互必须通过受控接口进行，这些接口定义了用户可以执行的操作类型。
- **审计跟踪和日志记录**：为了确保可追溯性和透明度，模型要求系统记录所有与CDI相关的操作日志。

（2）模型的应用

Clark-Wilson模型可以用于设计和评估数据库系统完整性保护系统。在设计数据库系统完整性保护系统时，需要根据完整性约束和完整性验证来定义安全策略。在评估数据库系统完整性保护系统时，需要检查系统是否符合Clark-Wilson模型的安全策略。

（3）模型优缺点

Clark-Wilson模型具有以下优点。

- **有效性**：该模型已被广泛应用于数据库系统完整性保护系统，并证明是有效的。
- **灵活性**：该模型可以根据具体应用场景进行调整，具有一定的灵活性。

Clark-Wilson模型也存在一些不足。

- **复杂性**：该模型的实现比较复杂，需要一定的技术基础。

●**成本：** 该模型的实施需要一定的成本，可能不适合小型数据库系统。

尽管存在一些不足，但Clark-Wilson模型仍然是信息安全领域的重要模型之一，它为数据库系统完整性保护系统的设计和评估提供了重要的理论基础。

4. RBAC 模型

RBAC（Role-Based Access Control）模型即基于角色的访问控制模型，是一种通用、灵活且易于管理的权限控制模型。该模型由David Ferraiolo和Richard Kuhn在1992年提出，目的是简化用户权限管理。该模型是一种广泛应用于企业和组织中的访问控制方法，它通过将权限与角色关联，而不是直接与用户关联，简化安全管理并增强系统的可维护性和安全性。

（1）核心思想

RBAC模型的核心思想是"角色授权"。该模型通过角色来定义用户权限，用户通过被赋予角色来获得相应的权限。RBAC模型定义了以下几个基本概念。

●**用户：** 指实体，可以是人、应用程序或其他设备。

●**角色：** 指一组权限的集合。

●**权限：** 指对资源的操作许可，例如读、写、执行等。

●**会话：** 指用户与系统交互的过程。

（2）工作原理

RBAC模型的基本工作原理如下。

●**定义角色和权限：** 系统管理员根据安全需求定义角色和权限。

●**将用户分配给角色：** 系统管理员根据用户职责将用户分配给相应的角色。

●**用户访问资源：** 用户通过其拥有的角色来访问资源。

（3）模型优缺点

RBAC模型具有以下优点。

●**简化权限管理：** 通过角色来管理权限，简化权限管理的复杂度。

●**提高灵活性：** 可以根据需要灵活定义和修改角色，方便权限调整。

●**增强安全性：** 通过角色来控制用户权限，可以有效地降低安全风险。

RBAC模型也存在一些不足。

●**粒度不够细：** 角色粒度不够细，可能导致权限分配不够精细。

●**难以管理复杂权限关系：** 对于复杂权限关系，RBAC模型难以有效管理。

RBAC模型是应用最广泛的权限控制模型之一，它已被广泛应用于各种信息系统中，例如政府部门、金融机构、企业等。

知识拓展

RBAC模型的扩展

为了克服RBAC模型的不足，人们提出了各种RBAC模型的扩展，例如：

● **RBAC 1模型：** 支持角色继承，可以提高角色粒度。

● **RBAC 2模型：** 支持权限约束，可以细化权限控制。

● **RBAC 3模型：** 支持用户组，可以简化用户管理。

● **RBAC 4模型：** 支持动态授权，可以提高权限管理的灵活性。

RBAC模型是一种灵活且有效的访问控制方法，它适用于各种规模的组织和系统。通过合理地设计角色和权限结构，可以确保其信息系统的安全性和高效性。

5. Chinese Wall 模型

Chinese Wall模型又称为防火墙模型，是一种用于防止信息的非法流动的信息安全模型。该模型也称为Brewer and Nash模型，由Brewer和Nash在1989年提出，目的是解决金融机构之间存在利益冲突的问题，主要用于防止信息泄露和保护数据的机密性。

Chinese Wall模型的核心思想是"信息隔离"。该模型将信息分为不同的"利益组"，每个利益组内的信息只能被该利益组内的成员访问。不同利益组之间的信息不能流动，除非经过授权。通过限制主体（如用户或进程）对客体（如文件或数据）的访问，以防止敏感信息在不同数据集之间泄露。具体来说，这个模型规定了一个主体只有在不能读取位于不同数据集内的某个客体时，才能写另一个客体。这意味着，如果一个主体已经访问了某个数据集，那么它将被禁止访问任何可能包含与该数据集冲突信息的客体。

Chinese Wall模型通过动态改变访问控制策略来防止信息泄露，它适用于那些需要根据用户的先前活动来调整访问权限的场景。这种模型在金融服务业等领域尤其有用，因为它可以帮助防止因信息泄露而引发的内幕交易等不当行为。

知识拓展

> **模型的结合使用**
>
> 结合Chinese Wall模型和其他安全模型，如Bell-LaPadula（BLP）模型，可以创造出适用于特定场景的安全模型。

6. GRIDS 模型

GRIDS（Generalized Role-Based Information Delivery System）模型即基于角色信息传递系统的通用模型，是一种用于控制网络访问的访问控制模型。该模型由Theodore H.Morris和Ravi S. Sandhu在1996年提出，目的是解决传统访问控制模型难以满足动态网络环境的需求。

GRIDS模型的核心思想是"基于角色的动态访问控制"。该模型将用户、资源和操作抽象为实体，并通过角色来定义用户对资源的操作权限。GRIDS模型支持动态授权，可以根据用户的角色、资源的属性和环境上下文来动态地调整用户权限。GRIDS模型定义了以下几个基本概念。

- **实体**：指用户、资源和操作。
- **角色**：指一组权限的集合。
- **权限**：指对资源的操作许可，例如读、写、执行等。
- **环境上下文**：指影响用户权限的条件，例如时间、地点、用户身份等。

GRIDS模型的基本工作原理如下。

- **定义角色和权限**：系统管理员根据安全需求定义角色和权限。
- **将用户分配给角色**：系统管理员根据用户职责将用户分配给相应的角色。
- **用户访问资源**：用户在访问资源时，系统会根据用户的角色、资源的属性和环境上下文来动态计算用户的权限。

7. P2DR 安全模型

著名的美国互联网安全系统公司（ISS）基于P2DR，提出了自适应性网络安全模型（Adaptive Network Security Model，ANSM），包括安全策略、防护、检测和响应。

由于安全策略是安全管理的核心，所以要想实施动态网络安全循环过程，必须首先制定安全策略，所有的防护、检测、响应都是依据安全策略实施的，安全策略为安全管理提供管理方向和支持手段。对于一个策略体系的建立包括安全策略的制定、安全策略的评估、安全策略的执行等。

保护通常是通过采用一些传统的静态安全技术及方法来实现的，主要有防火墙、加密、认证等方法。通过防火墙监视、限制进出网络的数据包，可以防范外对内及内对外的非法访问，提高网络的防护能力，当然需要根据安全策略制定合理的防火墙策略；也可以利用SecureID这种一次性口令的方法来增加系统的安全性。

在网络安全循环过程中，检测是非常重要的一个环节。检测是动态响应的依据，也是强制落实安全策略的有力工具，通过不断地检测和监控网络和系统来发现新的威胁和弱点，通过循环反馈来及时做出有效的响应。

紧急响应在安全系统中占有最重要的地位，是解决安全潜在性最有效的办法。从某种意义上讲，安全问题就是要解决紧急响应和异常处理问题。要解决好紧急响应问题，就要制定好紧急响应的方案，做好紧急响应方案中的一切准备工作。

8. PDRR 安全模型

美国国防部提出防护、检测、响应、恢复安全的目标实际上就是尽可能增大保护时间，减少检测和响应时间，在系统遭受破坏之后，应尽可能快地恢复，减少系统暴露时间。

网络安全策略PDRR模型的最重要的部分是防护（P）。防护是预先阻止攻击可能发生的条件，让攻击者无法顺利地入侵。防护可以减少大多数的入侵事件。

PDRR模型的第二个环节是检测（D）。上面提到防护系统除掉入侵事件发生的条件，可以阻止大多数的入侵事件的发生，但是它不能阻止所有入侵，特别是那些利用新的系统缺陷、新的攻击手段的入侵。因此安全策略的第二个安全屏障就是检测，即如果入侵发生就要检测出来，这个工具就是入侵检测系统（IDS）。

PDRR模型中的第三个环节是响应（R）。响应就是已知一个攻击（入侵）事件发生之后的处理。在一个大规模的网络中，响应的工作是由一个特殊部门负责，那就是计算机响应小组。世界上第一个计算机响应小组CERT位于美国，于1989年建立。CERT建立之后，世界各国以及各机构也纷纷建立自己的计算机响应小组。我国第一个计算机紧急响应小组CCERT于1999年建立，主要服务于中国教育和科研网。

恢复（R）是PDRR模型中的最后一个环节。恢复是事件发生后，把系统恢复到原来的状态或者比原来更安全的状态。恢复也可以分为两方面：系统恢复和信息恢复。系统恢复指的是修补该事件所利用的系统缺陷，不让黑客再次利用这样的缺陷入侵。系统恢复一般包括系统升级、软件升级和打补丁等方法。系统恢复的另一个重要工作是除去后门。一般黑客在第一次入侵时都是利用系统的缺陷。在第一次入侵成功之后，黑客就会在系统打开一些后门，如安装一个特洛伊木马。

防护、检测、恢复、响应这几个阶段并不是孤立的，构建信息安全保障体系必须从安全的各方面进行综合考虑，只有将技术、管理、策略、工程过程等方面紧密结合，安全保障体系才能真正成为指导安全方案设计和建设的有力依据。

9. HTP 信息安全模型

HTP（Human-Technology-Process）模型是一种用于分析信息安全的模型，该模型认为，信息安全是由人、技术和过程三个要素共同构成的。

HTP模型的核心思想是"三位一体"。该模型强调，信息安全不能仅仅依靠技术手段来实现，还需要人的因素和良好的安全管理过程。

从国家的角度考虑，有法律、法规、政策问题；从组织角度考虑，有安全方针政策程序、安全管理、安全教育与培训、组织文化、应急计划和业务持续性管理等问题。人是信息安全最活跃的因素，人的行为是信息安全保障最主要的方面；从个人角度来看有职业要求、个人隐私、行为学、心理学等问题。

组织可以依据"适度防范"原则，综合采用商用密码、防火墙、防病毒、身份识别、网络隔离、可信服务、安全服务、备份恢复、PKI服务、取证、网络入侵陷阱、主动反击等多种技术与产品来保护信息系统的安全。

组织应当遵循国内外相关信息安全标准与最佳实践过程，考虑到组织对信息安全各层面的实际需求，在风险分析的基础上引入恰当控制，建立合理的安全管理体系，从而保证组织赖以生存的信息资产的安全性、完整性和可用性。

🔒 1.3 信息安全标准与规范

信息安全标准与规范是指为了在信息安全领域获得最佳秩序，由公认机构制定的、共同遵守的规范性文件。它们为信息安全管理和技术实践提供了统一的依据，是保障信息安全的重要基础。信息安全在发展过程中，各国政府和安全机构都在不断地进行研究，而后形成共识，并形成统一的信息安全规范和标准。各国都在该标准下结合本国的实际情况进行实施。

信息安全标准与规范具有以下作用。

- **统一规范**：为信息安全管理和技术实践提供统一的依据，确保信息安全工作的一致性和可控性。
- **提高效率**：减少重复劳动，提高信息安全管理和技术实践的效率。
- **促进互操作**：确保不同系统和设备之间的互操作性，实现信息安全资源的共享。
- **降低风险**：帮助组织降低信息安全风险，提高信息系统的安全防护能力。

▌1.3.1 常规的国际信息安全标准

国际信息安全标准是指由ISO和其他国际组织制定的一系列规范和指南，用于指导组织确保其信息资产的安全性。这些标准旨在帮助组织建立、实施和维护有效的信息安全管理系统（ISMS），以保护其信息资产免受各种威胁和风险。以下是一些主要的国际信息安全标准。

1. ISO/IEC 27001：信息安全管理体系（ISMS）

该标准是ISO/IEC 27000系列中最重要的标准之一。它为组织提供建立、实施、运行、监视、审查、维护和改进ISMS的框架。ISO/IEC 27001强调风险管理的重要性，以确保信息安全措施与组织的业务目标相一致。

2. ISO/IEC 27002：信息安全、网络安全和隐私保护——信息安全控制

该标准旨在提供一套通用的信息安全管理最佳实践。它涵盖了各种信息安全领域，如安全政策、组织安全、人员安全、物理安全、通信和运营管理等。

3. ISO/IEC 27005：信息安全、网络安全和隐私保护——信息安全风险管理指南

该标准提供一个风险管理的框架，以帮助组织识别、评估和应对信息安全风险。它强调了风险评估的重要性，并提供了一些方法论和工具来进行风险评估和处理。

4. ISO/IEC 27032：网络安全指南

该标准提供有关网络安全的指导，强调了网络安全在整个信息安全体系中的重要性。它涵盖了网络安全的各方面，包括网络威胁、网络安全控制和网络安全事件的管理。

5. ISO/IEC 27701：隐私信息管理体系（PIMS）

这个标准是基于ISO/IEC 27001的基础上开发的，专门针对个人信息的保护和管理提供指导。它帮助组织确保在处理个人信息时符合适用的隐私法规和法律要求。

6. ISO/IEC 15408：信息技术——安全技术——评估方法

通常称为"Common Criteria"，这个标准为信息技术产品和系统的安全性提供了一个评估框架。它允许组织对产品和系统进行安全性评估，并为采购者提供一个参考框架，以帮助他们选择适合其需求的安全产品。

▌1.3.2 我国的信息安全标准——信息安全等级保护

我国最主要的信息安全规范和标准就是信息安全等级保护（简称"等保"），它是我国针对网络信息安全制定的规范，是我国为保障信息安全而制定的一项基本制度，旨在通过分等级的安全保护确保信息系统的安全。信息系统安全等级保护的核心是对信息系统分等级，按标准进行建设、管理和监督，可以更好地对信息进行分类，制定保护内容，更好地实施保护策略。该安全标准的重要意义主要体现在以下几方面。

- **保障信息安全**：等保工作可以有效地防止信息系统遭受破坏、泄露、篡改等，保障信息系统的安全。
- **维护国家安全**：等保工作可以有效地维护国家安全和社会秩序，保障公共利益。
- **促进经济社会发展**：等保工作可以为经济社会发展提供安全保障，促进经济社会健康发展。

信息安全等级保护要求不同安全等级的信息系统应具有不同的安全保护能力，一方面通过在安全技术和安全管理上选用与安全等级相适应的安全控制来实现；另一方面分布在信息系统中的安全技术和安全管理上不同的安全控制，通过连接、交互、依赖、协调、协同等相互关联

关系，共同作用于信息系统的安全功能，使信息系统的整体安全功能与信息系统的结构，以及安全控制间、层面间和区域间的相互关联关系密切相关。因此，信息系统安全等级测评在安全控制测评的基础上，还要包括系统整体测评。

等保的法律地位

在我国等保已经被法律明确其地位，《中华人民共和国网络安全法》第21条明确规定，互联网经营者要执行等级保护规章制度责任；某些领域必须满足等保的要求才能涉足，绝大多数领域如诊疗、文化教育、交通出行、电力能源、电信网这些重要的信息基础设施建设领域都需要达到等保规定；公司提高安全性的必备措施，在我国等保有着完全的检测标准管理体系，是现阶段最佳时间，也是公司最好的可参照标准，确保公司信息安全。

1.3.3 信息安全等级保护的等级划分

《信息安全等级保护管理办法》规定，国家信息安全等级保护坚持自主定级、自主保护的原则。信息系统的安全保护等级应当根据信息系统在国家安全、经济建设、社会生活中的重要程度，信息系统遭到破坏后对国家安全、社会秩序、公共利益以及公民、法人和其他组织的合法权益的危害程度等因素确定。在《关于信息安全等级保护工作的实施意见》中，信息系统的安全保护等级分为以下五级，一至五级等级逐级增高。每一个等级都对应不同的保护要求和监管程度，随着等级的提升，所需的安全措施和管理要求也愈加严格。这些等级旨在确保不同重要性级别的信息系统能够获得相应的保护，以防范和减少安全风险，保障信息系统及其所承载数据的安全。

1. 第一级：自主保护级

适用于一般的信息和信息系统，信息系统受到破坏后，会对公民、法人和其他组织的合法权益造成损害，但不损害国家安全、社会秩序和公共利益。第一级信息系统运营、使用单位应当依据国家有关管理规范和技术标准进行保护。

2. 第二级：指导保护级

适用于一定程度上涉及国家安全、社会秩序、经济建设和公共利益的一般信息和信息系统，信息系统受到破坏后，会对公民、法人和其他组织的合法权益产生严重损害，或者对社会秩序和公共利益造成损害，但不损害国家安全。国家信息安全监管部门对该级信息系统安全等级保护工作进行指导。

3. 第三级：监督保护级

适用于涉及国家安全、社会秩序、经济建设和公共利益的信息和信息系统，信息系统受到破坏后，会对社会秩序和公共利益造成严重损害，或者对国家安全造成损害。国家信息安全监管部门对该级信息系统安全等级保护工作进行监督、检查。

4. 第四级：强制保护级

适用于涉及国家安全、社会秩序、经济建设和公共利益的重要信息和信息系统，信息系统受到破坏后，会对社会秩序和公共利益造成特别严重的损害，或者对国家安全造成严重损害。国家信息安全监管部门对该级信息系统安全等级保护工作进行强制监督、检查。

5. 第五级：专控保护级

适用于涉及国家安全、社会秩序、经济建设和公共利益的重要信息和信息系统的核心子系统，信息系统受到破坏后，会对国家安全造成特别严重损害。国家指定专门部门、专门机构对该级信息系统安全等级保护工作进行专门监督、检查。

信息安全事件实行分等级响应、处置的制度。依据信息安全事件对信息和信息系统的破坏程度、所造成的社会影响以及涉及的范围，确定事件等级。根据不同安全保护等级的信息系统中发生的不同等级事件制定相应的预案，确定事件响应和处置的范围、程度以及适用的管理制度等。信息安全事件发生后，分等级按照预案响应和处置。

其中，第一级为最低级，属于基本保护；第五级为最高级。第三、第四、第五级主要侧重于对社会秩序和公共利益的保护，虽然也涉及国家安全，但这类信息系统通常是涉密信息系统，必须实行分级保护，并且是强制执行的，而不是自主保护。

知识拓展

常见的行业及保护级别

如政府网站属于第三级、银行系统属于第四级、电力系统和军工系统属于第五级。

▎1.3.4 信息安全等级保护的原则

信息安全等级保护的核心是对信息安全分等级、按标准进行建设、管理和监督。信息安全等级保护制度遵循以下基本原则。

1. 明确责任，共同保护

通过等级保护，组织和动员国家、法人和其他组织、公民共同参与信息安全保护工作；各方主体按照规范和标准分别承担相应的、明确具体的信息安全保护责任。

2. 依照标准，自行保护

国家运用强制性的规范及标准，要求信息和信息系统按照相应的建设和管理要求，自行定级、自行保护。

3. 同步建设，动态调整

信息系统在新建、改建、扩建时应当同步建设信息安全设施，保障信息安全与信息化建设相适应。因信息和信息系统的应用类型、范围等条件的变化及其他原因，安全保护等级需要变更的，应当根据等级保护的管理规范和技术标准的要求，重新确定信息系统的安全保护等级。等级保护的管理规范和技术标准应按照等级保护工作开展的实际情况适时修订。

4. 指导监督，重点保护

国家指定信息安全监管职能部门通过备案、指导、检查、督促整改等方式，对重要信息和信息系统的信息安全保护工作进行指导监督。国家重点保护涉及国家安全、经济命脉、社

会稳定的基础信息网络和重要信息系统，主要包括国家事务处理信息系统（党政机关办公系统）；财政、金融、税务、海关、审计、工商、社会保障、能源、交通运输、国防工业等关系到国计民生的信息系统；教育、国家科研等单位的信息系统；公用通信、广播电视传输等基础信息网络中的信息系统；网络管理中心、重要网站中的重要信息系统和其他领域的重要信息系统。

1.3.5　信息安全等级保护的要求

信息系统安全等级保护的基本要求是等级保护的核心，它建立了评价每个保护等级的指标体系，也是等级测评的依据。基本安全要求是针对不同安全保护等级信息系统应该具有的基本安全保护能力提出的安全要求，根据实现方式的不同，基本安全要求分为基本技术要求和基本管理要求两类，体现了技术和管理并重的系统安全保护原则。

基本技术要求从物理安全、网络安全、主机安全、应用安全和数据安全几个层面提出，除了保证系统的每个组件满足基本安全要求外，还要考虑组件之间的相互关系，以保证信息系统的整体安全保护能力。根据保护侧重点的不同，技术类安全要求进一步细分为保护数据在存储、传输、处理过程中不被泄露、破坏和免受未授权修改的信息安全类要求；保护系统连续正常运行，免受对系统的未授权修改、破坏而导致系统不可用的服务保证类要求；通用安全保护类要求。

基本管理要求从安全管理制度、安全管理机构、人员安全管理、系统建设管理和系统运维管理几方面提出，基本技术要求和基本管理要求是确保信息系统安全不可分割的两部分。

技术类安全要求与信息系统提供的技术安全机制有关，主要通过在信息系统中部署软硬件产品并正确地配置其安全功能来实现；管理类安全要求与信息系统中各种角色参与的活动有关，主要通过控制各种角色的活动，从政策、制度、规范、流程以及记录等方面做出规定来实现。

知识拓展

等级保护工作的职责划分

公安机关负责信息安全等级保护工作的监督、检查、指导。国家保密工作部门负责等级保护工作中有关保密工作的监督、检查、指导。国家密码管理部门负责等级保护工作中有关密码工作的监督、检查、指导。在信息安全等级保护工作中，涉及其他职能部门管辖范围的事项，由有关职能部门依照国家法律法规的规定进行管理。

信息和信息系统的主管部门及运营、使用单位按照等级保护的管理规范和技术标准进行信息安全建设和管理。国务院信息化工作办公室负责信息安全等级保护工作中部门间的协调。

1.3.6　信息安全等级保护的工作流程

信息安全等级保护的工作流程是一个系统化的过程，涉及对信息系统进行分类、分级和采取相应安全措施的一系列步骤。

1. 系统定级

定级是确定信息系统安全保护等级的过程。根据系统的重要程度和承载的业务类型，确定系统的等级。这一步骤通常涉及评估系统对社会公共利益和国家安全的影响。信息系统运营单位应当根据信息系统的实际情况，按照国家有关规定进行定级。

2. 备案

备案是信息系统运营单位向公安机关网监部门报送信息系统安全保护等级及其安全保护措施情况获取审批或备案的过程。第二级以上信息系统应当在投入运行或者开通前30日内进行备案。

3. 建设整改

基于系统的等级规划相应的安全措施，包括制定安全策略、选择合适的安全技术和管理措施。按照安全规划部署相应的安全技术和管理措施。这可能涉及安装防火墙、入侵检测系统、数据加密技术以及制定相关的安全管理政策。对已实施的安全措施进行检查，确保它们符合预定的等级保护要求。这通常由内部或外部的专业团队执行。对于检查过程中发现的问题，进行整改并再次进行测试，以确保所有安全问题都得到妥善解决。

4. 等级测评

等级测评是对信息系统安全保护状况进行客观、公正的评价过程。第三级以上信息系统应当定期进行等级测评。委托具备测评资质的测评机构对信息系统进行等级测评，形成正式的测评报告。

5. 监督检查

监督检查是公安机关对信息系统安全等级保护工作进行监督检查的过程。公安机关对第三级以上信息系统每年至少开展一次安全检查。

▌1.3.7　信息安全等级保护的测评方法

信息安全等级保护测评是指对信息系统安全保护状况进行客观、公正的评价过程。测评方法主要包括以下几种，具体采用哪种测评方法，需要根据信息系统的安全重要性等级和实际情况进行选择。

1. 文档审查

文档审查是对信息系统安全管理制度的完整性、一致性和有效性，安全技术措施的部署情况和运行情况等相关文档进行审查的方法。通过文档审查，可以了解信息系统安全管理制度的健全性、安全技术措施的有效性等情况。

2. 访谈

访谈是对信息系统相关人员，如安全管理人员、系统管理员、应用开发人员和用户等进行访谈的方法。通过访谈，可以了解信息系统安全管理制度的执行情况、安全技术措施的实施情况、安全培训、安全操作、安全意识等情况。

3. 漏洞扫描

漏洞扫描是使用安全扫描工具对信息系统（网络、主机、应用等）进行扫描，发现安全漏洞的方法。通过漏洞扫描，可以发现信息系统存在的安全漏洞，并及时采取措施进行修复。

4. 渗透测试

渗透测试是对信息系统进行模拟攻击，以发现安全漏洞和安全防护能力不足情况的方法。通过渗透测试，可以发现信息系统存在的安全漏洞，并评估安全防护能力的有效性，提出改进的建议。

5. 现场测试

现场测试是对信息系统进行现场测试的方法。通过现场测试，可以了解信息系统安全管理制度的执行情况、安全技术措施的实施情况等。

信息系统运营单位应当定期进行等级测评，发现安全问题并及时采取措施进行修复，切实加强信息安全工作。

1.4 知识延伸：我国计算机信息系统安全等级保护标准

我国为了确保信息系统的安全，制定了一系列的信息安全标准，涵盖信息安全的各个方面，包括物理安全、网络安全、主机安全、应用安全、数据安全、安全管理等。这些标准为信息系统安全建设提供了规范和指导，对于保障信息系统的安全具有重要意义。中国信息安全标准体系由以下几类标准组成。

- **信息安全等级保护标准**：规定信息系统安全等级保护的基本要求、测评要求和实施指南，是信息系统安全建设的基本依据。
- **信息安全技术标准**：涵盖信息系统安全的各个方面，包括物理安全、网络安全、主机安全、应用安全、数据安全、安全管理等。
- **行业信息安全标准**：针对特定行业的信息系统安全特点，制定了相应的安全要求和技术规范。

以下是一些重要的信息系统安全标准。

- **GB/T 22239-2019信息安全技术网络安全等级保护基本要求**：规定了信息系统安全等级保护的基本要求，包括安全通用要求、云计算安全扩展要求、移动互联安全扩展要求、物联网安全扩展要求和工业控制系统安全扩展要求。
- **GB/T 22240-2008信息安全技术信息系统安全等级保护测评要求**：规定了信息系统安全等级保护测评的技术要求，包括单元测评和整体测评的技术要求。
- **GB/T 22241-2008信息安全技术信息系统安全等级保护实施指南**：规定了信息系统安全等级保护实施的指南，包括安全等级划分、安全建设、安全运维、监督检查等方面的内容。
- **GB/T 29001-2016信息安全管理体系要求**：规定了信息安全管理体系的一般要求，是组织建立、实施、保持和改进信息安全管理体系的依据。

- **GB/T 29002-2016信息安全管理体系审核与认证指南**：规定了信息安全管理体系审核与认证指南，包括审核程序、认证程序、评定准则等方面的内容。

此外，我国还发布了一些针对特定行业的信息系统安全标准。

- **HJ 212-2015环境信息系统安全技术规范**：规定了环境信息系统的物理安全、网络安全、主机安全、应用安全、数据安全与备份恢复、系统建设、系统运维、终端与办公安全方面的要求。

- **DL/T 823-2015电力行业信息安全标准通则**：规定了电力行业信息安全管理的基本要求、安全技术要求和安全管理规范。

第2章
信息加密技术

保证信息的安全，主要是保证信息在存储和传递过程中的安全，一般会使用加密技术。通过对信息的加密，将其变为无法理解的密文，从而保障其机密性、完整性和可用性。本章将介绍信息加密技术的相关原理和应用。

重点难点

- ☑ 信息加密技术
- ☑ 对称与非对称加密
- ☑ 数据完整性校验技术
- ☑ 常见加密解密技术应用

2.1　信息加密技术概述

信息加密技术主要是为了保证信息的安全性，通过多年的发展已经趋于成熟，并已经被广泛应用于生产生活的各方面。下面介绍信息加密技术的相关知识。

2.1.1　信息加密技术简介

加密技术是利用密码学中的数学或物理手段，对电子信息在传输过程中和存储体内进行保护，以防止泄露，从而保护信息的机密性、完整性和可用性的技术。通过密码算法和密码对原始信息进行转换，使其成为没有正确密码任何人都无法理解的加密信息。这些以无法读懂的形式出现的信息一般被称为密文。为了读懂，密文必须重新转变为它的最初形式——明文。以数学方式转换信息的双重密码叫密钥。在这种情况下即使信息被截获并阅读，这则信息也是毫无利用价值的。实现这种转换的算法标准，据不完全统计，到现在为止已经有两百多种。

在信息加密过程中，密钥（Key）和算法是两个关键要素。密钥是加密算法的关键，算法是将明文转换为密文的数学变换。

密钥一般是一组字符串，是加密和解密的最主要的参数，由通信的一方通过一定标准计算得来。密钥是变换函数所用到的重要的控制参数，通常用K表示。密钥的安全性决定了加密算法的安全性。密钥的长度越长，安全性越高。

算法是将正常的数据（明文）与字符串进行组合，按照算法公式进行计算，从而得到新的数据（密文），或者将密文通过算法还原为明文。没有密钥和算法，这些信息没有任何意义，从而起到保护信息的作用。

根据柯克霍夫原则：密码系统的安全性取决于密钥，而不是密码算法，即密码算法要公开。柯克霍夫原则是荷兰密码学家Kerckhoffs于1883年在《军事密码学》中提出的基本假设。如果密码算法保密，密码算法的安全强度就无法进行评估；防止算法设计者在算法中隐藏后门。算法被公开后，密码学家可以研究、分析其是否存在漏洞，同时也接受攻击者的检验，有助于推广使用。当前网络应用十分普及，密码算法的应用不再局限于传统的军事领域，只有公开使用，密码算法才可能被大多数人接受并使用。同时，对用户而言，只需掌握密钥就可以使用了，非常方便。

2.1.2　信息加密技术的应用

信息加密技术其实离我们并不遥远，在日常生产生活中，信息加密技术无处不在，是信息安全的重要保障。随着信息技术的发展，信息加密技术也将得到越来越广泛的应用。

1. 在信息存储中的应用

在信息的存储中，加密技术被用来保护数据和文件的安全。

● **数据库加密**：指对各种数据库本身和数据库中存储的数据进行加密，以保护数据库的机密性。

● **文件加密**：指对磁盘上的文件进行加密，以保护文件的安全性。

● **磁盘加密：**指对存储的磁盘本身进行数据加密，以保护数据的机密性，如常见的BitLocker，如图2-1所示。

图 2-1

BitLocker

　　BitLocker是Windows操作系统提供的一种数据保护功能，主要用于对整个驱动器进行加密，以保护计算机上的数据安全。BitLocker通过加密硬盘驱动器来保护存储在设备上的信息，即使计算机丢失或被盗，或者更换了计算机的主要硬件，未经授权的用户也无法访问该数据，如图2-2所示。

图 2-2

2. 在信息传输中的应用

　　现在信息传输最主要的方式就是网络，所以网络的安全性对信息来说更加重要。信息在网络上安全加密传输，主要依赖以下协议。

● **HTTPS：**HTTPS是HTTP协议的安全版本，使用TLS/SSL协议对通信数据进行加密，以保护数据在传输过程中的安全性。这在网页访问过程中被广泛使用。

● **VPN：**VPN（Virtual Private Network，虚拟专用网络）通过加密隧道将用户的网络流量路由到远程服务器，以保护用户通信的隐私和安全。

● **IPsec：**IPsec是IP（Internet Protocol）安全协议套件，用于在IP网络层提供安全通信。IPsec可以对IP数据包进行加密、身份验证和完整性保护。

● **无线加密技术：**包括无线网络连接的身份认证技术，以及用户的无线终端与无线接入点之间的数据传输的加密过程，以防止无线信号被未授权的设备截获。

3. 在信息使用中的应用

　　在信息的查看、阅读、使用中同样包含各种加密技术。

● **电子邮件加密：**指对电子邮件进行加密，以保护电子邮件内容的机密性。

● **数字签名：**指使用加密技术对电子文档进行签名，以验证电子文档的真实性和完整性。

● **身份验证：**通过对特征进行加密，并与存储的数据进行对比，从而完成身份的校验技术，如常见的生物识别是指使用人体特征进行身份验证，包括指纹识别、人脸识别等。而登录网站、服务器等，都需要使用身份验证技术，从而获取到相对应的权限。

- **软件保护**：指使用加密技术来保护软件的版权和防止软件盗版。
- **版权保护**：指使用加密技术来保护数字内容的版权。
- **信息溯源**：指使用加密技术来追踪信息的来源和去向。

2.2 对称加密算法

加密算法是信息加密技术的核心，根据所采用的密钥的不同方式，常见的加密算法可以分为两类：对称加密算法与非对称加密算法。下面介绍对称加密算法。

2.2.1 对称加密算法简介

对称加密算法也叫私钥加密算法，它使用相同的密钥对数据进行加密和解密。发送方使用密钥对要传输的数据进行加密，然后将加密后的数据发送给接收方。接收方使用相同的密钥来解密接收到的数据，以恢复原始数据。整个过程如图2-3所示。

发送方和接收方必须在通信之前共享相同的密钥。对称加密算法在保护数据的机密性方面非常有效，因为只有拥有正确密钥的人才能解密数据。双方的密钥都必须处于保密的状态，因为私钥的保密性必须基于密钥的保密性，而非算法上。收发双方都必须为自己的密钥负责，才能保证数据的机密性和完整性。对称加密算法的优点是加密、解密处理速度快、保密度高等。

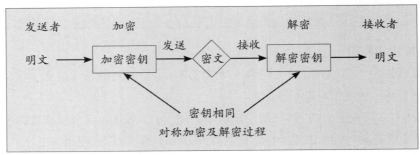

图 2-3

1. 对称加密的关键因素

对称加密的安全性主要取决于以下两个因素。

（1）加密算法必须足够安全

加密算法基本上是公开的，不需要对加密算法执行保密操作。因为对称密码体制本身就要求基于密文和加密/解密算法的知识是绝不能破译密文的。

（2）密钥的长度

对称加密算法的安全性主要取决于密钥的长度和密钥本身的安全性。较长的密钥通常意味着更高的安全性，因为破解长密钥的复杂度更高。因此，密钥长度通常是对称加密算法中需要考虑的一个重要因素。而且密钥必须有严格的保密和传输策略，以免被恶意获取。

2. 对称加密的缺点

对称加密算法的缺点如下。

- 密钥是确保保密通信安全的关键，发信方必须安全地把密钥护送到收信方，不能泄露其内容，如何才能把密钥安全地送到收信方是对称加密算法的突出问题。对称密码算法的密钥分发过程十分复杂，所花代价高。
- 多人通信时密钥组合的数量会出现爆炸式增长，使密钥分发更加复杂化。N个人进行两两通信，需要的密钥数为$N（N-1）/2$个。
- 通信双方必须统一密钥才能发送保密的信息。如果发信方与收信方素不相识，就无法向对方发送秘密信息。
- 除了密钥管理与分发问题外，对称加密算法还存在数字签名困难问题（通信双方拥有同样的小心，接收方可以伪造签名，发送方也可以否认发送过某消息）。

战争时的电报采用的技术就是对称加密，而密钥就是密码本。

随着信息技术的发展，对称加密算法也将面临新的挑战，例如，量子计算技术的突破将对现有的对称加密算法构成威胁。因此，需要不断研究开发新的对称加密算法，以应对新的安全挑战。

2.2.2 常见的对称加密算法

对称加密算法主要有AES、DES、3DES等，下面对这些加密算法的原理和特点进行介绍。

1. AES 算法

AES（Advanced Encryption Standard，高级加密标准）是一种对称加密算法，用于加密和解密数据。它是目前最常用、最安全的对称加密算法之一，被广泛应用于保护敏感数据的安全性，如网络通信、数据存储和加密文件等领域。

AES是由美国国家标准与技术研究院（NIST）于2001年确定的一种加密标准，用来替代过时的DES算法。它经过了公开的全球竞争性评审，由比利时密码学家Joan Daemen和Vincent Rijmen设计的Rijndael算法获选为AES的标准算法。

AES算法自发布以来，一直受到密码学家的广泛研究和攻击，但迄今为止尚未发现任何有效的攻击方法。AES算法被认为是目前世界上最安全的对称加密算法之一。

（1）AES算法原理

AES是一个分组密码算法，它将明文数据分成固定长度的数据块，然后对每个数据块进行加密。AES使用不同的密钥长度（128位、192位、256位）对应不同的加密强度。密钥长度越长，算法的安全性越高，但加密速度也越慢。

AES算法的核心优势在于其安全性和效率。它采用复杂的代数结构（如有限域和伽罗华域），以及变换（如字节替换、行移位、列混淆和轮密钥加），这些操作结合在一起，形成一个坚固的加密系统。此外，AES还具有良好的性能表现，它在各种平台和设备上都能高效运行，从硬件到软件，从嵌入式系统到高性能计算环境，都能找到AES的身影。AES的加密过程如下。

AES的加密简单来说可以分为4个步骤。

步骤 01 密钥扩展。根据输入的密钥生成一系列轮密钥。这些轮密钥用于后续的加密轮次。

步骤 02 初始轮（Initial Round）。会将明文数据与初始轮密钥进行一次简单的替代和置换操作。

步骤 03 多轮加密（Rounds）。会对初始轮输出进行多轮迭代加密操作。每一轮都包括替代、置换、混淆和密钥混合等步骤。

步骤 04 最终轮（Final Round）。在最后一轮没有混淆步骤，只有替代和置换操作。最后得到加密后的密文数据。

AES的解密过程与加密过程类似，但是使用的是逆操作。解密过程也包括密钥扩展、初始轮、多轮解密和最终轮。解密时，使用的是加密过程中生成的轮密钥的逆序。

（2）AES算法的安全性

AES在密钥长度足够长的情况下，提供了非常高的安全性。目前尚未发现对AES的有效攻击方法，因此它被广泛认为是一种安全可靠的加密算法。AES采用多轮迭代的设计和非线性的替代、置换、混淆等操作，使其在抵御各种类型的攻击（如差分攻击、线性攻击）方面具有很强的抗性。

知识拓展

AES的应用场景

AES被广泛应用于保护敏感数据的安全性，如网络通信、数据存储、加密文件等领域。它在HTTPS、VPN、WiFi加密、加密存储介质等方面有着重要的应用。Windows BitLocker就是使用的AES算法，密钥长度默认为48位。

2. DES 算法

DES（Data Encryption Standard，数据加密标准）是一种对称加密算法，于1977年由IBM公司设计，并在1981年被美国政府正式采纳为联邦信息处理标准（FIPS）。DES是第一个被广泛使用的加密标准，尽管现在它已经被更安全的加密算法所取代，但它的设计仍然具有历史意义。

（1）DES算法原理

DES是一种分组密码算法，使用一个56位的密钥来进行加密和解密，它将明文数据分成固定长度的数据块（64位），然后对每个数据块进行加密。DES算法采用置换、替代和混淆等操作来加密数据，包括初始置换、16轮迭代加密和最终置换等步骤。DES的加密过程如下。

步骤 01 初始置换。对64位的明文数据进行置换，目的是打乱原有的数据顺序。

步骤 02 密钥置换。将64位的密钥缩减至56位，因为其中有8位是奇偶校验位，并不用于加密过程。

步骤 03 E扩展置换。将56位的密钥进一步置换和扩展到更长的长度，以便于后续的S盒替换操作。

步骤 04 S盒代替。使用8个不同的S盒进行非线性替换，这是DES算法中最关键的步骤，负责产生混淆。

步骤 05 P盒置换。再次进行置换操作，以进一步扩散混乱。

步骤 06 最终置换。最后进行一次置换，得到最终的64位密文。

DES的解密过程与加密过程类似，但使用的是加密过程中生成的轮密钥的逆序。解密过程也包括初始置换、16轮迭代解密和最终置换。

（2）DES密钥及算法安全性

DES算法在设计之初是为了提供足够的安全性，但随着计算机技术的发展，DES的安全性逐渐受到质疑。DES算法主要有以下安全隐患。

- **密钥太短**：DES的初始密钥的实际长度只有56位，批评者担心这个密钥长度不足以抵抗穷举搜索攻击，穷举搜索攻击破解密钥最多尝试的次数为256次，不太可能提供足够的安全性，可以通过暴力破解方法进行破解。
- **DES的半公开性**。DES算法中的8个S盒替换表的设计标准（指详细准则）自DES公布以来仍未公开，替换表中的数据是否存在某种依存关系，用户无法确认。
- **DES迭代次数偏少**。DES算法的16轮迭代次数被认为偏少，在以后的DES改进算法中，都不同程度地进行了提高。

DES算法在发布后不久就被发现存在安全漏洞。1997年，分布式.NET组织利用一台专门设计的超级计算机成功破解了DES算法。此后，DES算法逐渐被AES算法取代，但其仍然具有一定的参考价值。DES算法的加密原理和方法仍然被应用于一些新的加密算法中。

3. 3DES 算法

3DES（Triple Data Encryption Standard）是DES的一种改进版本，也是一种对称加密算法。它采用了三次DES的加密过程，以增强数据的安全性，提高对抗暴力破解攻击的能力。3DES算法具有安全性高、兼容性好、易于实现等优点，在DES算法被破解后，成为了DES算法的替代者。虽然3DES算法已经被AES算法取代，但仍然具有一定的应用价值。3DES算法仍然被一些国家和组织用于敏感信息的加密。3DES算法是DES算法向AES算法过渡的桥梁，在信息安全领域发挥了重要作用。

（1）3DES算法原理

3DES采用了三次DES加密的过程来加密数据，它的加密过程可以简单描述为加密-解密-加密（EDE）。数据首先经过第一次DES加密（加密过程），然后经过第二次DES解密（解密过程），最后再经过第三次DES加密（加密过程）。

3DES使用的密钥长度为168位，由于是对DES算法进行三次操作，因此实际上使用了三个56位的密钥，合计168位。3DES也支持使用更短的密钥长度，如112位或56位，以便与原始的DES兼容。

3DES算法是一种分组加密算法，加密过程共分为三步，可以用公式"密文 = EK3(DK2(EK1(明文)))"来表示。其中，EK1、EK3代表使用密钥K1、K3进行加密，DK2代表使用密钥K2进行解密。加密过程如下。

步骤 01 明文数据使用第一个56位的密钥进行DES加密。

步骤 02 加密后的数据使用第二个56位的密钥进行DES解密。

步骤 03 解密后的数据再次使用第三个56位的密钥进行DES加密。

3DES的解密过程与加密过程相反，首先使用第三个密钥进行解密，然后使用第二个密钥进行加密，最后使用第一个密钥进行解密。

（2）3DES算法的安全性

3DES虽然相对于单一的DES算法增强了安全性，但是它的安全性已经不如现代加密算法，如AES等。主要原因是3DES仍然使用了DES的基本结构和算法，而DES的密钥长度相对较短，易受到暴力破解攻击。2008年，Larsen等人提出了一种对3DES算法的理论攻击方法，但该攻击方法在实践中并不容易实现。为了提高安全性，可以使用更长的密钥，如使用3个168位的密钥。

知识拓展

3DES算法的应用

3DES算法在过去广泛用于网络通信、金融领域、电子支付、电子商务等需要对数据进行安全加密的场景中。尽管3DES算法在某些方面已经被更先进的加密算法取代，但由于其成熟和可靠的性能，仍然被一些遗留系统使用，并在一些特定的安全性要求较低的场景中继续发挥作用。

2.3　非对称加密算法

非对称加密算法是指加密和解密使用不同密钥的加密算法。与对称加密不同，非对称加密需要两个密钥：公开密钥（Public Key）和私有密钥（Private Key）。公开密钥与私有密钥是一对，加密密钥（公开密钥）向公众公开，谁都可以使用，解密密钥（私有密钥）只有解密人自己知道。非法使用者根据公开的密钥无法推算出解密密钥。

2.3.1　非对称加密算法简介

如果用公开密钥对数据进行加密，只有用对应的私有密钥才能解密；如果用私有密钥对数据进行加密，那么只有用对应的公开密钥才能解密。该算法也是针对对称加密密钥密码体制的缺陷被提出来的。这种加密技术的主要优势在于安全性高，因为即使公钥被泄露，也不会对系统的安全性造成影响。

非对称加密算法基于数学问题的难解性，如大素数分解、离散对数问题等。这些问题的特点是容易进行正向计算，但很难进行逆向计算。因此，通过这些数学问题来设计加密算法，可以确保加密过程安全可靠。公钥和私钥是通过特定的数学关系生成的，使得公钥可以加密数据，但只有通过与之对应的私钥才能解密数据。

如A和B在数据传输时，A生成一对密钥，并将公钥发送给B，B获得了这个密钥后，可以用这个密钥对数据进行加密，并将数据传输给A，然后A用自己的私钥进行解密就可以，这就是非对称加密及解密的过程，如图2-4所示。

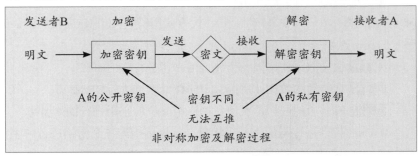

图 2-4

1. 非对称加密算法的功能

公钥加密可以实现的功能包括如下几点。

- **机密性**：保证非授权人员不能非法获取信息，通过数据加密来实现。
- **确认性**：保证对方属于所声称的实体，通过数字签名来实现。
- **数据完整性**：保证信息内容不被篡改，入侵者不可能用假消息代替合法消息，通过数字签名来实现。
- **不可抵赖性**：发送者不可能事后否认他发送过消息，消息的接收者可以向中立的第三方证实所指的发送者确实发出了消息，通过数字签名来实现。

可见，公钥加密系统能实现信息安全的所有主要目标。

2. 非对称加密算法的优缺点

非对称加密的产生一方面是解决密钥管理与分配的问题，另一方面满足数字签名的需求。非对称加密算法在互联网安全通信、数字签名、密钥交换等领域有着广泛的应用，是现代加密技术中的重要组成部分。

（1）非对称加密算法的优点

- **更高的安全性**：非对称加密算法提供更高的安全性。即使公钥被泄露，私钥仍然是安全的，因此攻击者无法解密加密的数据。这使得非对称加密算法在保护数据安全性方面非常有用。
- 网络中的每个用户只需要保存自己的私有密钥，则N个用户仅需产生N对密钥。密钥少，便于管理。
- 密钥分配简单，不需要秘密的通道和复杂的协议传送密钥。公开密钥可基于公开的渠道（如密钥分发中心）分发给其他用户，私有密钥由用户自己保管。这种密钥分离的方式提高了系统的安全性，因为私钥不需要传输，只有公钥需要在网络上传输。
- 可以实现数字签名。非对称加密算法可以用于生成和验证数字签名，以确保数据的完整性和身份验证。通过数字签名，可以验证数据的来源并防止数据篡改。

（2）对称加密算法的缺点

- **计算复杂度高**：与对称加密算法相比，非对称加密算法的计算复杂度更高，加密和解密的速度较慢。这会导致在大量数据加密和解密时，系统的性能会受到影响。
- **密钥管理复杂**：非对称加密算法需要管理公钥和私钥，这增加了密钥管理的复杂性，特别是在大规模系统中。保护私钥的安全性对系统的稳定性至关重要。
- **量子计算机威胁**：目前的非对称加密算法对于未来可能出现的量子计算机的威胁较大。量子计算机可能能够在较短的时间内解决传统非对称加密算法所基于的数学难题，从而破坏现有的加密系统。
- **数据长度限制**：非对称加密算法通常对待加密的数据有一定的长度限制，因此对于大型数据的加密和解密可能存在一定的限制。

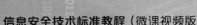
2.3.2 常见的非对称加密算法

非对称加密算法主要有RSA、ECC、IDEA、DSA、背包算法、McEliece算法、Diffie-Hellman算法、Rabin算法、零知识证明、椭圆曲线算法、ELGamal算法等。下面对较典型的几种算法进行介绍。

1. RSA 算法

RSA算法是一种非对称加密算法，由Ron Rivest、Adi Shamir和Leonard Adleman于1977年提出，是目前世界上最流行的非对称加密算法之一。RSA算法具有安全性高、密钥管理方便等优点，被广泛应用于网络安全、数据安全、信息安全等领域。

RSA使用两个密钥，一个公开密钥，一个私有密钥。如用一个加密，则可用另一个解密，密钥长度从40位到2048位可变，加密时也把明文分成块，块的大小可变，但不能超过密钥的长度，RSA算法把每一块明文转换为与密钥长度相同的密文块。密钥越长，加密效果越好，但加密解密的开销也大，所以要在安全性与性能之间折中考虑。

RSA算法研制的最初理念与目标是努力使联网安全可靠，旨在解决DES算法密钥利用公开信道传输分发的难题。实际结果不但很好地解决了这个难题，还可利用RSA完成对电文的数字签名，以对抗电文的否认与抵赖。同时还可以利用数字签名较容易地发现攻击者对电文的非法篡改，以保护数据信息的完整性。

RSA的安全性依赖于大数分解的难度，其公开密钥和私人密钥是一对大素数的函数。从一个公开密钥和密文中恢复出明文的难度等价于分解两个大素数之积的难度。该算法经受了多年深入的密码分析，虽然分析者不能证明RSA的安全性，但也没有证明RSA的不安全，表明该算法的可信度还是比较高的。

到目前为止，很多种加密技术采用了RSA算法，如PGP加密系统，它是一个工具软件，向认证中心注册后就可以用它对文件进行加解密或数字签名，PGP所采用的就是RSA算法。

（1）算法原理

RSA算法基于一个十分简单的数论事实：将两个大素数相乘十分容易，但想要对其乘积进行因式分解却极其困难。因此，可以将乘积公开作为加密密钥，即公钥，而两个大素数组合成私钥。公钥可发布给任何人使用，私钥则为自己所有，供解密之用。

RSA算法的核心原理包括生成公钥和私钥、加密和解密过程，以及数字签名。

（2）密钥生成

RSA算法需要生成一对密钥，即公钥和私钥。公钥用于加密数据，私钥用于解密数据。这对密钥基于以下过程生成。

步骤01 随机选择两个大素数p和q。

步骤02 计算n= p*q。n称为模数，它是公钥和私钥的一部分。

步骤03 计算欧拉函数 $\phi(n)=(p-1)(q-1)$。

步骤04 选择一个整数e，满足 $1<e<\phi(n)$，且e和 $\phi(n)$ 互质。e称为公钥指数。

步骤05 计算私钥指数d，使得 $(d*e)\mod\phi(n)=1$。d称为私钥，e和n组成公钥。

（3）加密过程

发送方使用接收方的公钥对消息进行加密。假设消息为M，加密后的密文为C。加密过程如下。

步骤01 将消息M转换为整数m，且满足$0 \leqslant m < n$。

步骤02 计算密文$C = m^e \bmod n$。

（4）解密过程

接收方使用私钥对密文进行解密，还原出原始消息。解密过程如下。

计算明文$M = C^d \bmod n$。

（5）数字签名

RSA算法还可用于数字签名，用于验证消息的来源和完整性。数字签名的过程如下。

步骤01 发送方使用私钥对消息进行签名，得到签名S。签名过程与加密过程相似，但是消息是哈希值，而不是原始消息。

步骤02 接收方使用发送方的公钥对签名进行验证。

RSA算法的安全性基于大数分解问题的困难程度，即使目前存在一些针对RSA算法的攻击方法，但仍然被认为是安全的。RSA算法被广泛应用于互联网传输中的加密通信、数字签名、身份认证等场景。

（6）RAS算法的实现方法

RSA有硬件和软件两种实现方法。不论何种实现方法，RSA的速度总是比DES慢得多。因为RSA的计算量要大于DES，在加密和解密时需要做大量的模数乘法运算。例如，RSA在加密或解密一个200位十进制数时大约需要做1000次模数乘法运算，提高模数乘法运算的速度是解决RSA效率的关键所在。

硬件实现方法采用专用的RSA芯片，以提高RSA加密和解密的速度。生产RSA芯片的公司有很多，如AT&T、Alpha、英国电信、CNET、Cylink等，最快的512位模数RSA芯片速度为1Mb/s。同样使用硬件实现，DES比RSA快大约1000倍。在一些智能卡应用中也采用RSA算法，其速度都比较慢。

软件实现方法的速度要更慢一些，与计算机的处理能力和速度有关。同样使用软件实现，DES比RSA快大约100倍。

（7）RAS算法的缺点

RAS算法主要有以下缺点。

- 产生密钥很麻烦，受到素数产生技术的限制，因而难以做到一次一密。
- 速度太慢，分组长度太大，为保证安全性，n至少要大于1024，运算代价很高。且随着大数分解技术的发展，这个长度还在增加，不利于数据格式的标准化。较对称密码算法慢几个数量级，为了速度问题，人们广泛采用单钥、公钥密码结合使用的方法，使优缺点互补。单钥密码加密速度快，人们用它加密较长的文件，然后用RSA给文件密钥加密，极好地解决了单钥密码的密钥分发问题。
- RSA密钥的长度随着保密级别的提高增加很快。RSA的安全性依赖于大数的因子分解，现今，人们已能分解1024位的大素数，这就要求使用更长的密钥。

2. ECC算法

椭圆曲线密码学（Elliptic Curve Cryptography，ECC）是一种基于椭圆曲线的公钥加密算法，与RSA等算法相比，它在相同的安全级别下使用更短的密钥长度，从而提供更高的安全性和更快的运算速度。ECC被广泛应用于安全通信、数字签名、身份认证等领域。

首先，ECC的核心优势在于其能够提供与RSA同等级别的安全性，同时使用更短的密钥长度。这一点对于提高加密操作的效率和减少计算资源消耗尤为重要。例如，在区块链和比特币等领域，ECC因其高效的性能得到了广泛应用。

其次，ECC的安全性基于椭圆曲线上的有理点构成的Abel加法群上离散对数的计算困难性。这个概念可能对于没有数学背景的人来说比较抽象，但简单来说，它意味着即使攻击者获得了公钥和相关信息，也无法在合理的时间内计算出私钥，从而保证了通信的安全性。

再者，在实际应用中，除了用于数据加密，ECC还被用于数字签名。ECDSA（Elliptic Curve Digital Signature Algorithm）就是ECC与DSA结合的产物，用于数字签名过程，它的过程与DSA类似，但因为基于椭圆曲线，所以更加高效和安全。

最后，要生成ECC的密钥对，需要理解基础的集合论、几何和模运算等数学知识。这对于研究密码学的专业人员来说是必要的，但对于一般用户来说，通常只需知道这些密钥对是如何在各种软件和硬件中自动生成和管理的。

总地来说，ECC算法因其在安全性和效率方面的优势，已经成为现代密码学中不可或缺的一部分，尤其在需要高效率和高安全性的应用场合，如移动设备、云计算和物联网等领域。

（1）ECC算法的基本原理

ECC算法基于椭圆曲线的数学性质，椭圆曲线是形如$y^2 = x^2 + ax + b$的曲线。ECC算法的加密过程如下。

步骤 01 选取一条椭圆曲线Ep(a, b)和一个基点G。

步骤 02 随机选取一个整数k作为私钥，并计算公钥Q = kG。

步骤 03 将Ep(a, b)、G和Q公开。

加密者使用公钥Q对明文M进行加密，加密公式如下：

C = M + rQ

其中，r是随机选取的整数。

解密者使用私钥k对密文C进行解密，解密公式如下：

M = C − kR

其中，R = rG。

知识拓展

ECC密钥交换

ECC可用于密钥交换，例如Diffie-Hellman密钥交换协议。在密钥交换过程中，通信双方可以利用自己的私钥和对方的公钥生成一个共享的加密密钥，该密钥可用于对称加密算法加密通信。

（2）ECC算法的安全评估

ECC算法的安全性取决于椭圆曲线的选择和密钥的长度。ECC算法的密钥长度比RSA算法短很多，但能提供同等的安全级别，例如，160位的ECC密钥可以提供与1024位RSA密钥同等的安全级别。ECC也可以用于数字签名，以确保消息的完整性和来源验证。签名的生成和验证过程类似于RSA的数字签名过程。

（3）ECC算法的优势

ECC相比于传统的RSA等公钥加密算法具有以下优势。

● **更短的密钥长度：** 在相同的安全级别下，ECC需要更短的密钥长度，因此可以减少存储空间和传输带宽的需求。

● **更高的安全性：** 由于其基于椭圆曲线的数学性质，ECC相对于RSA等算法具有更高的安全性。

● **更快的运算速度：** 由于密钥长度较短，ECC在加密、解密和签名等操作上通常比RSA等算法更快。

由于其优点，ECC在现代密码学中得到了广泛应用，并被许多安全协议和标准采用。

知识拓展

ECC算法应用实例

比特币：一种虚拟货币，使用ECC算法来保护用户钱包的安全。微信：一款即时通信软件，使用ECC算法来保护用户聊天记录的安全。支付宝：一款第三方支付软件，使用ECC算法来保护用户支付信息的安全。

3. IDEA 算法

IDEA（International Data Encryption Algorithm，国际数据加密算法）是一种对称加密算法，由Xuejia Lai和James Massey在1991年设计。IDEA算法是现代密码学发展史上的一个重要里程碑，为现代加密算法的设计和应用奠定了基础。IDEA算法被广泛应用于保护数据的机密性，尤其在早期的加密通信协议中得到了广泛应用。IDEA算法在设计时被广泛认为是安全的，它提供强大的数据保护，即使在当时的计算机技术条件下，也非常难以攻破。然而，随着计算机技术的发展，IDEA的安全性逐渐受到了一些攻击方法的挑战。现在IDEA算法已经被新的加密算法，如AES算法所取代。

IDEA算法的安全性取决于密钥的长度。IDEA算法的密钥长度通常为128位。其中128位被分为8个16位的子密钥。IDEA使用64位的分组长度，即每次加密64位的数据块。

（1）加密过程

步骤01 将64位的明文分成4个16位的块，记为X1、X2、X3、X4。

步骤02 通过多轮的加密操作对每一个数据块进行处理。IDEA使用8轮加密，每轮都涉及对密钥进行混淆和轮函数的应用。

步骤03 在每轮加密中，会使用不同的子密钥对数据块进行混淆和置换操作。

步骤04 最后一轮加密结束后，将处理后的数据块输出为密文。

（2）解密过程

解密过程与加密过程相似，但是使用的是相同的子密钥的逆操作，并且轮密钥的应用顺序与加密时相反。

（3）IDEA算法的应用领域

IDEA算法的应用领域如下。

● **网络安全：** 用于保护网络通信的安全，如SSL/TLS协议等。

- **数据安全**：用于保护数据的安全，如数据库加密、文件加密等。
- **信息安全**：用于保护信息的机密性、完整性和可用性，如数字签名、电子商务等。

IDEA算法应用实例

　　PGP是一款电子邮件加密软件，曾经使用IDEA算法来加密电子邮件。Lotus Notes是一款办公软件，曾经使用IDEA算法来加密数据库。WinZip是一款文件压缩软件，曾经使用IDEA算法来加密文件。

4. DSA 算法

　　DSA算法（Digital Signature Algorithm）是数字签名算法，由美国国家标准技术研究所（NIST）于1991年提出，并于1994年发布为联邦信息处理标准（FIPS）186。DSA算法是一种基于离散对数难题的数字签名算法，具有安全性高、效率高、易于实现等优点，曾经被广泛应用于数字签名领域。

　　DSA算法使用一个有限域上的椭圆曲线来生成密钥对。公钥由椭圆曲线上的一个点表示，私钥由一个整数表示。签名者使用私钥对消息进行签名，验证者使用公钥对签名进行验证。

　　（1）DSA算法的签名过程

　　步骤01 生成一个随机数k。

　　步骤02 计算点R = kG，其中G是椭圆曲线上的一个基点。

　　步骤03 计算哈希值H = Hash(M)，其中M是待签名消息。

　　步骤04 计算签名值(r, s)，其中$r = k \bmod q$，$s = (k^{-1})(H + xr) \bmod q$，q是椭圆曲线的阶数。

　　（2）DSA算法验证过程

　　步骤01 验证点R是否在椭圆曲线上。

　　步骤02 计算哈希值H = Hash(M)。

　　步骤03 计算值$w = s^{-1} \bmod q$。

　　步骤04 验证方程是否成立：$u_1 G + u_2 R = wS$，其中$u_1 = H \bmod q$，$u_2 = r \bmod q$。

DSA算法应用实例

　　Adobe Acrobat是一款PDF文档编辑软件，曾经使用DSA算法对PDF文档进行签名。Microsoft Office曾经使用DSA算法对电子邮件进行签名。S/MIME是一种电子邮件安全标准，曾经使用DSA算法对电子邮件进行签名。

　　DSA算法的安全性取决于密钥的长度和椭圆曲线的选择。DSA算法的密钥长度通常为1024位或2048位。DSA算法已经被新的签名算法，如ECDSA算法所取代。ECDSA算法具有更高的安全性，并且在移动设备等资源受限的设备上得到广泛应用。

▌2.3.3　两种加密算法的综合应用

　　由于对称加密与非对称加密算法各有其优缺点，在保证安全性的前提下，综合使用对称和非对称加密算法可以充分发挥它们各自的优势，同时弥补彼此的不足。这种方法在实际中被广

泛采用，可以在保护数据安全的同时保证通信效率。

1. 交换密钥加密传输文件

交换密钥加密传输文件的原理是使用对称算法加密数据，使用非对称加密算法传递密钥。过程如下。

步骤01 A与B沟通，需要传递加密数据，并使用对称算法，要B提供协助。

步骤02 B生成一对密钥，一个公钥，一个私钥。

步骤03 B将公钥发送给A。

步骤04 A用B的公钥，对A所使用的对称算法的密钥进行加密，并发送给B。

步骤05 B用自己的私钥进行解密得到A的对称算法的密钥。

步骤06 A用自己的对称算法密钥加密数据，再把已加密的数据发送给B。

步骤07 B使用A的对称算法的密钥进行解密。

整个过程使用非对称加密算法传输密钥，使用对称加密算法加密数据，从而最大化地利用两种协议的优点。

2. 数字签名

数字签名是用来校验发送者的身份信息。在非对称加密算法中，如果使用了私钥进行加密，再用公钥进行解密，如果可以解密，说明该数据确实是由正常的发送者发送的，间接证明了发送者的身份信息，而且签名者不能否认或者说难以否认。

数字签名通常使用非对称加密算法生成，以确保数据的完整性和身份验证。然后可以使用对称加密算法来加密数据，以保护其机密性。接收方首先使用非对称加密算法验证签名，然后使用对称密钥解密数据。

3. 安全协议

SSL/TLS协议通常使用混合加密。在SSL/TLS握手过程中，服务器使用非对称加密算法（如RSA或ECC）来交换对称会话密钥，然后双方使用对称加密算法（如AES）来加密和解密通信数据，以提供更高的性能和安全性。

综合使用对称和非对称加密算法可以充分发挥它们各自的优势，同时弥补彼此的不足。这种方法在实际应用中被广泛采用，可以在保护数据安全的同时保证通信效率。

🔒 2.4 数据完整性保护

数据在使用前需要进行验证，以保证数据的完整性，并且是由可信任者发布或传送的，防止数据被恶意篡改导致各种严重后果。

▌2.4.1 数据完整性保护简介

数据完整性保护是确保数据在传输、存储和处理过程中不被篡改、损坏或丢失的一种安全措施。数据完整性保护旨在确保数据的原始性和可信性，以防止未经授权的修改或损坏，从而保障数据的可靠性和准确性。数据完整性是信息安全的重要组成部分，涉及以下几方面。

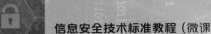

- **防止未授权的修改**：数据完整性保证数据在存储、处理和传输过程中不被未授权的用户篡改或修改。
- **确保数据的准确性和一致性**：包括数据的内容、格式和结构，确保数据在各种操作后仍然保持一致的状态。
- **维护数据的隐私性**：数据完整性的保障有助于保护个人和企业信息的隐私性，防止数据泄露和滥用。
- **组织文化和政策**：组织应建立一种质量文化，确保所有形式的数据（如纸质版和电子版）都是完整和一致的。此外，数据治理政策应得到组织最高层的认可和支持。

> **知识拓展**
>
> **常见的非法篡改**
>
> 数据完整性保护主要针对非法篡改，常见的非法篡改包括以下几项。
> - 内容篡改（content modification）：对报文内容的插入、删除、改变等。
> - 序列篡改（sequence modification）：对报文序列的插入、删除、错序等。
> - 时间篡改（timing modification）：对报文进行延迟或回放。

2.4.2　消息认证技术

消息认证技术主要用于保护数据的完整性，是确保数据在传输或存储过程中未被篡改的重要手段。

1. 消息认证技术简介

消息认证是一种用于验证通信中消息真实性和完整性的技术，也被称为报文鉴别或报文认证。它通常用于确认消息的发送者和内容是可信的，并且消息在传输过程中未被篡改。消息认证技术是网络安全和信息安全中的重要组成部分，常用于保护通信数据的安全性。

2. 消息认证技术的作用

消息认证的主要作用包括以下几方面。

（1）消息内容认证

内容是消息认证的核心，旨在确保消息在传输过程中未被篡改。通常通过消息认证码（MAC）或数字签名实现。消息认证码是一种通过对消息内容进行特定算法处理后生成的一段代码，它可以验证消息是否完整且未经修改。

（2）身份认证

涉及确认消息的来源确实是声称的发送者，而不是其他人伪装的。可以通过数字签名实现，因为数字签名不仅提供消息的完整性验证，还能验证发送者的身份。

（3）序号和时间认证

在某些情况下，消息的顺序和发送时间也是重要的安全因素，例如，防止重放攻击，即攻击者截获并重新发送一条旧消息以试图欺骗系统。通过在消息中包含序列号和时间戳，可以防止这类攻击。

（4）加密与签名

消息认证技术通常与加密和数字签名技术结合使用。加密确保了即使消息被截获，未授权的第三方也无法读取其内容。数字签名则提供了一种验证消息来源和内容完整性的方法。

3. 消息认证技术的原理

消息认证技术的基本原理是使用密钥和消息认证码（MAC）来对消息进行认证。发送方使用密钥和消息计算出MAC，并将MAC与消息一起发送给接收方。接收方使用相同的密钥和消息计算出MAC，并将计算出的MAC与接收到的MAC进行比较。如果两个MAC相同，则表示消息没有被篡改，并且来自可信的发送方。

4. 消息认证的实现方法

消息认证的实现方法主要有两种。

- **基于散列函数的消息认证码（HMAC）**：HMAC是使用散列函数和密钥来计算MAC的一种方法。HMAC具有较高的安全性，并且易于实现。
- **基于分组密码的消息认证码（CBC-MAC）**：CBC-MAC是使用分组密码和密钥来计算MAC的一种方法。CBC-MAC具有较高的安全性，并且可以抵抗一些特定的攻击。

消息认证技术是网络安全领域的重要组成部分，它通过多种手段确保信息在传输过程中的安全性和可靠性，从而防止数据泄露和篡改。

2.4.3 报文摘要技术

报文摘要也称为消息摘要或数字指纹，是一种对报文进行压缩的算法，其目的是生成报文的唯一标识，用于验证报文的完整性。报文摘要通常是报文的一部分，可以用来验证报文是否被篡改。报文摘要算法使用哈希函数将报文转换为固定长度的摘要。

1. 报文摘要技术的特点

- **不可逆性**：报文摘要是通过哈希函数生成的，具有不可逆性，即无法从摘要反推出原始消息内容。
- **固定长度**：报文摘要的长度是固定的，不受原始消息长度的影响。常见的摘要长度包括128位、160位、256位等。
- **唯一性**：对于不同的消息内容，生成的摘要是唯一的，即使原始消息内容只有微小的改变，生成的摘要也会大不相同。
- **敏感性**：原始消息内容的任何改变都会导致生成的摘要发生变化，从而可以检测到消息的篡改。

2. 报文摘要技术的用法

- **生成摘要**：发送方在发送消息之前，使用哈希函数对消息内容进行摘要计算，生成一个固定长度的摘要，并将摘要附加到消息中一起发送。
- **验证摘要**：接收方在接收到消息后，重新计算收到消息的摘要，并将计算得到的摘要与接收到的摘要进行比较。如果两者相同，则说明消息完整且未被篡改；如果不同，则表示消息可能已被篡改或损坏。

3. 报文摘要技术的优势和局限性

报文摘要技术有如下优势。

- **安全性高**：报文摘要使用哈希函数进行计算，具有较高的安全性。
- **效率高**：报文摘要的计算效率较高，可以满足实时性要求。
- **易于实现**：报文摘要技术的实现方法比较简单，易于应用。

报文摘要技术也存在一定的局限性。

- **报文摘要不能防止重放攻击**：攻击者可以截获原始报文，并在将来重新发送该报文，以欺骗接收方。
- **报文摘要不能防止抵赖攻击**：发送方可以否认发送过某个报文，即使该报文包含其摘要。

2.4.4　哈希函数

哈希一般翻译为散列、杂凑，或音译为哈希。哈希函数是一种将任意长度的输入数据映射为固定长度的输出数据，通常称为哈希值或摘要。这个过程是确定性的，即给定相同的输入，哈希函数总是生成相同的输出。前面介绍报文摘要的生成，其实就是使用了哈希函数，也称为哈希值、散列值。

如果对一段明文使用哈希算法，哪怕只更改该段落的一个字母，随后的哈希函数都将产生不同的值。要找到哈希值为同一个值的两个不同的输入，在计算上是不可能的，所以数据的哈希值可以检验数据的完整性。

> **知识拓展**
>
> **哈希函数的特性**
>
> 如果两个哈希值是不相同的（根据同一函数），那么这两个哈希值的原始输入也是不相同的。这个特性是哈希函数具有确定性的结果。但另一方面，哈希函数的输入和输出不是一一对应的，如果两个哈希值相同，两个输入值很可能是相同的，但不能完全确定二者一定相等（可能出现哈希碰撞）。输入一些数据计算出哈希值，然后部分改变输入值，一个具有强混淆特性的哈希函数会产生一个完全不同的哈希值。

1. 哈希函数的构造

哈希函数通常由两部分组成：压缩函数和初始向量。压缩函数负责将输入数据压缩为固定长度的输出，而初始向量是用于初始化压缩函数的参数，以确保输出的随机性和不可预测性。

2. 哈希函数的特性

哈希函数在数据完整性保护中的功能与其特性是分不开的，哈希函数的特性如下。

- **一致性**：相同的输入数据应该产生相同的哈希值。
- **唯一性**：不同的输入数据应该产生不同的哈希值，以尽可能减少哈希碰撞的可能性。
- **高效性**：哈希函数的计算应该是高效的，以便在实际应用中能够快速地生成哈希值。
- **不可逆性**：理想情况下，哈希函数是不可逆的，即从哈希值无法推导出原始的输入数据。
- **抗碰撞性**：哈希函数应该具有良好的抗碰撞性，即对于不同的输入数据，其生成的哈希值应该尽可能不同。
- **扩展性**：哈希函数应该具有良好的扩展性，即能够处理任意长度的输入数据，并且生成固定长度的输出。

3. 哈希值的计算方式

哈希函数常使用以下4种方法获取哈希值。

（1）余数法

余数法先估计整个哈希表中的表项目数目大小。然后用估计值作为除数去除每个原始值，得到商和余数。用余数作为哈希值。因为这种方法产生冲突的可能性相当大，因此任何搜索算法都应该能够判断冲突是否发生并提出取代算法。

（2）折叠法

折叠法是针对原始值为数字时使用，将原始值分为若干部分，然后将各部分叠加，得到的最后4个数字（或者取其他位数的数字也可以）作为哈希值。

（3）基数转换法

当原始值是数字时，可以将原始值的数制基数转为一个不同的数字，例如，可以将十进制的原始值转为十六进制的哈希值。为了使哈希值的长度相同，可以省略高位数字。

（4）数据重排法

数据重排法只是简单地将原始值中的数据打乱排序，例如可以将第三位到第六位的数字逆序排列，然后利用重排后的数字作为哈希值。

4. 哈希函数的主要应用

哈希函数被广泛应用到多个应用场景。

（1）数据完整性校验

哈希函数可以用来校验数据的完整性，例如，在下载文件时，可以使用哈希函数验证下载的文件是否完整无损。

（2）数字签名

哈希函数可以用来生成数字签名。数字签名可以用来验证数据的真实性和完整性。

（3）密码存储

哈希函数可以用来存储用户密码。将用户密码进行哈希处理后存储，可防止密码泄露。

（4）数据索引

哈希函数可以用来快速查找数据，例如，在数据库中，可以使用哈希函数快速找到指定的数据记录。

（5）网络安全

哈希函数可以用于网络协议的认证和加密，例如，在SSL/TLS协议中，可以使用哈希函数验证服务器的身份和加密通信数据。

5. 哈希函数的安全性

哈希函数的安全性是其最重要的特性之一。哈希函数的安全性主要取决于其碰撞性。碰撞是指不同的输入数据产生相同的输出数据。如果哈希函数存在碰撞攻击，则攻击者可以构造不同的输入数据，使其产生相同的哈希值，从而伪造数据或破解密码。

目前，常用的哈希函数算法都具有较高的安全性。然而，随着计算能力的不断提高，哈希函数的安全性也面临着挑战。因此，需要不断研究和开发新的哈希函数算法，以提高其安全性。

2.4.5 常见哈希函数的算法

常见哈希函数的算法有MD5以及SHA系列的SHA-1及SHA-256等。

1. MD5 算法

MD5（Message Digest Algorithm 5）是一种广泛使用的哈希函数算法，用于将任意长度的消息（字符串或二进制数据）转换成固定长度的128位（16字节）哈希值。MD5算法由Ronald Rivest在1991年设计。虽然在当今的密码学中不再建议使用MD5，因为它存在一些已知的安全漏洞，但它仍然被广泛应用于数据完整性校验、数字签名和随机数生成等领域。

（1）算法原理

MD5算法的基本原理是将输入消息分割成512位大小的块，然后对每个块进行一系列的运算，最终生成128位的摘要信息。MD5算法的运算过程主要包括以下4个步骤。

步骤01 消息填充。MD5算法要求对输入消息进行填充，使其长度对512位进行模运算后余数为448。填充的方法是在消息的末尾附加一个比特为1的位，然后附加足够的0比特，直到满足上述条件。接下来再附加64位的长度表示原始消息的比特数。

步骤02 初始值设定。MD5算法使用4个32位的寄存器（A、B、C、D）作为工作状态。这些寄存器在开始时被初始化为一组固定的常量。然后MD5算法开始处理填充后的消息。

步骤03 消息分组处理。MD5将填充后的消息划分为512位的块，并对每个块执行一系列的处理步骤。这些步骤包括轮函数、消息扩展和状态更新。通过这些步骤，每个块的输入和之前块的输出会影响下一个块的处理。

步骤04 输出。所有消息块都处理完毕后，MD5算法将4个32位寄存器的内容按照一定的顺序连接起来，得到128位的哈希值。通常，这些哈希值以十六进制或六十四进制的字符串形式表示。

（2）MD5算法的特点

MD5算法具有以下特点。

- **固定长度输出**：无论输入消息的长度如何，MD5算法的输出始终是128位。
- **快速性**：MD5算法的实现通常很快，适合于需要快速计算哈希值的应用。
- **不可逆性**：由于MD5是单向哈希函数，从哈希值推导出原始消息几乎是不可能的。这使得MD5广泛用于密码哈希运算等领域。
- **雪崩效应**：即使输入数据发生微小变化，也会导致输出的MD5值发生显著变化。
- **碰撞可能性**：MD5算法存在碰撞的可能性，即不同的输入可能会产生相同的哈希值。这一问题已经被广泛证实，因此MD5在许多安全领域已经不再建议使用。

（3）MD5算法的应用

MD5算法具有计算速度快、摘要信息长度固定、易于实现等优点，因此被广泛应用于以下领域。

- **数据完整性校验**：用于验证数据的完整性，防止数据被篡改。
- **数字签名**：用于生成数字签名，验证数据的真实性和完整性。
- **密码存储**：用于存储用户密码，防止密码泄露。
- **文件下载**：用于验证下载的文件是否完整无损。

●**软件验证：**用于验证软件的完整性和真实性。

2. SHA算法

SHA（Secure Hash Algorithm，安全哈希算法）是一系列密码学哈希函数，由美国国家安全局（NSA）设计，并由美国国家标准与技术研究院（NIST）发布。

（1）SHA算法原理

SHA算法的设计目标是产生固定长度的哈希值，使得对输入数据的任何细微变化都会导致输出哈希值的大幅度变化，同时尽可能地减小碰撞的可能性。SHA算法通常采用迭代的方式对输入数据进行处理，通过多轮的复杂运算混淆输入数据的比特位，从而增加反向推导原始数据的难度。

SHA算法的基本原理是将输入消息分割成512位大小的块，然后对每个块进行一系列的运算，最终生成固定长度的摘要信息。SHA算法的运算过程主要包括以下步骤。

步骤01 填充。将输入消息填充到512位大小的块。

步骤02 初始化。初始化多个32位寄存器。

步骤03 压缩。对每个512位大小的块进行压缩，得到一个固定长度的摘要信息。

步骤04 输出。将多个32位寄存器连接起来，得到最终的摘要信息。

（2）SHA算法种类

SHA算法家族包括多个版本，其中SHA1、SHA2和SHA3是最为广泛使用的。

① SHA1算法。

SHA1产生160位（20字节）的哈希值，它是SHA算法家族中的第一个版本，于1995年发布。由于SHA1存在严重的安全漏洞，尤其是碰撞攻击的可行性，导致它不再适合用于安全应用。因此，SHA1在许多场景中已经被淘汰。

② SHA2算法。

SHA2是SHA算法家族的第二个版本，包括一系列哈希函数，产生的哈希值长度可以是224位、256位、384位或512位。SHA256和SHA512是SHA2家族中最常用的两个哈希函数。

●**SHA256：**产生256位（32字节）的哈希值。

●**SHA512：**产生512位（64字节）的哈希值。

SHA2被广泛认为是安全的，目前仍然被广泛使用，尤其在数字签名、数据完整性校验和密码学证明等领域。

③ SHA3算法。

SHA3是SHA算法家族中的第三个版本，也称为Keccak。与SHA1和SHA2不同，SHA3不是在SHA2的基础上设计的，而是由Keccak算法家族中的一个成员进行了改进和标准化。SHA3也产生不同长度的哈希值，最常见的是SHA3-256和SHA3-512，分别产生256位和512位的哈希值。SHA3在一些方面提供与SHA2不同的设计和性能特性，它是一种可替代的安全哈希算法，但在实际应用中，SHA3的使用相对较少。

（3）SHA算法的应用

SHA算法的应用包括HTTPS签名算法，以及比特币的计算。挖矿算法其实就是SHA256算法，矿工们根据不断修改随机数，不断地进行SHA256运算，最终运算快的挖到矿。

2.5 文件完整性校验操作

在了解了数据完整性保护及其中使用的技术与算法后，接下来以实例的形式介绍如何使用哈希函数校验文件的完整性。在日常下载文件或程序时，一般在说明中会注明该文件的哈希值，如图2-5所示。

用户在下载好该文件后，可以使用系统命令或者工具来计算文件的哈希值。

图 2-5

2.5.1 使用命令计算文件哈希值

这里需要进入PowerShell中使用"Get-File Hash"命令来获取。进入文件所在的文件夹中，按住Shift键并右击，在弹出的快捷菜单中选择"在此处打开Powershell窗口"选项，如图2-6所示。在弹出的PowerShell中输入命令来计算哈希值。命令格式为"Get-File Hash文件名 -Algorithm 使用的算法"。本例如计算MD5值，则使用命令"Get-File Hash .\zh-cn_windows_11_business_editions_version_23h2_updated_march_2024_x64_dvd_6acf388d.iso -Algorithm MD5"。等待一段时间，计算完毕，会弹出计算结果，如图2-7所示。可以与验证信息进行对比，以便确定文件的完整性。

该命令还可以计算SHA1、SHA256、SHA384、SHA512、3DES等哈希值。

图 2-6

图 2-7

> **命令补全功能**
>
> 和Linux类似，在PowerShell中，可以按Tab键补全文件名和命令名。

2.5.2 使用工具计算文件哈希值

使用命令计算哈希值，一个PowerShell窗口只能计算一个，而且命令输入较为烦琐。此时可以使用第三方的哈希值计算工具，如Hasher来同时计算多个哈希值。

Hasher是一个快速生成哈希值的命令行工具，用于快速生成各种哈希值。它支持多种哈希算法。软件界面简洁，使用方便，界面与操作完全一致，支持文件拖放，速度很快，可以计算文件的MD5、SHA1、CRC32的值，可以方便用户对某个指定文件进行MD5哈希值进行校验。

用户打开该软件后，勾选需要的算法，然后将文件拖入其中，如图2-8所示。随后，软件启动运行并开始计算，如图2-9所示。进度条到头后，可以查看计算出的值，并与网站中的值进行对比。

图 2-8

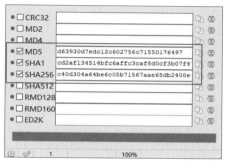

图 2-9

用户也可以复制网站上的对应哈希值，在Hasher中单击对应值右侧的"对比"按钮，如图2-10所示。如果两者一样，则会提示用户，如图2-11所示，说明文件未被更改，是由发布者发布的版本。

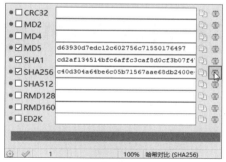

图 2-10

图 2-11

2.5.3 计算文本的哈希值

除了计算文件的哈希值以外，还可以计算文本的哈希值，这也是很多网站对账户密码的保存及校验的方式。下面介绍如何进行文本的哈希值计算。

网站密码的校验

用户在注册账户时，注册程序会自动将密码转为对应的哈希值上传，并放置在网站的数据库中存储。用户在登录时，登录程序再次进行输入密码的哈希值计算，然后与网站存储的密码哈希值进行对比，相同则代表用户输入正确并允许登录。

在软件的主界面中，勾选要进行计算的哈希值类型，在主界面上方，单击"文本哈希"按钮，如图2-12所示。输入需要进行哈希值计算的文本，单击"文本哈希"按钮，如图2-13所示。

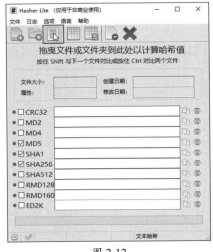

图 2-12

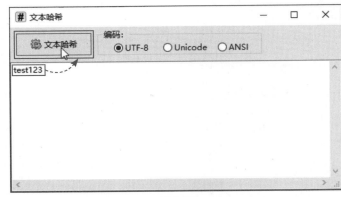

图 2-13

在主界面中可以看到计算出的文本哈希值，如图2-14所示。

图 2-14

🔒 2.6　常见的信息加密解密技术方式、原理及应用

前面介绍了常见的数据加密技术以及常见的加密算法。下面介绍常见的信息加密技术和解密技术的主要方式、原理及相关的应用。

▌2.6.1　信息加密的主要方式及原理

在实际应用之中，主要采取的加密方式有软件加密技术以及硬件加密技术两种。

1. 软件加密技术

软件加密一般是用户在发送信息前，先调用信息安全模块对信息进行加密，然后发送，到达接收方后，由用户使用相应的解密软件进行解密并还原。软件加密的方法有密码表加密、软件子校验、序列号加密、许可证管理等方法。

（1）密码表加密

密码表加密使用一个包含字母、数字和符号的密钥表，该表将明文字符映射到密文字符。这种映射关系可以是任意的，只要在加密和解密过程中保持一致即可。典型的密码表可能是一张26×26的表格，其中行代表明文字符，列代表对应的密文字符。加密时，将明文字符替换为其对应的密文字符，解密时，则反过来使用相同的密码表，将密文字符替换为其对应的明文字符。密码表加密的特点如下。

- **简单易懂：**密码表加密非常直观，易于理解和实现。
- **容易破解：**由于密码表中的字符映射是固定的，攻击者可以使用频率分析等方法轻松地破解较短的消息。
- **密钥管理：**密码表本身就是密钥，因此需要有效地管理密码表以确保安全性。泄露密码表会导致加密消息的完全暴露。
- **适用性有限：**由于密码表大小有限，且字符映射是固定的，因此密码表加密通常不适用于安全性要求较高的场景，例如网络通信或存储敏感数据。

（2）密码子校验

密码子校验是银行卡交易中一种常见的安全措施，通常是银行卡上的一组数字或字符，用于验证交易中的卡信息的完整性和有效性。密码子校验是防止银行卡欺诈的一种重要手段。在银行卡交易中，通常会将卡号、有效期、服务代码等信息进行组合，并使用特定的算法生成密码子校验值。这个校验值被发送到银行系统进行验证，以确保交易的完整性和有效性。其功能与特点如下。

- **验证完整性：**密码子校验可以验证交易中的卡信息是否被篡改或损坏。
- **防止欺诈：**通过校验卡信息的有效性，密码子校验可以帮助防止盗刷和欺诈行为。
- **额外安全性：**密码子校验提供额外的安全性层，使得盗刷者难以成功执行欺诈行为。
- **定制化：**不同的银行和支付系统可能会使用不同的密码子校验算法，以满足其安全需求和标准。

（3）序列号加密

序列号加密是一种通过生成和使用序列号来授权软件或访问特定服务的加密方法，通常用于保护软件免受未经授权的复制和使用，或者用于限制特定服务的访问。序列号加密的原理是基于生成的序列号对软件或服务进行授权。通常情况下，生成序列号的算法是由软件开发者设计的，并嵌入到软件或服务中。这个算法可能会涉及加密、哈希、数字签名等技术，以确保序列号的唯一性、安全性和难以伪造性。

如何生成序列号

序列号的生成可以基于多种因素，包括硬件特征、用户信息、时间戳等。生成序列号的算法通常是保密的，只有软件开发者知道。生成的序列号可以是一个随机的字符串，也可以是通过特定计算得出的值。

如今很多商业软件采用这种加密方式，用户在软件的试用期是不需要交费的，试用期满后如果希望继续使用这个软件，就必须到软件公司进行注册，软件公司会根据提交的信息（一般是用户的名字）生成一个序列号，收到序列号以后，在运行软件时输入，软件会验证名字与序列号之间的关系是否正确，如果正确，说明已经购买了软件。序列号加密的特点和限制如下。

- **安全性：**序列号加密的安全性取决于生成序列号的算法的复杂性和保密性。如果算法被破解或者序列号被泄露，就会导致软件或服务的非法复制和使用。
- **管理成本：**管理序列号的生成、分发和验证可能会增加一定的管理成本，特别是在大规模部署的情况下。

●**用户体验**：如果序列号的获取和验证过程过于烦琐或者容易出错，可能会影响用户的体验和满意度。

软件开发者应该采取措施保护生成序列号的算法，防止算法被攻击者利用漏洞进行破解。序列号应该设计得足够复杂和难以猜测，以提高安全性和防止伪造。序列号的验证过程应该在安全的环境中进行，以防止中间人攻击或者篡改。

（4）许可证管理

在软件加密中，许可证是一种用于授权用户合法使用软件的文件或信息。许可证通常包含关于软件授权的各种信息。

●**用户信息**：包括用户的名称、邮箱、公司名称等信息，用于标识许可证持有者。

●**授权信息**：包括授权级别（如基础版、专业版等）、许可数量、有效期限等信息，用于定义用户可以访问的功能或服务。

●**硬件特征**：有时许可证还可能包含硬件特征信息，用于限制许可证只能在特定的硬件设备上使用。

●**签名或加密信息**：为了确保许可证的安全性和完整性，许可证通常会包含数字签名或加密信息，防止篡改和伪造。

许可证可以由软件开发者手动生成，也可以通过许可证生成工具自动生成。生成许可证时，开发者需要确保许可证中包含正确的授权信息，并采取措施确保许可证的安全性，例如对许可证进行签名或加密。许可证验证的过程通常包括以下步骤。

步骤01 解析许可证：软件解析许可证文件或信息，提取其中的授权信息和其他信息。

步骤02 验证签名或解密信息。如果许可证包含数字签名或加密信息，软件会验证许可证的签名或解密信息，确保许可证的完整性和安全性。

步骤03 检查授权信息：软件检查许可证中的授权信息，如许可级别、有效期限等，以确定用户是否有权访问软件的特定功能或服务。

步骤04 检查硬件特征。如果许可证包含硬件特征信息，软件可能会验证用户的硬件设备是否与许可证匹配。

许可证通常具有一定的有效期限，过期后用户需要更新或续订许可证才能继续使用软件。更新或续订许可证的过程通常与许可证验证过程类似，软件会验证新的许可证信息，并更新用户的授权状态。

知识拓展

许可证的应用

许可证在各种软件加密方案中被广泛应用，包括商业软件、游戏等。通过许可证，软件开发者可以灵活控制用户对软件的访问和使用，确保软件的合法使用，并通过许可证的更新和续订提供持续的收入来源。

2. 硬件加密技术

硬件加密采用硬件（电路、器件、部件等）和软件结合的方式实现加密，对硬件本身和软件采取加密、隐藏、防护技术，防止被保护对象被攻击者解析、破译。硬件加解密是商业或军事上的主流。硬件加密的方法有钥匙盘、加密卡、软件狗等。

（1）钥匙盘

钥匙盘是一种硬件设备，用于在软件加密中提供额外的安全保护和许可控制。它通常是一个小型的USB设备，被插入计算机的USB端口中。软件开发者可以将许可证信息存储在钥匙盘中，并将其与软件一起销售或租赁给用户。

软件开发者将用户的许可证信息存储在钥匙盘中，通常包括许可证的授权级别、有效期限、许可数量等信息，将钥匙盘的许可验证功能集成到软件中，软件在运行时会检查钥匙盘的状态，并根据钥匙盘中的许可证信息验证用户的许可授权。当用户启动软件时，软件会与钥匙盘进行通信，验证钥匙盘中的许可证信息。如果验证通过，则允许用户访问软件的功能或服务；否则限制用户的访问权限。

钥匙盘通常包含加密芯片和存储器，用于存储许可证信息，并具有一定的安全性保护措施，如防破解和防篡改等。常见的Windows Hello指纹登录密码盘如图2-15所示，银行的U盾如图2-16所示。

图 2-15

图 2-16

钥匙盘加密特点如下。

- **额外安全性**：钥匙盘提供额外的安全保护，因为许可证信息存储在硬件设备中，难以被非法复制或篡改。但可能会增加软件的成本和复杂性，因为需要额外的硬件设备，并且可能需要特定的驱动程序或SDK。

- **便携性**：钥匙盘通常是小型、便携的USB设备，方便用户携带并在多台计算机上使用。软件开发者应该选择可靠的钥匙盘厂商，并确保钥匙盘的安全性和稳定性，以避免出现硬件故障或安全漏洞。

- **灵活性**：钥匙盘可以用于不同的软件产品和不同的用户，只需插入相应的钥匙盘即可访问对应的软件功能。

- **防止盗版**：钥匙盘可以有效防止软件盗版和非法复制，因为软件只能在有有效钥匙盘的情况下运行。钥匙盘通常需要定期更新或续订许可证信息，以确保用户的许可授权仍然有效。

（2）加密卡

加密卡是一种专门设计用于安全存储和处理敏感数据的硬件设备，通常包含加密芯片、存储器、处理器以及相关的接口和传输协议，用于保护数据免受未经授权的访问和攻击。加密卡可以用于执行各种加密和解密操作，以确保数据的机密性和完整性。广泛应用于网络安全、存

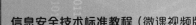

储安全、身份认证和金融安全等领域。

加密卡的原理是利用其中的硬件加密芯片和相关的安全元件，对敏感数据进行加密和解密操作。加密卡通常包含专用的加密算法和密钥管理机制，用于保护数据的机密性和完整性。用户可以通过软件或接口与加密卡进行通信，以便对数据进行加密、解密和安全存储等操作。加密卡的功能和特点如下。

- **数据保护**：加密卡提供强大的数据保护功能，可以对敏感数据进行加密和解密，防止数据泄露和未经授权的访问。
- **加密算法支持**：加密卡通常支持多种加密算法，如对称加密算法（如AES）、非对称加密算法（如RSA）、哈希函数等。
- **密钥管理**：加密卡包含密钥管理机制，用于生成、存储和管理加密所需的密钥，确保密钥的安全性和随机性。
- **硬件加速**：加密卡通常具有硬件加速功能，能够加速加密和解密操作，提高性能和效率。
- **多种接口**：加密卡可以通过多种接口与外部系统通信，如 USB、PCI、Ethernet 等，便于集成到不同类型的系统和设备中。

（3）软件狗

软件狗是一种硬件设备，用于在软件授权和加密中提供额外的安全保护。它通常是一个小型的USB设备，被插入计算机的USB端口中，用于验证用户是否具有合法的许可授权。软件狗通常包含一定的存储容量，用于存储许可证信息和加密密钥等敏感数据。软件狗的原理是将软件的许可证信息存储在硬件设备中，并在软件运行时与软件进行通信，以验证用户的许可授权。软件狗作为一种外部的硬件设备，通常包含专用的加密算法和密钥管理机制，用于保护许可证信息的安全性和完整性。用户可以通过软件或接口与软件狗进行通信，以便对数据进行加密、解密和安全存储等操作。

2.6.2 文件加密技术

文件的加密是最常使用的、保护信息安全的技术。下面介绍文件加密技术的原理及加密的操作。

1. 文件加密技术的原理

现在很多加密软件使用的是文件保护技术，也就是对文件设置安全保护密码，而文件本身并没有加密，通过一定的技术手段是可以绕过密码直接读取的。这种保护技术的特点是加密速度快，操作方便灵活，但安全性非常低。

另一种是对文件全部的二进制内容按照常见的加密算法进行加密转换，从而编成密文。这种方法是比较安全的，但由于对整体数据全部加密，所以加密时间较长。

很多加密软件采用了折中的办法，即将文件头的定长数据进行加密，文件的其余部分并未加密。文件头是位于文件开头的一段具有独特功能属性的特殊数据。简单的加密软件只对文件起始部分进行加密，所以用户正常操作是打不开文件的，但是一些专业人员通过二进制读取工具，把文件头换成标准的内容后就可以读取和破译。

透明加密

专业的加密软件都有透明加密的功能，实际上类似于杀毒软件，通过驱动层监控每个进程操作文件。对于授信的进程，在访问加密文件时，把密文转成明文后传给进程，进程就能使用该文件。对于不授信的进程访问密文时就无法打开文件。

2. 视频加密技术

视频加密的技术大致有如下几种。

（1）防盗链技术

严格来说，防盗链技术不属于视频加密技术，只是想办法防止视频被下载，只允许在线播放，很容易被绕过去，可以伪装自己是浏览器拿到视频真实链接，然后发送各种验证通过信息，欺骗防盗链系统，就能下载视频。

（2）HLS加密技术

HLS加密也可以称为m3u8切片加密，是H5时代广泛使用的技术，该加密技术本身是很安全的，基于AES加密算法。但有个致命的问题：别人很容易拿到密钥进行解密。因为算法是公开的，并且如果不保护好密钥文件，很多工具软件均可拿到密钥对视频进行基本的还原，如果只是采用单纯的HLS加密技术，可以说极其不安全。幸好，近几年国内很多厂商在标准HLS加密的基础上，对m3u8文件中的密钥做了防盗处理，二者结合效果就好很多。

（3）私有算法逐帧加密

私有算法逐帧加密方式一般是基于不公开的算法，对视频文件、直播流、m3u8中的ts数据等均可实现实时逐帧加密。但加密后的视频需要特定播放器才可以播放。由于采用私有算法，其他播放器无法进行播放，增强了安全性。

防录屏技术

在防录屏方面，一般策略有阻止录屏软件常用的API使用；黑白名单：把常见的录屏软件的特征通过数据库记录下来，检测到之后就无法继续播放；水印（这个相对好一些，使用一些随机的水印，播放时显示在视频的一些随机位置，录制后可以知道是谁泄露的）。

2.6.3 Windows系统加密操作

Windows自带的加密功能可以对文件、文件夹以及对驱动器进行加密，简单高效，下面介绍相关的操作方法。

1. 文件夹的加密

文件夹的加密是限制该文件只能在本机、本账户中才能打开，其他账户登录或者其他计算机都是不能打开的，对于Windows预安装环境（Windows Prein stallation Enviroment）PE来说可以跳过账户访问，对于自由访问文件来说，是一个解决文件安全性的好办法。

用户选中需要加密的文件夹，右击，在弹出的"属性"界面中单击"高级"按钮，如图2-17所示。勾选"加密内容以便保护数据"复选框，单击"确定"按钮，如图2-18所示。

图 2-17　　　　　　　　　　　　图 2-18

在弹出的界面中，选中"将更改应用于此文件夹、子文件夹和文件"单选按钮，并单击"确定"按钮，如图2-19所示，使用其他账户访问该文件夹中的文件，会弹出无权限的提示，如图2-20所示。

图 2-19　　　　　　　　　　　　图 2-20

2. 驱动器的加密

驱动器的加密使用的是BitLocker技术。下面介绍如何启动、关闭以及如何备份密钥，以便在驱动器被锁住后能够使用密钥解锁。

步骤01 在需要开启BitLocker的分区上右击，在弹出的快捷菜单中选择"启用BitLocker"选项，如图2-21所示。

步骤02 设置解锁所使用的密码，单击"下一步"按钮，如图2-22所示。

图 2-21　　　　　　　　　　　　图 2-22

知识拓展

密码解锁与恢复密钥解锁

对于非系统分区来说，可以使用生成的恢复密钥解锁，也可以使用这里设置的密码解锁。对于系统分区来说，无法设置独立的解锁密码，只能通过恢复密钥解锁。

步骤03 单击"保存到Microsoft账户"按钮,将密钥上传到微软服务器的用户账户中,如图2-23所示。

步骤04 保存完毕后,可以单击其他三个选项,将"恢复密钥"保存到U盘的指定目录中或者打印出来,以便在锁定后按照文件内容进行恢复密钥的输入。恢复文件的内容如图2-24所示。

图 2-23

图 2-24

文件中"标识符"主要为识别设备使用,不同设备、不同分区的识别符均不同。48位"恢复密钥"就是解锁BitLocker的关键。

知识拓展

提示"无法保存"

在保存文件时,如果保存的分区为BitLocker加密状态,则会提示"无法保存",只能保存到非BitLocker加密分区。此时可以选择其他方式或者插入U盘,并保存到U盘上。

步骤05 接下来会提示选择加密空间,选择加密模式,保持默认,最后启动加密即可,如图2-25所示。

步骤06 如果需要关闭BitLocker功能,可以在加密完成后,在需要关闭的分区上右击,在弹出的快捷菜单中选择"管理BitLocker"选项,如图2-26所示。

图 2-25

图 2-26

步骤07 在弹出的界面中单击"关闭BitLocker"链接,如图2-27所示,在弹出的对话框中单击"关闭BitLocker"按钮,即可关闭BitLocker加密,如图2-28所示。

图 2-27

图 2-28

临时停止保护可以选择"暂停保护"，再次备份恢复密钥可以选择"备份恢复密钥"，如果要更改保护密码可以选择"更改密码"或"删除密码"，如果要使用智能卡解锁可以选择"添加智能卡"，如果不需要每次都进行分区手动解锁可以选择"启动自动解锁"。

步骤 08 如进入PE中，想访问该驱动器，则必须输入解锁密码，如图2-29所示，或者输入恢复密钥，如图2-30所示，大大增强保存的数据信息的安全性。

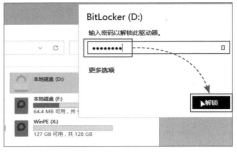

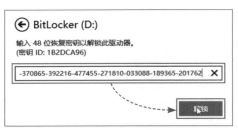

图 2-29   图 2-30

知识拓展

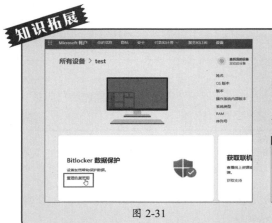

图 2-31

微软账户中恢复密钥的查看

如果本地保存的恢复密钥丢失或损坏，可以进入微软官网，登录对应用户的账户，从设备列表中找到并进入该设备中，启动"管理恢复密钥"，如图2-31所示。从中找到对应分区的恢复密钥，如图2-32所示。

图 2-32

2.6.4 第三方软件加密操作

除了系统自带的加密功能外，使用第三方的加密软件更加快速且方便。

1. 使用小工具进行加密

这类工具的使用方法类似，下面以一款常用的"文件加密器"小工具加密文件夹为例，介绍加密解密的过程。文件的加密方法类似。该软件使用的是AES算法，根据用户输入的密码生成256位密钥进行加密。

步骤 01 打开软件，输入"加密密码"及"确认密码"，单击"文件夹加密"按钮，如图2-33所示。

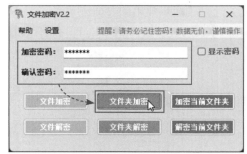

图 2-33

步骤 02 在弹出的文件夹选择界面中选择需要加密的文件夹，弹出确认对话框，单击"确定"按钮，如图2-34所示。接下来会自动对文件夹中的文件进行加密操作。

图 2-34

步骤 03 加密后的文件夹仍可以访问，也可以对文件执行移动、复制等操作，但无法打开文件，如图2-35所示。

步骤 04 如果需要解密，则再次输入加密密码，单击"文件夹解密"按钮，如图2-36所示。找到并选择加密的文件夹，接下来会弹出确认对话框，确认后完成解密，此时再访问文件夹就可以正常打开文件。

图 2-35

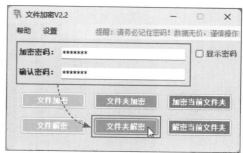

图 2-36

2. 使用专业加密工具进行加密

如果要使用更专业的加密工具，可以使用Encrypto。该程序非常小，支持Windows和macOS系统，功能就是加密。该软件使用了全球知名的高强度AES-256加密算法，这是目前密码学最流行的算法之一，被广泛应用于军事、科技领域，文件被破解的可能性几乎为零，安全性极高，所以安全方面无须担心。速度方面，因为这种运算比较复杂，所以加密大文件需要一定的时间。

步骤 01 安装并启动该软件，将需要加密的文件夹（或文件）拖入软件的黄色区域，如图2-37所示。

步骤 02 设置加密密码，只输入一次，所以不要输错，完成后，单击Encrypt按钮，如图2-38所示。

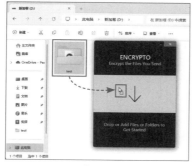

图 2-37

图 2-38

步骤 03 完成加密后，单击"Save AS..."按钮，将加密后的文件另存，如图2-39所示。加密后的文件如图2-40所示。

图 2-39 图 2-40

步骤 04 解密时，将该工具与加密文件传给对方，安装后，双击该加密文件，输入密码，单击Decrypt按钮，如图2-41所示。单击"Save AS..."按钮将文件另存，如图2-42所示。

图 2-41 图 2-42

2.6.5 常见的解密技术及防范措施

数据加密技术，无论是对称加密还是非对称加密，都需要知道算法和密钥才能执行解密操作。如果不知道这两者，只能使用猜测的值不断去执行解密操作。

从原理上来说，密码都是可以被破解的，一般超过某个时间，就认为密码是安全的。网络上登录时使用的账号密码，可以暴力破解，为了应对这种情况，出现了验证码。现在验证码的发展已经和人工智能相关联了。而且在尝试一定次数后，会被锁定并禁止尝试，所以暴力破解的难度越来越高。此后出现了很多钓鱼、嗅探、木马、键盘监控等密码盗取方式，而越来越多的密码获取来源于撞库。

对于用户来说，尽可能使用复杂密码，针对网站采取分等级设置，普通网站使用一些可以随时丢弃的账号密码组合，以免被盗后殃及其他含有重要资料的网站。

1. 明文密码的解密与防范

明文密码属于早期的密码存在方式，将明文密码保存在数据库中，通过与用户输入的密码进行对比，相同就可以登录或获取对应的权限。如果数据库泄露，所有的数据将全部被知晓，安全隐患极大，所以明文密码的存放形式已经被各大互联网公司抛弃。

对于明文密码的破解，可以通过入侵系统、搜索设置、暴力尝试的方式进行。因为在本地，无需验证码，所以破解的效率和成功率相对于其他的加密技术高很多，如常见的RAR密码破解以及Office文件密码破解等。明文密码几乎没有安全性可言，只能尽量使用复杂密码来提高破解的成本。

2. 压缩文件的加密及解密

RAR是压缩文件常用的格式，对于RAR文件，可以在压缩时创建加密密码，以便增加压缩文件的安全，如图2-43和图2-44所示。

图 2-43   图 2-44

如果没有什么线索，可以尝试"字典破解"或"暴力破解"。如果知道密码的一部分，可以使用"Passper for RAR"进行破解。该系列软件还有针对Word、Excel、PDF、PowerPoint、Zip等特定格式的破解程序。

步骤 01 启动"Passper for RAR"程序，进入主界面后选择文件，选中"组合破解"单选按钮，单击"下一步"按钮，如图2-45所示。

步骤 02 根据提示设置密码长度、前后缀、是否有大小写字母、数字、符号等所有已知的条件。不知道可以不填或选择全部。最后查看"概要"，无误后单击"恢复"按钮，如图2-46所示。

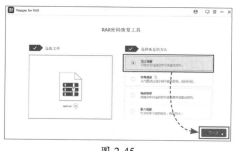 

图 2-45   图 2-46

知道得越多，破解的时间就越短。最后破解出的密码会显示出来，如图2-47所示。

图 2-47

3. 哈希密文的破解与防范

现在网站中存在的密码，并不是以明文密码的形式存放，而是在用户注册时，将密码进行哈希运算后存放在数据库中。用户登录时，也是将密码进行哈希运算后，与数据库中的哈希值进行对比，如果两者一致，说明密码输入正确，允许登录，否则拒绝登录。

如果用户获取到了网站中存放的加密密码，可以使用"John the Ripper"进行运算，获取到对应的明文。"John the Ripper"是一款速度很快的密码破解工具，目前可用于UNIX、macOS、Windows、DOS、BeOS与OpenVMS等多种操作系统。最初的主要目的是检测弱密码，现在除了支持许多密码哈希类型，还支持数百种其他哈希类型和密码。该软件通过优化的算法快速计算出所有的哈希值，并与加密密码进行对比，从而得到加密前的密码值，如图2-48所示。

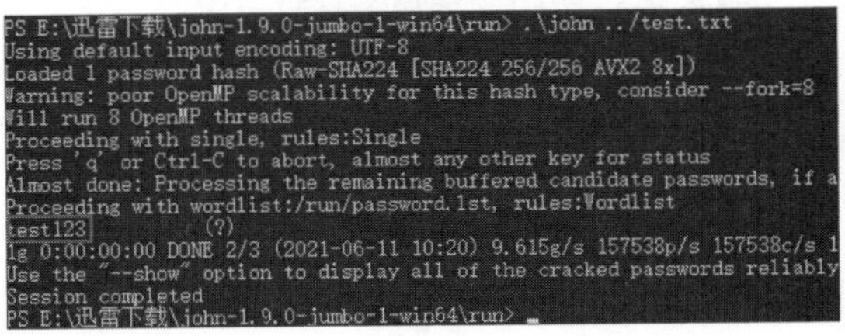

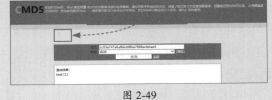

图 2-48

知识拓展

哈希密码数据库

现在很多在线网站计算并收集了大量的明文以及与之对应的哈希密文，提前计算并构建了一个"明文>密文"对应关系的大型数据库。在这些网站，用户可以通过密文查找有没有对应的明文，这样可以节省大量的破解和计算时间，如图2-49所示。

哈希密文的破解或者运算需要大量的时间，所以防范该种破解技术，就需要使用高强度密码进行加密。

图 2-49

4. 对称加密的破解与防范

对称加密技术，如3DES、AES等，它们的破解难点就是密钥，如果用户的密钥被泄露，那么对称加密就形同虚设。可以通过非法方式获取到密钥，或者使用暴力破解的方法进行解密。在使用对称加密时，加密数据和密钥一定要分开存放、分开管理，并尽量使用更多位数的加密密钥。

知识拓展

密码字典

密码字典是配合密码破译软件使用的。密码字典里包括许多人们习惯性设置的密码，这样在破解时，按照密码字典中的数据顺序进行，可以提高密码破译软件的密码破译成功率和命中率，缩短密码破译的时间。如果密码未包含在密码字典里，这个字典就没有用了，甚至会延长密码破译所需要的时间。现在字典生成器很多，在Kali中，可以按要求自动生成密码，如图2-50所示。包含的生成内容越多，生成的字典就越大。在使用时，根据选项选择字典文件即可。

图 2-50

5. 撞库技术及防范

撞库从技术角度来说不属于传统的破解技术，却是所有破解中最有效、最快速的破解手段。

对于大多数用户而言，撞库可能是一个很专业的名词，但是理解起来却比较简单，黑客通过收集互联网已泄露的用户账号及密码信息，生成对应的字典表，尝试批量登录其他网站后，得到一系列可以登录的网站信息。甚至有些存储明文密码的网站被入侵后，获取到可以直接登录其他网站的账号及密码。

这种攻击是互联网安全维护人员最无奈的攻击形式之一，只要用户使用了相同的用户名及密码，那么一个网站泄露出去，其他网站无论防范技术多高都没有用。撞库与社工库也是黑客与大数据方式进行结合的一种产物，黑客将泄露的用户数据整合分析，然后集中归档后形成的一种攻击方式。"撞库攻击"是网络交易普遍存在的一个主要风险。现在很多专业的互联网门户网站开始淡化账户密码作为主要验证方式的情况，会同时使用手机号及验证码验证、人脸验证或者二次甚至三次校验。

6. 加强型哈希算法及破解防范

由于单向哈希算法在某种程度上还是存在被破解的风险，于是有些公司在单向哈希算法基础上进行了加"盐"、多次哈希等扩展，这些方式可以在一定程度上增加破解难度，对于加了"固定盐"的哈希算法，需要保护"盐"不能泄露，这就会遇到"保护对称密钥"一样的问题，一旦"盐"泄露，根据"盐"重新建立彩虹表可以破解，对于多次哈希运算，也只增加了破解的时间，并没有本质的提升。

彩虹表与加盐

彩虹表是在字典法的基础上进行改进，以时间换空间，是现在破解哈希函数常用的办法。在密码学中，"盐"是指通过在密码任意固定位置插入特定的字符串，让哈希运算后的结果和使用原始密码的哈希结果不相符，这种过程称为"加盐"。

PBKDF2算法原理大致相当于在哈希算法基础上增加随机盐，并进行多次哈希运算，随机盐使得彩虹表的建表难度大幅增加，而多次哈希也使得建表和破解的难度都大幅增加。使用PBKDF2算法时，哈希算法一般选用SHA1或者SHA256，随机盐的长度一般不能少于8字节，哈希次数至少也要1000次，这样安全性才足够高。一次密码验证过程进行1000次哈希运算，对服务器来说可能只需要1ms，但对于破解者来说计算成本增加了1000倍，而至少8字节随机盐，更是把建表难度提升了N个数量级，使得大批量的破解密码几乎不可行。

7. 满足密码复杂性要求

满足密码复杂性要求可以延长破解时间、增加破解难度。建议读者在设置密码时尽量满足密码复杂性要求。不同的场景对于密码复杂性要求的定义不完全相同，为了保证用户密码的安全性，通常会要求满足以下几种要求。

- 密码最少六位，推荐使用八位及以上密码。
- 密码复杂性要求包含下列四类字符中的三类：英语大写字符（A～Z）、英语小写字符

（a～z）、10个基本数字（0～9）、特殊字符（如!、$、# 或 %等）。

● 密码不得包含三个或三个以上来自用户账户名中的字符。

● 不得使用用户生日、名称以及各种常见的简单组合作为密码。

● 密码要定期更换。

密码的保存

一些关键网站的密码除了要满足复杂性要求外，保存也要注意。一般要牢记，且不要存放到计算机硬盘、U盘上或写在纸上等。以免被黑客入侵后获得，或者被别有用心的人看到。

2.7 知识延伸：其他加密算法

除了前面介绍的AES、DES、3DES等算法外，还有其他几种常见的算法，在此对其进行简单介绍。

1. RC 算法系列

RC（Rivest Cipher）算法系列是由著名密码学家Ron Rivest设计的一系列对称加密算法。RC算法系列包括多个版本，如RC2、RC4、RC5、RC6等。这些算法以其简单、高效和灵活性而闻名，并在许多安全应用中被广泛使用，尤其是在流密码加密和流式加密中。RC4是RC算法系列中最知名的一个，由Ron Rivest在1987年设计。它是一种流密码算法，适用于加密数据流或长消息。RC4算法的主要特点是简单、高效、速度快，并且可以实现轻量级加密。

RC4使用了一种密钥调度算法，根据密钥生成一个伪随机的密钥流。明文数据通过与密钥流进行按位异或运算来进行加密。解密过程与加密过程相同，因为RC4是对称加密算法。RC4的密钥长度可变，一般为40位、56位、64位、128位等。较长的密钥长度通常提供更高的安全性。尽管RC4在实现上简单高效，但其安全性受到了一些重要的攻击，例如密钥流的偏差、明文攻击等。因此，一般不建议在安全性要求较高的场景中使用RC4。RC4算法在过去广泛应用于安全通信协议（如 SSL、TLS）、无线网络安全、流媒体加密等领域。然而，随着时间的推移和安全性的进步，许多安全专家建议不再使用 RC4，而是转向更安全的加密算法，如AES。

RC5算法是在RC4之后开发的，它提供了可变的分组大小、密钥大小和迭代次数，使得用户可以根据安全需求选择不同的参数。RC5特别适合于软件实现，并且在保持高安全性的同时提供良好的性能表现。RC6算法是RC系列中的另一个成员，它在RC5的基础上增加了更多的功能和优化。RC6的设计目标是提供更强的抗差分和线性分析能力，同时保持与RC5相同的设计哲学和优点。

2. SM4 算法

SM4算法（SM4-ECB分组密码算法）是我国自主设计的分组密码算法，也称为国密算法。由我国国家密码管理局于2012年颁布的《密码技术SM4分组加密算法》的标准规范。由于其具有安全性高、效率高、易于实现等优点，被广泛用于保护数据的机密性，适用于各种加密应用，如数据传输、存储加密、数字签名等。

SM4使用128位的密钥长度，即16字节。SM4使用128位的分组长度，即每次加密128位的数据块。它采用32轮非线性迭代结构，主体运算包括异或、合成置换、非线性迭代、反序变换、循环移位以及S盒变换等。其加密和解密算法的结构相同，只是使用的轮密钥顺序相反，在解密时使用加密轮密钥的逆序。此外，SM4的前身是SMS4算法，两者在设计上有相似之处。

SM4算法在设计时经过了严格的安全性分析和评估，被认为具有较高的安全性，能够抵御目前已知的主要攻击方法。但是，随着密码学领域的发展和攻击技术的进步，对其安全性进行持续的评估和改进仍然是必要的。

SM4算法已被广泛应用于政府、企业和各种信息系统中，作为保护敏感数据的加密标准。它在国内替代了一些旧的加密算法，如DES和3DES，成为国内加密领域的主流算法之一。在实际使用中，如使用SM4算法来加密用户的聊天记录、加密用户的支付信息、加密用户的手机号码等。

3. 乘法背包

乘法背包是一种密码学算法，由Adi Shamir于1984年提出。乘法背包是背包问题的一种变体，其安全性基于整数分解问题的困难性。乘法背包比加法背包更复杂，不仅运算量大了很多，更重要的是得到的加密数据更大，一般都是上亿位的，而且在许多机密的部门里，背包的数据都不是用"数"，而是用"位"。之所以复杂，就是因为数字很大。背包的特点是，如果背包里面的数据按从小到大排列，那么前面所有数据的乘积小于最后一个元素。虽然很简单，但是数字的乘积的增长是非常快的。

乘法背包的加密过程如下。

步骤 01 生成一个公钥和一个私钥。公钥包括一个模数N和一个系数列表A，私钥包括一个素数p和一个秘密系数列表B。

步骤 02 将明文M转换为一个多项式f(x)，其中f(x)的系数为0或1。

步骤 03 使用公钥对f(x)进行加密，得到密文c(x)：$c(x) = f(x) * A(x) \bmod N$。

解密过程如下。

步骤 01 使用私钥对密文c(x)进行解密，得到明文多项式f(x)：$f(x) = c(x) * B(x) \bmod N$。

步骤 02 将f(x)转换为明文M。

乘法背包的安全性取决于模数N的大小和秘密系数列表B的选择。N越大，B的选择越随机，则乘法背包的安全性越高。

背包加密是一种相当高级的加密方式，不容易破解，而且还原也相对容易，因此采用这种加密方式加密游戏数据也是非常好的，只要知道背包，就可以轻易算出来。

这么复杂的加密，怎么解密？有如下两种破解方法：利用孤立点破解和利用背包破解。所谓孤立点，还是以上面的背包为例，可以把密码设为a，得到的密码为1，如果把密码设为b，得到的密码为2。同理，可以把背包里面的所有元素都利用孤立点的方法枚举出来，这样就能得知背包，也就是算法私钥了，对下面的破解就不成问题。其实在加密时，也许它们会利用异或运算先加密，再利用背包加密，这样就更难破解。孤立点方法非常有效，但不是万能的，要结合前面的方法配合使用。

乘法背包已经被新的加密算法，如RSA算法所取代。乘法背包是现代密码学发展史上的一个重要里程碑，为现代加密算法的设计和应用奠定了基础。

4. MAC 算法

MAC（Message Authentication Code，消息认证码）是一种用于验证消息完整性和真实性的密码学技术。MAC算法结合了对称密钥加密和哈希函数，用于生成一个固定长度的认证标签（也称为MAC值），并将此标签附加到消息上。接收者可以使用相同的密钥和算法来计算消息的MAC值，并将其与接收到的MAC值进行比较，从而验证消息的完整性和真实性。

（1）MAC算法的原理

MAC算法基于对称密钥加密，发送者和接收者共享一个密钥。通过在消息上应用密钥和哈希函数，MAC算法生成一个固定长度的认证标签。生成的MAC值与消息一起发送给接收者。接收者使用相同的密钥和算法对接收到的消息计算MAC值，并将其与接收到的MAC值进行比较。

（2）MAC值的生成及验证

生成MAC值的过程为，发送者将消息和密钥输入MAC算法中。MAC算法对消息进行处理，并生成一个固定长度的MAC值。生成的MAC值与消息一起发送给接收者。

验证MAC值的过程为，接收者收到消息和MAC值。接收者使用相同的密钥和MAC算法对收到的消息计算MAC值。接收者将计算得到的MAC值与接收到的MAC值进行比较。如果两者相同，则消息未被篡改；如果不同，则说明消息被篡改，或不是发送者发送的消息。

（3）MAC算法的分类

常用的MAC算法包括如下几种。

- HMAC-MD5：使用MD5算法进行计算，摘要信息长度为128位。
- HMAC-SHA1：使用SHA1算法进行计算，摘要信息长度为160位。
- HMAC-SHA256：使用SHA256算法进行计算，摘要信息长度为256位。

MAC算法是现代信息安全领域的重要技术，其应用范围非常广泛。随着信息技术的不断发展，MAC算法也将不断发展和完善。未来的MAC算法将更加安全、高效、易于使用，并将得到更加广泛的应用。

第3章
身份认证技术

身份认证技术是确保系统和信息安全访问的关键技术之一，身份认证技术通常与权限挂钩，它通过确认用户的身份来分配相关的权限，允许用户进行相关的操作。通过身份认证技术防止未经授权的访问和攻击。本章将详细介绍身份认证技术的相关知识。

重点难点

☑ 身份认证技术

☑ 数字签名技术

☑ 公钥基础设施

☑ 访问控制技术

3.1 身份认证技术简介

身份认证技术是信息安全领域中的关键技术之一。通过身份认证技术可以确保资源的安全性。身份验证的目的是确认当前所声称为某种身份的用户确实是所声称的用户。这里讲到的"身份验证"，主要是针对在计算机、网络通信等领域的应用。

在计算机及网络通信领域，身份认证技术是为了在计算机及计算机网络中确认用户、系统或操作实体的身份而产生的有效解决方法。计算机及计算机网络世界中的一切信息，包括用户的身份信息都是用一组特定的数字来表示的，计算机只能识别用户的数字身份，所有对用户的授权也是针对用户数字身份的授权。如何保证以数字身份进行操作的操作者就是这个数字身份的合法拥有者，也就是保证操作者的物理身份与数字身份相对应，身份认证技术就是为了解决这个问题。作为防护网络资产的第一道关口，身份认证有着举足轻重的作用。通过身份认证，确保只有合法的用户或实体能够访问受保护的资源或服务，防止未经授权的用户访问计算机系统和资源。

▌3.1.1 基于信息密码的身份认证

所谓信息密码就是只有被验证者才知道的特殊信息。在计算机范围内，常见的基于信息秘码的身份认证就是密码，如图3-1所示。用户的密码是由用户自己设定的，在登录时输入正确的密码，系统会认为操作者就是其本人（合法用户）。

一般可以使用静态密码或动态密码来确认身份。用户通过输入预先设定的密码来验证身份的合法性。密码可以是简单的文本密码、图形密码（图3-2）、PIN码等。基于信息密码的身份认证安全性取决于密码的复杂性、长度以及用户的密码管理习惯。

图 3-1

图 3-2

1. 基于静态口令的身份认证

基于静态口令的身份认证是一种传统的身份认证方式，也是认证技术中使用频率最高的一种认证技术，平时使用的静态密码就是静态口令验证方式的一种。优点是简单、高效，但其静态属性相对来说容易被破解。在第2章中介绍了一些密文的破解和防范的知识，这些也同样适用于静态口令。静态口令身份认证的应用较广，比较常见的如计算机、手机的解锁和登录、软件和网页的账户登录、访问网络服务时需要密码验证等。

（1）原理与认证过程

用户在登录时需要提供预先设置的用户名和密码。系统将用户提供的密码与存储在数据库中的预先设置的密码进行对比。如果提供的密码与数据库中存储的密码匹配，则用户被授予访问系统或服务的权限；否则访问被拒绝。

（2）优点

● **简单易用**：用户只需记住自己的密码即可，不需要额外的硬件或软件辅助验证。

● **成本低廉**：静态密码的系统部署和实施较为简单，不需要复杂的设备或技术支持。

● **广泛适用**：几乎所有的系统和服务都支持静态密码认证，因此可以广泛应用于各种场景。

（3）缺点

● **安全性不足**：静态密码容易被猜测、盗窃或暴力破解，存在安全风险。

● **用户风险**：用户可能选择弱密码、重复使用密码或将密码泄露给他人，增加了系统被攻击的风险。

● **难以管理**：管理大量用户的静态密码可能会变得困难，包括密码重置、密码策略管理等。

（4）静态口令面临的安全威胁

● **容易猜测**：除了复杂性不够外，还存在容易猜测的问题，如名字、生日、地址号码、身份证号码、手机号码等。

● **暴力破解**：黑客通过密码字典中的常用密码进行穷举破解，如图3-3所示。

● **浏览器记录**：很多浏览器具有保存密码的功能，虽然不用每次输入，但非法用户可以通过查看浏览器的记录来获取密码，如图3-4所示。

图 3-3

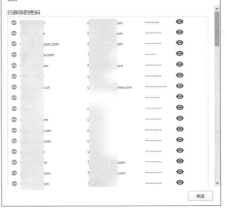

图 3-4

● **非法记录**：通过监控软件或者各种手段偷窥并记录用户的口令。另外，很多输入法有记录用户输入习惯并自动补全的功能，在输入口令时会作为普通文本进行记录，容易被非法人员获取。

● **数据库入侵**：通过入侵数据库直接获取用户的信息和密码文件。如果此时使用的是明文记录，那么所有的密码都会被泄露。另外即使获取到的是密码的哈希值，也存在被破解的风险。

● **社工获取**：通过诱骗的形式获取用户的相关信息以提高破解成功率，或者直接诱骗出口令。

- **木马后门**：木马是计算机重大的安全威胁之一，通过木马记录用户的口令是木马的主要应用之一。另外通过后门程序入侵计算机后，可以获取各种数据信息，其中包括静态密码。

（5）增强静态密码安全性的手段

静态口令一旦被泄露，身份认证防护系统及策略就形同虚设。因此口令的保护是用户和系统管理员都必须重视的工作。下面介绍增强静态密码安全性的一些常见手段。

- **增加静态口令的复杂度**：在保证可以记住的前提下，尽可能提高口令的复杂度，口令字符的复杂度越高，穷举攻击的难度就越大。第2章介绍了常见的安全密码的构成。

- **系统安全**：作为访问者来说，需要增强系统安全性，例如增加杀毒软件和防偷窥系统，不允许浏览器保存密码，及时清空输入法和系统缓存，输入密码时注意安全，增加密码验证系统。

- **增强验证策略**：对于身份验证系统本身来说，可以设置一些强密码策略来提高身份验证的有效性。例如最小口令长度、限制登录时间、限制登录次数、口令的唯一性、口令过期失效后允许入网的宽限次数，如果在规定的次数内输入不了正确的口令，则认为是非法用户入侵，应给出报警信息，如图3-5所示。

- **增加辅助验证**：例如在认证过程中，随机地提问一些与该用户有关，并且只有该用户才能回答的问题。

- **使用安全口令键盘**：可以使用软键盘，软键盘是一种显示在屏幕上的键盘，用户通过单击进行输入，如图3-6所示。使用各种合法软件自带的安全键盘或者系统自带的安全键盘，这种键盘的键位顺序是乱的，可以有效防止木马通过对按键位置的记录窃取用户密码，也可以防止输入法记录密码，以及通过查看输入法记录获取密码。

- **增强人员管理**：增强管理机制，对从事口令身份认证过程的工作人员进行安全培训和保密培训，增强人员的素质和道德水平，防止内部人员泄露口令或非法提权，防止社工的诱骗。

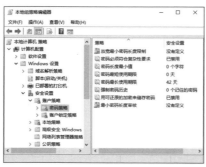

图 3-5

图 3-6

身份认证技术是确保系统和信息安全访问的关键技术之一，身份认证技术通常与权限挂钩，它通过确认用户的身份来分配相关的权限，允许用户进行相关的操作。通过身份认证技术防止未经授权的访问和攻击。

注意事项 加密存放

对于密码的存放来说，需要使用哈希算法对密码进行加密再存放，以免明文密码泄露。

（6）使用验证码技术增强身份认证的安全性

验证码是一种区分当前操作者是否为自然人的公共安全自动技术，可以有效防止未授权用户用非法程序不断尝试登录或使用暴力破解方式进行非法操作的情况。具体方法是，强迫用户必须要人工进行一些操作来验证操作过程的实施者为自然人。用户需要按照验证系统的要求提交答案，并由系统判断是否满足要求。用户只有将正确的答案与账户和口令一起发送，才能继续执行下面的操作步骤。这就使得攻击者无法使用程序自动完成账户类操作或不断进行破解验证。

在形式上，验证码可以是数字、字母、文字、图片、广告以及问题等，如图3-7和图3-8所示。验证码在用户注册、登录、使用的过程中（系统判断用户使用的网络环境等异常时出现）都会出现。该技术已经广泛应用于各种账户使用的场景，包括网页和软件。有些网站的验证码技术人工确实难以识别，也影响了用户的正常使用。所以验证码的复杂程度需要结合具体的应用和安全级别来确定。

图 3-7

图 3-8

2. 基于动态口令的身份认证

动态口令又称为一次性口令（One-Time Password，OTP），基于动态口令的身份认证是一种比基于静态口令更强的身份认证方式，它要求用户提供一个不断变化的口令来证明自己的身份。目前该技术被广泛运用在网银、网游、电信运营商、电子商务、企业等领域。

（1）动态口令的特点

动态口令可以是最终用户安全访问企业核心信息的手段，可以降低与密码相关的IT管理费用，是一种无须记忆的复杂密码，降低了遗忘密码的概率。其特点如下。

● **一次性**：动态口令只能使用一次，登录后即失效，大大降低了被盗用的风险。

● **时间敏感性**：许多动态口令方案与时间同步，例如每30s变化一次，这意味着即使攻击者截获了某个动态口令，它也很快会过时，无法用于未授权访问。

● **难以预测**：由于动态口令的生成通常依赖于复杂的算法和用户特定的种子信息，因此它们很难被预测或复制。

（2）基于动态口令的身份认证技术

动态口令按照实现技术进行划分，主要分为以下几种技术。

① 时间同步口令。

时间同步口令基于令牌和服务器的时间同步，并且采用国际标准时间，一般每60s产生一个新口令。为了保持服务器与令牌的同步，一方面要求服务器能够十分精确地保持正确的时钟，对令牌的晶振频率也有严格的要求；另一方面，由于令牌的工作环境不同，在磁场、高温、高压、振荡、浸水等情况下易发生时钟脉冲的不确定偏移和损坏，因此在每次进行认证时，服务器端将会检测令牌的时钟偏移量，不断微调自己的时间记录。

② 事件同步口令。

基于事件同步的令牌是通过某一特定的事件次序及相同的种子值作为输入，通过哈希算法算出一致的密码。其整个工作流程与时钟无关，不受时钟的影响，令牌中不存在时间脉冲晶振。但由于其算法的一致性，其口令是预先可知的，通过令牌可以预先知道今后的多个密码，故当令牌遗失且没有使用PIN码对令牌进行保护时，存在非法登录的风险。因此对于PIN码的保护是十分有必要的。

③ 异步口令。

异步口令不需要令牌和服务器之间同步，因而降低了对应用的影响，极大地提高了系统的可靠性。它的主要技术是采用了挑战/应答方式。

基于挑战/应答方式的身份认证系统在每次认证时，认证服务器端都给客户端发送一个不同的"挑战"字符串，客户端程序收到这个"挑战"字符串后，给出相应的"应答"，具体过程如下。

步骤01 客户向认证服务器发出请求，要求进行身份认证。

步骤02 认证服务器从用户数据库中查询用户是否是合法用户，若不是，则不做进一步处理。

步骤03 认证服务器内部产生一个随机数，作为"提问"发送给客户。

步骤04 客户将用户名字和随机数合并，使用哈希函数生成一个6/8位的随机数字字符串作为应答，口令一次有效。

步骤05 认证服务器将应答串与自己的计算结果比较，若二者相同，则通过一次认证；否则认证失败。

步骤06 认证服务器通知客户认证成功或失败。

以后的认证由客户不定时发起，过程中没有客户认证请求这一步。这个过程增加了用户操作的复杂度，因此两次认证的时间间隔不能太短，否则会给网络、客户和认证服务器带来极大的开销；也不能太长，否则不能保证用户不被他人盗用IP地址，一般定为一两分钟。

（3）基于动态口令的身份认证优点

基于动态口令的身份认证具有以下优点。

● **动态性**：动态口令在时间上是动态变化的，有效期限一般很短，提高了安全性。

● **双因素认证**：用户仍然需要知识因素（如PIN码）以及令牌设备（物理因素）才能生成动态口令，提高了安全性。

● **防止重放攻击**：动态口令的一次性使用性质有效防止了重放攻击的风险。

（4）基于动态口令的身份认证缺点

● **依赖设备**：用户需要携带或安装令牌设备或应用，如果丢失或损坏可能会导致身份认证失败。

● **成本**：硬件令牌设备的成本较高，需要额外的投资。

● **用户体验**：使用令牌设备生成动态口令需要一定的操作步骤，可能会降低用户体验。

（5）常见的动态口令令牌

用于生成动态口令的终端通常称为"令牌"。一般用户持有一个令牌设备，该设备可以生成动态口令。在每次使用时，用户需要使用令牌设备生成一个动态口令。用户将生成的动态口令输入系统，系统与用户的令牌设备进行验证。如果输入的动态口令与系统中生成的口令匹配，则用户被授予访问系统或服务的权限；否则访问被拒绝。目前主流令牌有短信验证码、手机令牌、硬件令牌和软件令牌4种。

① 短信验证码。

短信验证码是非常常见的一种动态口令验证方式，如图3-9和图3-10所示。身份认证系统以短信形式发送随机位数的验证码到客户的手机上，客户在登录或者交易认证时输入此动态口令，从而确定认证的主体为合法用户。

图 3-9　　　　　　　　　　图 3-10

该技术有如下优点。

● **安全性**：手机与客户绑定紧密，通过运营商的专有线路传输，短信验证码的生成与使用场景是物理隔绝的，因此验证码在通路上被截取的概率极低。

● **普及性**：只要会接收及查看手机短信即可使用，大大降低了短信验证码的使用门槛，学习成本几乎为0，所以在市场接受度上不存在阻力。

● **易维护**：由于短信网关技术非常成熟，大大降低了短信验证码系统上马的复杂度和风险，短信验证码业务后期客服维护成本低，稳定的系统在提升安全的同时也营造了良好的口碑效应，这也是目前银行业大量采纳这项技术的重要原因。

注意事项 **手机卡的重要性**

该技术是基于手机卡的身份认证技术，手机卡一般由本人保管，所以使用该认证技术时需要确保使用者和受信者是同一人，如果手机卡被他人获取，那么其他人可以完全控制受信者的电子资金及各种权限，影响非常巨大。手机卡一旦丢失，应尽快到运营商处挂失和补办。不过该技术相对于其他的认证技术，性价比还是非常高的。

② 手机令牌。

手机令牌是一种手机客户端软件，如图3-11所示，它每隔30s产生一个随机位数的动态密码，口令生成过程不产生通信及费用，具有使用简单、安全性高、成本低、无须携带额外设备、容易获取、无物流等优势。根据不同的手机系统，手机令牌有不同的版本，可以广泛应用在网络游戏、互联网等用户基数大的领域，手机令牌的使用将大大减少动态密码服务管理及运营成本。手机令牌的客户端和服务器端校准时间后，同时按照某种算法进行运算，该算法不可逆且算法严密，非常安全。

③ 硬件令牌。

硬件令牌通常是一个独立的、小型的硬件设备，可以生成动态口令，例如常见的银行U盾，一个钥匙扣大小的轻巧器具，带有显示屏，可以显示随机密码，如图3-12所示。原理与手机令牌类似，每隔一段时间变换一次动态口令。一般需要用户先设置查看口令，然后通过口令验证后，才能查看令牌的随机密码。使用硬件令牌需要用户随身携带，没有手机令牌方便，且需要定期到指定机构更换电池或更换令牌，使用起来有局限性。

图 3-11

图 3-12

知识拓展

软件令牌

除了手机令牌外，其他设备也可以安装类似的软件来生成动态口令，并隔一段时间进行自动更新，这种统一称为软件令牌。

3.1.2 基于信任物体的身份认证

基于信任物体的身份认证技术是一种通过用户所拥有的特定物理对象来验证其身份的方法。这种方法的核心在于用户必须持有或提供某种物理对象，以此来证明其身份。

1. 认证原理

基于信任物体的身份认证首先需要确保信任物体和受信者的关系，物体也要被受信者妥善保存，因为系统通过信任物体完成认证并提供权限，并不直接对受信者进行身份认证，所以一旦物体被非受信者获取，整个身份认证体系形同虚设。不过相对于生物特征，基于信任物体的身份认证更加灵活。另外信任物体的验证需要专业的设备和机构进行验证。

基于信任物体的身份认证技术是一种利用可信赖的物理对象来验证用户身份的技术。可信赖的物理对象可以是智能卡、USB密钥、安全令牌等。

2. 认证手段

这种技术通常基于物理设备，例如基于智能卡、USB密钥等。

（1）基于智能卡的身份认证

智能卡是一种常见的可信赖的物理对象，它通常包含一个嵌入式芯片，其中存储着用户的身份信息和用于验证用户身份的密钥。常见的IC+ID卡结构如图3-13所示，ID卡结构如图3-14所示。

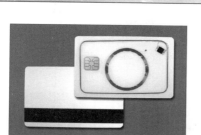

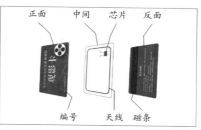

图 3-13

图 3-14

用户通过将智能卡插入读卡器或近场通信（NFC）设备来进行身份验证。用户可以使用智能卡在银行、各类门店、门禁系统等场合进行身份认证。智能卡的优点是安全性高，用户身份信息存储在芯片中，难以伪造或篡改。缺点是需要携带物理智能卡，可能会增加用户的负担。常见的银行卡、身份证、IC门禁卡都属于智能卡，如图3-15所示。要读取这类智能卡进行认证，需要使用对应的读卡器，如图3-16所示。

图 3-15

图 3-16

知识拓展

RFID与NFC技术

RFID全称为射频识别技术，是通过无线电信号识别物体的身份。用户携带带有RFID标签的物品，系统通过RFID读写器读取标签上的信息进行认证。方便快捷，无须直接接触设备，适用于自动门禁、车辆识别等场景。安全性相对较低，容易受到窃取和复制的攻击。

NFC（近场通信）是一种新兴的技术，使用了NFC技术的设备（例如智能手机）可以在彼此靠近的情况下进行数据交换，是由RFID及互连互通技术整合演变而来的，通过在单一芯片上集成感应式读卡器、感应式卡片和点对点通信的功能，利用移动终端实现移动支付、电子票务、门禁、移动身份识别、防伪等应用。

（2）基于USB密钥的身份认证

USB密钥是一种小型的可信赖的物理对象，它通常包含一个嵌入式芯片，其中存储着用户的身份信息和用于验证用户身份的密钥。用户可以使用USB密钥在计算机上进行身份认证。

基于USB密钥的身份认证方式是近几年发展起来的一种方便、安全的身份认证技术。它采用软硬件结合、一次一密的强双因子认证模式，很好地解决了安全性与易用性之间的矛盾。USB密钥是一种USB接口的硬件设备，它内置单片机或智能卡芯片，可以存储用户的密钥或数字证书，利用USB密钥内置的密码算法实现对用户身份的认证。基于USB密钥身份的认证系统主要有两种应用模式：一是基于冲击/响应的认证模式，二是基于PKI体系的认证模式，目前运用在电子政务和网上银行。这样即使PIN暴露，只要USB密钥不同时被获得PIN的人掌握，用户的合法身份就不会被假冒；或者USB密钥遗失，但没有掌握用户的PIN，用户的合法身份也不会被假冒。最常见的基于USB密钥的身份认证就是各类银行的U盾，如图3-17所示，以及USB加密认证设备等，如图3-18所示。

图 3-17

图 3-18

知识拓展

基于信任物体的身份认证过程

　　用户登录时，首先需要将可信赖的物理对象插入读写器，通过USB密钥本身来验证用户的合法性。如果通过验证，读写器会读取可信赖的物理对象中的身份信息和密钥，并将这些信息发送给认证服务器。认证服务器会验证用户身份信息和密钥的有效性，如果验证通过，则用户能成功登录。

3. 认证优势

　　与传统的基于密码或生物特征的身份认证技术相比，基于信任物体的身份认证技术具有以下优势。

- **更高的安全性**：可信赖的物理对象难以伪造或复制，因此可以有效防止身份盗窃和欺诈。例如智能卡包含一个嵌入式芯片，其中存储着用户的身份信息和用于加密和解密数据的密钥。这些密钥经过严格的安全保护，即使芯片被盗，攻击者也无法轻易获取或破解密钥。

- **更强的易用性**：用户只需将可信赖的物理对象插入读写器或连接到计算机即可完成身份认证，无须输入复杂的密码或记忆生物特征信息，例如，员工可以使用身份卡进入公司大楼，无须每次都输入密码。

- **更好的可扩展性**：基于信任物体的身份认证技术可以与其他身份认证技术结合使用，例如密码、生物特征识别等，进一步提高安全性，例如，用户可以在登录系统时使用智能卡进行身份认证，并同时输入密码或进行指纹识别等。

- **更广泛的应用场景**：基于信任物体的身份认证技术可以应用于各种场景，例如计算机系统和网络、电子商务、移动设备、金融服务、物理门禁等。

4. 影响因素

　　基于信任物体的身份认证技术具有较高的安全性，但并非绝对安全。以下是一些可能影响基于信任物体的身份认证技术安全性的因素。

- **可信赖的物理对象的安全性**：可信赖的物理对象应具有足够的防伪和防破坏能力，以防止丢失或被盗后，攻击者伪造或复制可信赖的物理对象。

● **读写器的安全性**：读写器应具有足够的安全性，以防止攻击者窃取或篡改可信赖的物理对象中的身份信息和密钥。

● **认证服务器的安全性**：认证服务器应具有足够的安全性，以防止攻击者伪造或篡改认证信息。

因此，为了提高安全性，通常会与其他认证方法，如基于知识的认证（密码、PIN码）或基于生物特征的认证（指纹、面部识别）结合使用，形成多因素认证。

3.1.3 基于生物特征的身份认证

基于生物特征的身份认证技术是一种利用人体独特的生物特征来识别个人身份的技术。生物特征可以是生理特征，例如指纹、虹膜、面部特征等，也可以是行为特征，例如语音、步态等。

1. 生物识别技术及原理

首先对常见的生物识别技术及其实现的原理进行介绍。

（1）指纹识别技术

指纹识别技术利用指纹的图案特征进行身份验证。这些特征包括弧线、圆形、斜线和节点等。指纹是独一无二的，即使是同卵双胞胎也各不相同。通过指纹扫描器读取指纹的模式，包括脊线和细节点，如分叉点和结束点。指纹识别技术已经非常成熟，广泛应用于手机解锁、门禁系统等场景。指纹的唯一性和不可复制性高，被广泛认为是一种安全可靠的生物特征。但指纹可能会受到伤害或变化，导致识别失败。此外，虽然指纹无法复制，但生成的指纹图像有可能被复制或模拟。

指纹识别技术应用非常广泛，例如在日常使用中，指纹支付（图3-19）、指纹解锁手机、指纹登录系统、指纹支付、指纹开门、指纹打卡（图3-20）等身份认证技术应用得比较广泛。另外在办理特殊业务，如身份证、社保卡时，也需要通过指纹验证身份后才能进行。指纹在身份认证中已经被广泛使用并被人们所认可。

图 3-19

图 3-20

（2）虹膜识别

虹膜具有高度的个体特异性，模式复杂且在成人后保持稳定。虹膜识别是通过分析和对比个体眼睛中的虹膜纹理特征来验证身份，如图3-21所示。虹膜的唯一性和稳定性非常高，几乎不受环境或年龄因素的影响。虹膜识别系统的设备成本较高，同时对设备的使用环境也有一定要求，通常用于高安全需求的场合，如银行和政府设施。很多智能设备也使用了虹膜识别技术，如图3-22所示。

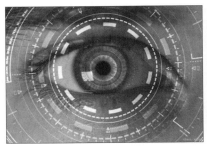

图 3-21

图 3-22

（3）面部识别

面部识别技术近年来发展迅速，它通过采集用户的面部图像并提取面部特征，然后将提取的面部特征与存储在数据库中的面部特征进行匹配来识别用户身份。面部识别技术通过分析面部的特征，如眼睛、鼻子、嘴巴等来识别个体的身份。面部识别对用户友好，不需要特殊的设备，适用于各种场景。

面部识别加上活体检测技术，被广泛应用到生活的各方面，常见的面部识别技术应用如面部解锁手机、门禁、考勤、面部识别支付、退休人员认证、考试人员身份认证等方面，如图3-23和图3-24所示。在公安机关追踪嫌疑人、交通安全等方面都被广泛使用。但面部识别受到光线、角度、表情等因素的影响，可能导致识别失败。此外，面部图像可能被伪造或仿冒。

图 3-23

图 3-24

（4）声纹识别

声纹识别技术通过分析声音的特征，如音调、频率、语音模式等来验证个体的身份。声音是一种天然的生物特征，不需要特殊的设备，可以实现远程认证。常见的如银行可以使用语音识别技术来验证电话银行用户的身份。但声纹识别易受到环境噪声、说话方式等因素的影响，可能导致识别失败。此外，声音样本也可能被伪造或仿冒。

2. 识别步骤与原理

基于生物特征的身份认证技术通常基于以下过程与原理。

步骤01 生物特征采集。通过传感器或其他设备采集用户的生物特征信息。例如，指纹识别仪可以采集用户的指纹图像，虹膜扫描仪可以采集用户的虹膜图像，面部识别摄像头可以采集用户的面部图像。

步骤 02 特征提取。从采集的生物特征信息中提取特征。例如，从指纹图像中提取指纹的特征，从虹膜图像中提取虹膜的血管特征，从面部图像中提取面部的特征点，等等。

步骤 03 特征匹配。将用户提供的生物特征与存储在数据库中的生物特征进行匹配。如果匹配成功，则验证用户身份。

3. 生物识别技术的优势

生物认证技术与传统的基于密码或身份卡的身份认证技术相比，具有以下优势。

- **更高的安全性**：生物特征难以伪造或复制，因此生物认证技术具有更高的安全性。指纹的特征非常复杂，即使是双胞胎的指纹也存在差异，因此指纹识别技术具有很高的准确性和安全性。
- **更强的易用性**：用户无须记忆密码或携带任何物品，只需提供自己的生物特征即可完成身份认证，操作简单易用，例如，使用指纹识别解锁手机比输入密码更加方便快捷。
- **更好的用户体验**：生物认证技术可以提供更加人性化的用户体验，例如，使用面部识别技术登录系统，用户无须输入密码或触摸任何设备，只需将脸部对准摄像头即可完成登录，更加方便快捷。

4. 生物识别认证技术应用场景

生物识别认证技术被广泛应用于各种场景。

- **手机解锁**：许多智能手机支持指纹识别或面部识别功能，用户可以使用这些功能来解锁手机。
- **银行柜员机**：许多银行柜员机支持指纹识别功能，用户可以使用指纹识别来登录账户并进行交易。
- **出入境管理**：一些国家和地区使用指纹识别或虹膜识别技术来管理出入境人员。
- **考勤管理**：一些企业使用指纹识别或人脸识别技术来管理员工考勤。
- **门禁系统**：一些门禁系统使用指纹识别或人脸识别技术来控制门禁。
- **电子商务**：一些电子商务网站使用生物认证技术来验证用户身份并保护支付信息安全。
- **网络支付**：通过识别认证后，可以进行支付、结算，比较安全。

随着人工智能、机器学习等技术的不断发展，生物认证技术也将不断进步。未来，生物认证技术可能会更加准确、便捷、安全，并应用于更加广泛的场景。随着深度学习技术的发展，面部识别技术的准确性将得到大幅提高，并且能够在弱光条件下或用户戴口罩的情况下进行识别；随着可穿戴设备的发展，生物认证技术将更加集成化，用户可以通过智能手表、智能眼镜等设备进行身份认证。

知识拓展

其他生物识别技术

除了以上介绍的生物识别技术外，还有其他技术，如步态识别技术，通过分析个人行走的姿态和节奏等行为特征来进行身份验证；DNA识别，DNA具有较高的个体识别精度，但由于其操作复杂、成本高昂，目前主要用于法医学和亲子鉴定。

3.2 数字签名技术的应用

在前面介绍信息加密技术时，很多加密算法都用在了数字签名技术中。下面详细介绍数字签名技术。

3.2.1 认识数字签名技术

数字签名技术是一种用于验证数据完整性、真实性和不可否认性的加密技术。它通过将数据与发送者的私钥进行加密，生成唯一的数字签名，并将签名与原始数据一起发送给接收者。接收者可以使用发送者的公钥来验证签名的有效性。

1. 数字签名的作用

网络信息安全需要采取相应的安全技术措施来提供适合的安全服务。数字签名机制作为保障网络信息安全的手段之一，可以解决伪造、抵赖、冒充和篡改问题。数字签名的目的之一是在网络环境中代替传统的手工签字与印章，有着重要作用。

（1）防冒充（伪造）

私有密钥只有签名者自己知道，所以其他人不可能伪造出正确的签名。

（2）可鉴别身份

由于传统的手工签名一般需要双方直接见面，身份自可一清二楚。在网络环境中，接收方必须能够鉴别发送方所宣称的身份。

（3）防篡改（防破坏信息的完整性）

签名与原有文件已经形成了一个混合的整体数据，不可能被篡改，从而保证了数据的完整性。

（4）防重放

如在日常生活中，A向B借了钱，同时写了一张借条给B，当A还钱时，肯定要向B索回他写的借条并撕毁，不然会有再次用借条要求A还钱的情况发生。在数字签名中，如果采用了对签名报文添加流水号、时间戳等技术，可以防止重放攻击。

（5）防抵赖

如前所述，数字签名可以鉴别身份，不可能冒充伪造，只要保好签名的报文，就好似保存好了手工签署的合同文本，也就是保留了证据，签名者就无法抵赖。会发生一种情况，就是接收者确已收到对方的签名报文，却抵赖没有收到。在数字签名机制中，要求接收者返回一个自己的签名，给对方、第三方或者引入第三方机制，表示收到报文。如此操作，双方均不可抵赖。

（6）机密性（保密性）

手工签字的文件（如同文本）是不具备保密性的，文件一旦丢失，其中的信息就极可能泄露。数字签名可以加密要签名消息的杂凑值，不具备对消息本身进行加密。当然，如果数字签名不要求机密性，也可以不用加密。

2. 数字签名的特性

数字签名的特性包括如下几种。

- **不可抵赖性**：由于只有发送者拥有私钥，因此一旦信息被发送，发送者不能否认其发送过该信息。
- **完整性保护**：任何对信息的微小改动都会导致哈希值的巨大变化，从而使得修改易于被发现。
- **身份验证**：接收者可以通过公钥验证发送者的身份，确保信息来源的真实性。

3. 数字签名的优势

数字签名技术与传统的基于哈希函数的消息摘要认证技术相比，具有以下优势。

- **更高的安全性**：数字签名技术不仅可以验证信息的完整性，还可以验证发送者的身份。此外，数字签名具有不可否认性，即发送者无法否认自己发送了信息。
- **更强的适用性**：数字签名技术可以用于各种类型的数字信息，例如文本、图像、音频、视频等。

> **数字签名的核心技术**
> 包括前面介绍的哈希函数和非对称加密技术。

4. 数字签名的密钥管理技术

数字签名技术的安全性依赖于密钥的安全。如果签名者的私钥被泄露，则攻击者可以伪造数字签名。因此，必须妥善保管私钥。以下是一些常见的密钥管理方法。

- **硬件安全模块（HSM）**：HSM是一种专门用于存储和管理加密密钥的硬件设备。HSM可以提供更高的安全级别，因为它可以将密钥隔离在计算机系统之外。
- **密钥保护软件**：密钥保护软件可以将密钥存储在加密的软件库中，并提供额外的安全措施，例如访问控制和审计。
- **密钥备份**：建议定期备份密钥，以便在密钥丢失或损坏时能够恢复。

> **数字签名技术的分类**
> 从技术原理角度来看，数字签名技术可以分为基于共享密钥的数字签名以及基于公开密钥的加密算法两种。基于共享密钥的身份验证是指服务器端和用户共同拥有一个或一组密码。
> 基于公开密钥的数字签名是不对称加密算法的典型应用。

▋3.2.2　数字签名的工作过程

数字签名的工作过程涉及以下几个关键步骤。

步骤 01 生成消息摘要。发送者首先使用哈希函数对原始信息进行哈希处理，生成一个固定长度的消息摘要（也称为数字指纹）。信息摘要是原始信息的压缩表示，它具有唯一性和不可伪造性。

步骤02 加密消息摘要。发送者使用其私钥对消息摘要进行加密，形成数字签名。数字签名是发送者身份的证明，也是对信息完整性的保证。

步骤03 传输数据和签名。加密后的数字签名与原始信息一起通过网络发送给接收者。

步骤04 验证签名。接收者收到信息后，使用与发送者对应的公钥对数字签名进行解密，以获得原始的消息摘要。

步骤05 校验消息完整性。接收者独立地对收到的信息应用同样的哈希函数，生成一个新的消息摘要。

步骤06 对比结果。如果两个摘要相同，则表明信息在传输过程中未被篡改，且确实来自拥有相应私钥的发送者。

注意事项 **数字签名与加密的区别**

加密是为了保护数据的隐私性，只有授权的人才能解密数据。数字签名是为了验证数据的完整性、真实性和不可否认性，接收者可以验证数据的来源和是否被篡改，但不会将数据解密。

3.2.3 数字签名的算法与标准

数字签名技术的安全性也依赖于所使用的签名算法的安全性。如果签名算法存在漏洞，则攻击者可能能够伪造数字签名。因此，需要使用安全可靠的签名算法。前面介绍的一些加密算法同样适用于数字签名，常见的数字签名算法包括普通数字签名算法，例如RSA、ElGamal、Fiat-Shamir、Guillou-Oisqnrter、Schnorr Ong-Schnorr-Shamir数字签名算法，DES/DSA、椭圆曲线数字签名算法和有限自动机数字签名算法等；特殊数字签名，例如盲签名、代理签名、群签名、不可否认签名、公平盲签名、门限签名、具有消息恢复功能的签名等。

常见的数字签名标准有DSS（Digital Signature Standard）。该标准定义了用于通过安全哈希算法（SHA）来生成数字签名的算法，以用于电子文档的身份验证。DSS仅提供数字签名函数，而没有提供任何加密或密钥交换策略。

3.2.4 数字签名技术的应用

数字签名技术被广泛应用于各种场景。

（1）电子商务

在电子商务中，数字签名可以用于保护交易的安全性和完整性。例如，买方可以在收到商品后使用数字签名对订单进行确认，以证明自己已经收到了商品。

（2）电子政务

在电子政务中，数字签名可以用于确保电子文件的真实性和有效性。例如，政府部门可以使用数字签名来签发电子文件、电子营业执照、电子身份证等。

（3）软件分发

在软件分发中，数字签名可以用于确保软件的真实性和完整性。例如，软件开发人员可以使用数字签名来签署软件安装包，以确保用户下载的是官方发布的原版软件，如图3-25所示。

图 3-25

（4）电子邮件安全

在电子邮件安全中，数字签名可以用于保护电子邮件的机密性和完整性。例如，用户可以使用数字签名对电子邮件进行加密，以防止他人窃取或篡改邮件内容。

（5）代码签名

在代码签名中，数字签名可以用于确保代码的真实性和完整性。例如，软件开发人员可以使用数字签名来签署代码，以确保用户下载的是官方发布的原版代码。

（6）时间戳

在时间戳中，数字签名可以用于证明某个事件发生的时间。例如，一些文件可能会使用数字签名来证明其创建时间或修改时间。

知识拓展

时间戳

时间戳是标识某个特定时间点的数字或字符串，通常以某种标准格式表示。时间戳通常是一个长整数，表示自某个特定起始时间点（通常是1970年1月1日午夜，UTC时区）经过的秒数或毫秒数。在计算机系统中，时间戳常被用于记录事件发生的时间，跟踪文件的创建、修改和访问时间，以及在分布式系统中协调事件顺序和时间同步。时间戳提供一个统一的时间标准，可以跨系统和应用程序进行通信和数据交换。

3.2.5 数字签名技术的未来发展

随着公钥密码学技术的发展，数字签名技术也将不断进步。未来数字签名技术可能会更加安全、便捷，并应用于更加广泛的场景。

（1）抗量子数字签名

随着量子计算机的发展，传统的公钥密码学算法可能会被破解。因此，需要开发抗量子数字签名技术，以抵御来自量子计算机的攻击。

（2）移动数字签名

随着移动互联网的发展，移动数字签名技术将更加普及，用户可以通过手机或其他移动设备进行数字签名。

（3）生物特征识别技术与数字签名技术的结合

未来生物特征识别技术可能会与数字签名技术结合使用，以提高数字签名的安全性，例如，用户可以使用指纹或虹膜识别来验证自己的身份，然后使用数字签名进行签名。

3.3 数字证书技术的应用

在验证数字签名时需要合法的公钥，判断自己得到的公钥的合法性，可以将公钥当作消息，给它加上数字签名。像这样对公钥施加数字签名所得到的就是数字证书。下面介绍数字证书的相关知识。

3.3.1 认识数字证书

数字证书（Digital Certificate，DC）是一种包含公钥、证书颁发机构（CA）对公钥的数字签名以及其他信息（例如证书持有人姓名、有效期等）的电子文件。数字证书的作用是用来证明一个用户的身份及其拥有的公钥的有效性。数字证书可以比作现实世界中的身份证，它可以帮助人们在网上进行安全可靠的通信。

1. 数字证书携带的信息

数字证书通常包含的信息如图3-26和图3-27所示。其中比较重要的信息有如下几种。

图 3-26

图 3-27

- **版本号：** 指明数字证书的版本，常见的包括x.509 V1、V2、V3等。
- **序列号：** 一个唯一的标识符，用于识别特定的数字证书。
- **签名算法：** 用于生成CA签名的算法，如RSA、DSA、ECDSA等。
- **签名哈希算法：** 用于生成签名的哈希算法。
- **颁发者信息：** 包含CA的名称、地址和其他信息。
- **有效期：** 数字证书的起始日期和失效日期。
- **使用者：** 包含证书持有人姓名、地址和其他信息。
- **公钥：** 证书持有人用于加密信息的公钥。

2. 数字证书的工作原理

当用户需要向其他用户证明自己的身份并进行安全通信时，可以向CA申请数字证书。CA会验证用户的身份信息，并颁发一个包含用户公钥的数字证书。用户可以将自己的数字证书发布到互联网上，或提供给其他用户使用。

3. 数字证书的功能

数字证书的主要功能包括如下几种。

- **身份验证**：数字证书包含用户的身份信息和公钥，这些信息经过CA的验证和签名，从而为通信双方提供可靠的身份验证手段。
- **加密通信**：在数字证书的基础上可以使用公钥对信息进行加密，确保信息在传输过程中的安全性。只有持有对应私钥的用户才能解密这些信息，从而保护信息的机密性。
- **防篡改**：由于数字证书由权威机构发行，并且包含该机构的签名，因此任何对证书内容的篡改都会导致签名失效，从而被系统识别出来。
- **不可伪造**：数字证书的发行和验证过程确保了其内容的真实性和合法性，第三方无法通过伪造手段冒充身份。

4. 数字证书的应用

数字证书被广泛应用于各种场景。

（1）网站身份验证

网站可以使用数字证书来证明自己的身份，并防止网络钓鱼攻击。用户可以通过浏览器的地址栏中的安全指示器来查看网站的数字证书信息。

（2）电子商务

在电子商务中，数字证书可以用于保护交易的安全性和完整性。例如，买方可以在收到商品后使用数字签名对订单进行确认，以证明自己已经收到了商品。

（3）物联网安全

随着物联网的发展，数字证书将被用于保护物联网设备的安全。例如，每个物联网设备都可以配备一个数字证书，用于证明其身份并进行安全通信。

3.3.2 认识CA

CA是数字证书领域中的重要角色，负责颁发、管理和维护数字证书，以确保网络通信的安全性和可信度。如果用户想得到一份属于自己的证书，应先向CA提出申请。在CA判明申请者的身份后，便为用户分配一个公钥，并且CA将该公钥与申请者的身份信息绑在一起，并为之签字后，便形成证书发给申请者。

如果一个用户想鉴别另一个证书的真伪，就用CA的公钥对证书上的签字进行验证，一旦验证通过，该证书就被认为是有效的。证书实际是由证书签证机关（CA）签发的对用户的公钥的认证。

1. CA 的作用

CA的作用包括以下几种。

- **颁发数字证书**：当用户或组织向CA申请数字证书时，CA会首先验证申请者的身份信息。CA会使用各种方法来验证申请者的身份，例如要求申请者提供身份证明文件或进行面对面验证。然后颁发数字证书，并证明申请者的身份和公钥的真实性。
- **证书撤销**：CA负责管理证书的吊销列表（CRL），并及时吊销不再有效的数字证书，确保通信的安全性。
- **密钥管理**：CA负责生成和管理自己的密钥对，包括私钥和公钥，用于数字证书的签发和验证过程。同时，根据用户密钥对的产生方式，CA在某些情况下有保护用户私钥的责任。
- **证书更新**：CA负责定期更新数字证书，以确保证书的有效性和安全性。
- **信任建立**：CA通过其信任的地位，建立对数字证书的信任，使得接收者可以信任由CA颁发的证书。
- **保护证书服务器**：证书服务器必须是安全的，CA应采取相应措施保证其安全性，例如加强对系统管理员的管理以及防火墙保护等。
- **审计与日志检查**：为了安全起见，CA对一些重要的操作应记入系统日志。在CA发生事故后，要根据系统日志进行善后追踪处理——审计。CA管理员要定期检查日志文件，尽早发现可能存在的隐患。

知识拓展

颁发过程

CA会使用自己的私钥对申请者的公钥进行数字签名，并生成一个数字证书。数字证书包含申请者的身份信息、公钥、CA的数字签名以及其他信息。

2. CA 的分类

CA可以分为以下几种类型。

（1）根CA

根CA是根证书机构体系的最高级别，其根证书用于签署下级CA的证书，以及信任其他CA颁发的证书。其他CA必须信任根CA才能颁发有效的数字证书。

（2）中间CA

中间CA是受根CA信任的CA，它可以颁发由根CA签名的数字证书。中间CA通常用于为特定领域或组织颁发数字证书。

（3）末端CA

末端CA是受中间CA或根CA信任的CA，它可以颁发最终用户的数字证书。

3. CA 的组成

一个典型的CA系统包括安全服务器、CA服务器、注册机构（Registration Authority，RA）、轻型目录访问协议（Lightweight Directory Access Protocol，LDAP）服务器、数据库服务器等，如图3-28所示。

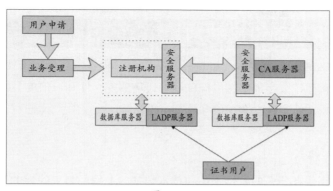

图 3-28

（1）安全服务器

安全服务器面向普通用户，用于提供证书申请、浏览证书撤销列表、证书下载等安全服务。安全服务器与用户的通信采取安全信道方式（如SSL方式，不需要对用户进行身份认证）。用户首先得到安全服务器的证书（该证书由CA颁发），然后用户与服务器之间的所有通信，包括用户填写的申请信息和浏览器生成的公钥均以安全服务器的密钥进行加密传输，只有安全服务器利用自己的私钥解密才能得到明文，这样可以防止其他人通过窃听得到明文，从而保证证书申请和传输过程中的信息安全性。

（2）CA服务器

CA服务器是整个证书机构的核心，负责证书的签发。CA首先产生自身的私钥和公钥（密钥长度至少为1024位），然后生成数字证书，并且将数字证书传输给安全服务器。CA还负责为操作员、安全服务器和注册机构服务器生成数字证书。所有生成的数字证书和私钥也需要传输给安全服务器。CA服务器是整个结构中最重要的部分，存有CA的私钥及发行证书的脚本文件，出于安全的考虑，应将CA服务器与其他服务器隔离，并采取多种安全措施保证CA服务器的安全。

（3）注册机构

注册机构面向登记中心操作员，在CA体系结构中起到承上启下的作用，一方面向CA转发安全服务器传输过来的证书申请请求，另一方面向LDAP服务器和安全服务器转发CA颁发的数字证书和证书撤销列表。

（4）LDAP服务器

LDAP服务器提供目录浏览服务，负责将注册机构服务器传输过来的用户信息和数字证书添加到服务器上。这样其他用户通过访问LDAP服务器就能够得到其数字证书。

（5）数据库服务器

数据库服务器是认证机构的核心部分，用于认证机构中的数据（如密钥和用户信息等）、日志和统计信息的存储和管理。

知识拓展

数据库服务器的安全要求

数据库系统应采用多种措施，如磁盘阵列、双机备份和多处理器等方式，以维护数据库系统的安全性、稳定性、可伸缩性和高性能。

3.4 公钥基础设施的应用

公钥基础设施（Public Key Infrastructure，PKI）是一种基于公钥加密技术的安全框架，用于管理、颁发、验证和撤销数字证书，以确保网络通信的安全性和可信度。PKI提供一组标准和技术，用于建立信任关系、实现安全通信和数字身份认证。

3.4.1 认识PKI

PKI是20世纪80年代在公开的密钥理论和技术的基础上发展起来的为电子商务提供综合、安全基础平台的技术和规范。它的核心是对信任关系的管理。通过第三方信任，为所有网络应用透明地提供加密和数字签名等密码服务所必需的密钥和证书管理，从而达到保证网上传递数据的安全、真实、完整和不可抵赖的目的。PKI的基础技术包括加密、数字签名、数据完整性机制和双重数字签名等。利用PKI可以方便地建立和维护一个可信的网络计算环境，建立一种信任机制，使人们在这个无法相互见面的环境中能够确认对方的身份和信息，从而为电子支付、网上交易、网上购物和网上教育等提供可靠的安全保障。

PKI的基本原理如下。

- **公钥加密**：PKI使用非对称加密算法，每个用户拥有一对密钥，即公钥和私钥。公钥用于加密和验证数据，私钥用于解密和签名数据。
- **数字证书**：PKI通过数字证书管理公钥的使用，证书包含公钥、实体的身份信息和CA的数字签名。
- **信任链**：PKI建立了一条信任链，根CA是信任链的顶端，通过信任链可以验证数字证书的真实性和合法性。

3.4.2 PKI的组成与结构

完整的PKI系统必须具有CA、数字证书库、密钥备份及恢复系统、证书作废系统、应用程序接口（API）等基本构成部分。

（1）CA

CA即数字证书的申请及签发机构，必须具备权威性的特征。

（2）数字证书库

数字证书库用于存储已签发的数字证书和公钥，用户可由此获得所需的其他用户的证书和公钥。

（3）密钥备份及恢复系统

如果用户丢失了用于解密数据的密钥，则数据将无法被解密，这将造成合法数据丢失。为避免这种情况发生，PKI提供备份与恢复密钥的机制。

注意事项 密钥的备份与恢复

密钥的备份与恢复必须由可信的机构完成，并且密钥备份与恢复只能针对解密密钥，签名私钥为确保其唯一性而不能备份。

（4）证书作废系统

证书作废系统是PKI的一个必备组件。与日常生活中的各种身份证件一样，证书有效期内也可能需要作废，原因可能是密钥介质丢失或用户身份变更等。为实现这一点，PKI必须提供作废证书的一系列机制。

（5）应用程序接口

PKI的价值在于使用户能够方便地使用加密、数字签名等安全服务，因此，一个完整的PKI必须提供良好的应用接口系统，使各种各样的应用能够以安全、一致、可信的方式与PKI交互，确保安全网络环境的完整性和易用性。

3.4.3 PKI的作用

PKI系统的建立着眼于用户使用证书与相关服务的便利性，以及用户身份认证的可靠性。具体作用如下。

- 制定完整的证书管理政策。
- 建立高可信度的CA中心。
- 负责用户属性管理、用户身份隐私的保护和证书作废列表的管理。
- 为用户提供证书和CRL有关服务的管理。
- 建立责任划分，并完善责任政策。

因此，PKI是一个使用公钥和密码技术实施并提供安全服务的、具有普适性的安全基础设施的总称，并不特指某一密码设备及其管理设备。可以说，它是生成、管理、存储、颁发和撤销基于公开密码的公钥证书所需要的硬件、软件、人员、策略和规程的总和。

3.4.4 PKI的应用

PKI作为一种安全框架，广泛应用于各领域，为数字身份认证、数据加密和安全通信提供重要支持。以下是PKI在各领域的应用示例。

1. 网络通信安全

PKI用于验证网站的身份，并使用SSL/TLS加密通信为HTTPS通信提供安全的传输通道，保护用户的隐私和数据安全。PKI也可用于建立安全的VPN连接，确保远程用户与企业网络之间的通信安全。另外PKI也用于SSH连接的身份验证和数据加密，确保远程登录的安全性。

2. 电子商务和金融领域

PKI用于网上支付平台的身份认证和数据加密，确保交易的安全性和可信度。PKI也用于签署电子合同和交易文件，保证文档的真实性和完整性，防止篡改和伪造。

3. 企业内部

PKI也用于企业内部通信的加密和身份认证，保护敏感信息的安全传输。用于身份验证和访问控制时，确保只有授权用户可以访问敏感系统和数据。

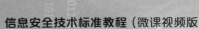
4. 医疗保健领域

PKI常用于身份认证和医疗数据的加密，保护患者隐私和医疗数据的安全性。也可用于远程医疗服务的身份验证和数据加密，确保医疗信息的安全传输和保密性。

5. 软件和应用程序安全

PKI用于对软件和应用程序的数字签名，确保软件的真实性和完整性，防止篡改和恶意代码注入。在文件和数据的加密中，确保敏感信息的保密性和安全性。

知识拓展

其他应用领域

PKI用于身份认证和投票数据加密，确保选举的安全性和公正性。也可用于政府部门之间的安全通信，确保机密信息的安全传输和保密性。

3.5 访问控制技术的应用

访问控制技术是信息安全领域中的重要技术之一，用于管理和控制用户对系统资源的访问权限。它确保只有授权用户能够访问特定的资源，并且以合适的方式使用这些资源。

3.5.1 认识访问控制技术

访问控制（Access Control）是指授权主体（Subject）对目标资源（Object）所进行的访问行为的管理和控制。访问控制技术是计算机安全技术的重要组成部分，它用于限制对信息系统资源的访问，以保护信息系统的安全性和完整性。

1. 访问控制基本要素

访问控制的基本要素包括如下几种。

（1）授权主体（Subject）

授权主体是指想要访问资源的实体，例如用户、进程、应用程序等。授权主体可以是人，也可以是机器。例如，当用户登录计算机时，用户就是访问计算机资源的授权主体。

（2）目标资源（Object）

目标资源是指被访问的实体，例如文件、目录、数据库表、网络设备等。目标资源可以是物理资源，也可以是逻辑资源。例如，当用户打开一个文件时，文件就是目标资源。

（3）访问权限

访问权限是指授权主体对目标资源可以执行的操作，例如读、写、执行等。不同的访问权限允许授权主体对目标资源执行不同的操作。例如，用户对文件的读权限允许用户查看文件的内容，但不允许用户修改文件的内容。

（4）访问控制策略

访问控制策略是定义如何确定授权主体对目标资源的访问权限的规则。访问控制策略可以是静态的，也可以是动态的。静态的访问控制策略在运行时不会发生变化，而动态的访问控制

策略可以根据环境因素进行调整。

> **常见的访问控制模型**
>
> 常见的访问控制模型有如下几种。
>
> （1）基于角色的访问控制（RBAC）
>
> RBAC根据用户的角色来授予访问权限。角色是一组与特定职责或权限相关联的抽象概念。用户可以分配多个角色，并且每个角色都可以具有多个权限。角色之间可以有继承关系，子角色会继承父角色的权限，简化了权限管理。
>
> （2）基于属性的访问控制（ABAC）
>
> ABAC根据一系列属性来授予访问权限。这些属性可以包括用户的身份、角色、资源的属性、环境因素等。ABAC比RBAC更灵活，因为它可以更细粒度地控制访问权限。
>
> （3）强制访问控制（MAC）
>
> MAC是一种由操作系统强制实施的访问控制机制。在MAC中，访问权限由系统管理员定义，并且用户无法更改它们。MAC通常用于高度安全的环境中。
>
> （4）自主访问控制（DAC）
>
> DAC允许用户自行控制对他们拥有的资源的访问权限。用户可以授予或撤销其他用户对其资源的访问权限。DAC易于实现，但缺乏灵活性，且容易受到安全威胁。

2. 访问控制技术的实现方法

访问控制技术的实现方法可以分为以下几类。

（1）基于目录的访问控制

基于目录的访问控制使用访问控制列表（ACL）来控制对资源的访问。ACL是一个包含授权主体和访问权限的列表。

（2）基于标签的访问控制

基于标签的访问控制使用标签来标记授权主体和目标资源。访问权限是根据授权主体的标签和目标资源的标签来确定的。

（3）基于角色的访问控制

基于角色的访问控制使用角色来授予访问权限。用户的访问权限是根据他们分配的角色来确定的。

（4）基于属性的访问控制

基于属性的访问控制使用一系列属性来授予访问权限。用户的访问权限是根据他们拥有的属性来确定的。

3. 访问控制技术的应用

访问控制技术被广泛应用于各种场景。

（1）计算机操作系统

计算机操作系统通常使用访问控制技术来保护系统资源，例如文件、目录、进程等。Windows操作系统使用访问控制列表（ACL）来控制对文件的访问。用户可以为文件设置ACL，以指定哪些用户可以访问文件以及可以执行哪些操作。

（2）网络安全

网络安全中使用访问控制技术来控制对网络资源的访问，例如防火墙、路由器、入侵检测系统等。防火墙可以用来控制哪些流量可以进入或离开网络；路由器可以用来控制哪些数据包可以路由到哪个网络；入侵检测系统可以用来检测网络中的可疑活动。

（3）应用程序安全

应用程序安全使用访问控制技术来控制对应用程序数据的访问，例如身份验证、授权、加密等。身份验证用于验证用户身份；授权用于确定用户可以执行哪些操作，加密用于保护数据机密性。

（4）云计算

云计算使用访问控制技术来控制对云资源的访问，例如虚拟机、存储、网络等。亚马逊网络服务（AWS）使用IAM（Identity and Access Management）控制对AWS资源的访问。IAM允许用户创建用户和组，并授予他们对AWS资源的访问权限。

3.5.2　基于角色的访问控制

基于角色的访问控制（RBAC）是一种常用的访问控制模型，它根据用户的角色来授予访问权限。角色是一组与特定职责或权限相关联的抽象概念。用户可以分配多个角色，并且每个角色可以具有多个权限。

知识拓展

RBAC的原理

RBAC的原理是将用户和资源与角色相关联，并根据角色定义访问权限。这使得RBAC易于理解和管理，并且可以有效地控制对资源的访问。

1. 核心组件

RBAC的核心组件包括如下几种。

（1）用户

用户指想要访问资源的实体。用户可以是人，也可以是机器。

（2）角色

角色指一组与特定职责或权限相关联的抽象概念。角色可以是通用的，也可以是特定于某个应用程序或系统的。例如，在一个企业中，角色可以包括"管理员""销售人员""财务人员"等。

（3）资源

资源指被访问的实体。资源可以是物理资源，也可以是逻辑资源。例如，物理资源可以包括文件、目录、设备等；逻辑资源可以包括数据库表、应用程序功能等。

（4）权限

权限指用户对资源可以执行的操作。权限可以是具体的，也可以是一般的。例如，具体的权限可以包括"读""写""执行"等；一般的权限可以包括"控制""管理"等。

（5）角色分配

角色分配指将用户分配给角色的过程。角色分配可以是静态的，也可以是动态的。静态的角色分配是在系统初始化时进行的，并且在运行时不会发生变化；动态的角色分配是根据用户的身份、环境等因素进行的，并且可以在运行时进行调整。

（6）权限分配

权限分配指将权限分配给角色的过程。权限分配可以是显式的，也可以是隐式的。显式的权限分配是明确地将权限分配给角色；隐式的权限分配是通过角色继承等方式来分配权限。

2. 工作流程

RBAC的工作流程大致如下。

步骤01 用户登录系统。

步骤02 系统根据用户的身份验证信息确定用户的身份。

步骤03 系统根据用户的身份检索用户的角色分配信息。

步骤04 系统根据用户的角色分配信息确定用户的角色。

步骤05 系统根据用户的角色检索用户的权限分配信息。

步骤06 系统根据用户的权限分配信息确定用户的访问权限。

步骤07 用户请求访问资源。

步骤08 系统根据用户的访问请求和用户的访问权限决定是否允许用户访问资源。

3. 优缺点

（1）RBAC的优点

RBAC的模型简单易懂，易于管理，并且可以与其他安全技术相集成。管理员可以轻松地创建角色、分配用户和权限，并控制对资源的访问。RBAC可以支持多种角色和权限，可以灵活地控制对资源的访问。管理员可以根据组织的需要创建不同的角色，并分配不同的权限给每个角色。RBAC可以扩展到大型系统中，可以有效地控制对大量资源的访问。RBAC可以有效地防止未经授权的访问，提高系统的安全性。RBAC通过控制用户对资源的访问权限来防止未经授权的用户访问敏感资源。

（2）RBAC的缺点

RBAC的灵活性相对较低，难以适应复杂的安全需求。RBAC的模型是静态的，难以满足动态的安全需求。RBAC难以适应组织结构或人员结构的变化，需要定期进行维护。当组织结构或人员结构发生变化时，需要对RBAC的配置进行相应的调整。RBAC的访问控制粒度不够细，可能导致一些资源的访问权限过大或过小。RBAC的权限通常是针对整个资源的，而对于一些需要细粒度控制的资源，RBAC可能无法满足要求。

知识拓展

细粒度

细粒度（Granularity）是互联网术语。颗粒度粗表示宏观、概括；颗粒度细表示更微观、注重细节。

4. 应用场景

RBAC被广泛应用于各种场景。

（1）网络安全

网络安全使用RBAC来控制对网络资源的访问，例如防火墙、路由器、入侵检测系统等。防火墙可以使用RBAC来控制哪些用户或主机可以访问哪些网络服务。

（2）应用程序安全

应用程序安全使用RBAC来控制对应用程序数据的访问，例如身份验证、授权、加密等。一个Web应用程序可以使用RBAC来控制哪些用户可以访问哪些页面或数据。

（3）云计算

云计算使用RBAC来控制对云资源的访问，例如虚拟机、存储、网络等。亚马逊网络服务（AWS）使用IAM（Identity and Access Management）来实现RBAC。

3.5.3 基于域的访问控制

在部分局域网中，提供基于域（Domain）模型的安全机制和服务，所谓域就是一个基于Windows系统的网络进行安全管理的边界，每个域都有一个唯一的名字，并由一个域控制器（Domain Controller）对一个域的网络用户和资源进行管理和控制。这种域模型采用的是客户/服务器结构，如图3-29所示。

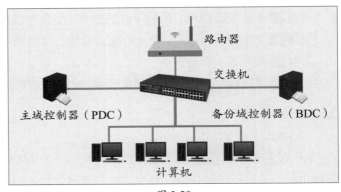

图 3-29

基于域的访问控制（Domain Based Access Control，DBAC）是一种基于属性的访问控制模型，它使用域来控制对资源的访问。域是一组具有相同特性的实体的集合。在DBAC中，访问权限是根据用户的属性、资源的属性和环境属性来确定的。

1. 基本原理

DBAC的基本原理是将用户、资源和环境映射到域中，并根据域的属性来控制访问权限。DBAC更加灵活和可扩展，可以满足更复杂的安全需求。DBAC的工作流程大致如下。

步骤 01 用户请求访问资源。

步骤 02 系统根据用户属性、资源属性和环境属性确定用户的访问请求是否属于某个域。

步骤 03 如果用户的访问请求属于某个域，则系统根据该域的域策略来确定用户访问权限。

步骤 04 系统根据用户的访问权限决定是否允许用户访问资源。

2. 优缺点

（1）DBAC的优点

DBAC可以支持多种域和域属性，可以灵活地控制对资源的访问。管理员可以根据组织的

需要创建不同的域，并定义不同的域策略。DBAC可以扩展到大型系统中，可以有效地控制对大量资源的访问。DBAC的模型简单易懂，易于实现，并且可以与其他安全技术相集成。DBAC可以有效地防止未经授权的访问，提高系统的安全性。DBAC通过控制用户对资源的访问权限来防止未经授权的用户访问敏感资源。

（2）DBAC的缺点

DBAC的模型比RBAC复杂，需要更多的管理和维护工作。DBAC的性能可能比RBAC低，因为需要在每次访问请求时进行域匹配和策略评估。DBAC可能与现有的系统和应用程序不兼容，需要进行一些改造。

3. 应用领域

DBAC被广泛应用于各种场景。

（1）医疗保健

在医疗保健领域，DBAC可以用于控制对患者数据的访问。例如，可以根据患者的年龄、性别、诊断等信息来创建域，并定义不同的域策略来控制对患者数据的访问。

（2）金融

在金融领域，DBAC可以用于控制对金融数据的访问。例如，可以根据客户的账户类型、交易金额、风险等级等信息来创建域，并定义不同的域策略来控制对金融数据的访问。

（3）政府

在政府领域，DBAC可以用于控制对政府数据的访问。例如，可以根据数据的分类级别、敏感程度、访问目的等信息来创建域，并定义不同的域策略来控制对政府数据的访问。

4. 域间的访问控制

如果局域网是按域来组织和管理网络的。对于大多数网络应用来说，单一域是适用的，并能够保证较好的网络性能。如果用户数量过大或者根据工作性质需要划分多个网络，则可以采用多域模型来组织网络。在多域模型中，网络被分成两个以上的域，每个域由各自的PDC进行管理，各域之间可以通过委托关系实现资源共享和相互通信。如果一个域的用户要访问另一域中的资源，则有两种实现方法。

① 该用户要在资源所在域中注册一个用户账号，成为该域的合法用户后方能访问该域中的资源。这是一种笨拙的方法。

② 在该用户的账号所在域（称账号域）和所要访问资源的域（称资源域）之间建立一个委托关系，资源域（或称委托域）可以委托账号域（或称受托域）对该用户的身份进行验证，只要该用户在账号域中是合法的，就允许访问资源域，而不必在资源域中注册账号。通过委托关系提供一种多域之间资源共享的简便方法。

知识拓展

委托关系的形式

委托关系可以是单向委托，也可以是双向委托。单向委托关系是一个域委托另一个域来验证用户的身份；双向委托关系是两个单向委托关系的组合，两个域相互委托对方验证各自域的用户身份。

3.6　知识延伸：Windows中文件的访问控制权限

一个用户登录系统后，并不意味着能够访问网络系统中所有的资源。用户访问网络资源的能力将受到访问权限的控制。Windows Server同样采用两种访问控制权限：用户访问权限和资源访问权限。

1. 用户访问权限

用户访问权限规定了登录系统的用户以何种权限使用网络共享资源（也称为共享权限）。Windows Server提供以下4种共享权限。

（1）完全控制

用户拥有对一个共享资源（目录或文件，下同）的完全控制权，用户可以对该共享资源执行读取、修改、删除以及设置权限等操作。

（2）更改

允许用户对一个共享资源执行读取、修改、删除以及更改属性等操作。例如，对共享目录下的子目录和文件执行读取、修改、删除以及更改属性等操作。

（3）读取

允许用户查看共享目录下的子目录和文件，但不能创建文件；允许用户打开、复制和执行（如果是可执行文件）共享文件，以及查看该文件的内容、属性、权限及所有权等信息。

（4）拒绝访问

禁止用户访问一个共享资源。如果一个用户组被指定了该权限，则这个组中的所有用户都不能访问该共享资源。

如果允许一个用户在网络共享资源上执行某种操作，则必须为该用户授予相应的访问权限。执行目录和文件操作所对应的共享权限如表3-1所示。

表 3-1

目录和文件操作	权限
显示目录名和文件名	读取、更改、完全控制
显示文件内容和属性	读取、更改、完全控制
访问指定目录的子目录	读取、更改、完全控制
运行程序文件	读取、更改、完全控制
更改文件内容和属性	更改、完全控制
创建子目录和增加文件	更改、完全控制
删除子目录和文件	更改、完全控制
更改权限（仅限于NTFS文件和目录）	完全控制
获得所有权（仅限于NTFS文件和目录）	完全控制

2. 资源访问权限

资源访问权限是由资源的属性提供的。在 Windows NT网络中，磁盘文件/目录资源属性称为访问权限，并且取决于Windows系统安装时所采用的文件系统。Windows网络支持两种文件系统：FAT和NTFS。其中，FAT是与DOS相兼容的文件系统，但不提供任何资源访问权限，网络访问控制只能依赖于共享权限。NTFS是Windows特有的文件系统，具有严格的目录和文件访问权限，用户对网络资源的访问将受到NTFS访问权限和共享权限的双重控制，并以NTFS访问权限为主。

NTFS提供两种访问权限来控制用户对特定目录和文件的访问：一种是标准权限，是口径较宽的基本安全性措施；另一种是特殊权限，是口径较窄的精确安全性措施。标准权限是特殊权限的组合，在一般情况下，使用标准权限来控制用户对特定目录和文件的访问。当标准权限不能满足系统安全性需要时，可以进一步使用特殊权限进行更精确的访问控制。NTFS特殊权限如表3-2所示，NTFS标准权限如表3-3所示。

表 3-2

特殊权限	文件访问权限	目录访问权限
读取（R）	允许用户打开文件、查看文件内容和复制文件，并允许用户查看文件的属性、权限所有权等信息	允许用户查看目录中文件的名字以及目录的属性
写入（W）	允许用户打开并更改文件内容。必须和R特殊文件权限相结合，才能从文件中读出数据	允许用户在目录中创建文件以及更改目录的属性
执行（X）	允许用户执行文件。如果和R特殊文件权限相结合，则可以执行一个批文件	允许用户访问该目录下的子目录，并允许用户显示目录的属性和权限
删除（D）	允许用户删除或移走文件	允许用户删除目录，但该目录必须为空。如果目录非空，则用户还应拥有R和W特殊目录权限以及这些文件的D权限，才能删除该目录
更改权限（P）	允许用户更改文件的权限，包括阻止访问文件的任何特殊权限，相当于拥有该文件的完全控制权	允许用户更改目录的权限，包括阻止所有者访问目录的任何特殊权限，相当于拥有该目录的控制权
取得所有权（O）	可使用户成为文件的所有者。这时文件的原所有者便丧失了对该文件的控制权，并能禁止原所有者对该文件的访问	可使用户成为目录的所有者。这时目录的原所有者便丧失了对该目录的控制权，而且禁止原所有者对该目录的访问

表 3-3

分类	标准权限	含义
目录	拒绝访问（None）	禁止用户查看该目录下的所有文件，并且该目录下的所有文件都被标记成"拒绝访问"标准文件权限
	列表（特殊权限 List folder）	允许用户列表显示该目录下的所有文件名，并允许访问子目录，但不能查看文件内容或创建文件
	读取（RX）	允许用户查看该目录下的子目录和文件，但不能创建文件
	增加（WX）	允许用户在该目录下创建文件，但不能列表显示该目录下的文件
	增加和读取（RWX）	允许用户查看该目录下的文件及文件内容，并能创建文件

（续表）

分类	标准权限	含义
目录	更改（RWXD）	允许用户创建、查看该目录下的子目录和文件，并允许用户显示和更改目录的属性
	完全控制（All）	允许用户创建、查看该目录下的子目录和文件；显示和更改目录的属性和权限；获取目录的所有权
文件	拒绝访问（None）	禁止用户对该文件的访问。如果一个用户组被指定了该权限，则这个组中的所有用户都不能访问该文件
	读取（RX）	允许用户打开、复制和执行（如果是可执行文件）文件以及查看文件的内容、属性、权限及所有权等
	更改（RWXD）	允许用户读取、修改和删除该文件
	完全控制（All）	用户拥有该文件的完全控制权，用户可以读取、修改、删除该文件以及设置文件的权限

关于上述内容，需要注意以下几点。

● 在表3-3中，括号内是该标准权限的特殊权限组合，例如"读取（RX）"表示"读取标准权限R和X特殊权限的组合"。

● 除了标准权限外，还允许为目录和文件定义特定的特殊权限组合。

● 用户在使用目录或文件前，必须被授予适当权限或者加入具有相应访问权限的用户组。

● 权限是累积的，但是"拒绝访问"权限优先于其他所有权限。

● 权限是继承的，在目录中所创建的文件和子目录将继承该目录的权限。

● 创建文件或目录的用户是该文件或目录的所有者。所有者可以通过设置文件或目录权限来控制其他用户对文件或目录的访问。

● 文件权限始终优先于目录权限。

第**4**章
网络模型中的
安全体系结构

OSI参考模型和TCP/IP参考模型是研究网络通信时经常使用的。为了增强参考模型的安全性，ISO为其制定了很多安全标准，形成了网络模型的安全体系结构。本章将详细介绍网络模型中安全体系结构及各层所使用的安全协议及其作用。

重点难点

- ☑ 计算机网络安全体系综述
- ☑ 数据链路层的安全协议
- ☑ 网络层的安全协议
- ☑ 传输层的安全协议
- ☑ 应用层的安全协议

4.1 认识网络模型的安全体系

网络模型指的是网络参考模型，网络参考模型包括最常见的开放系统互联参考模型（Open System Interconnect，OSI），即OSI七层参考模型，TCP/IP（Transmission Control Protocol/Internet Protocol，传输控制协议/因特网互联协议）参考模型，即TCP/IP四层参考模型。OSI模型是在协议开发前设计的，具有通用性。TCP/IP是先有协议集然后建立模型，不适用于非TCP/IP网络，具有特殊性。OSI参考模型有七层结构，而TCP/IP有四层结构。网络安全模型就是在网络模型的基础上进行构建的。

知识拓展

TCP/IP五层原理参考模型

为了学习完整体系结构，一般采用一种折中的方法：综合OSI模型与TCP/IP参考模型的优点，采用一种原理参考模型，也就是TCP/IP五层原理参考模型。三种模型的关系如图4-1所示。

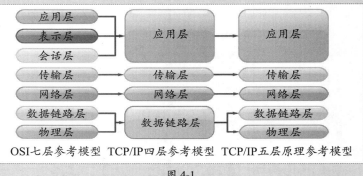

OSI七层参考模型　TCP/IP四层参考模型　TCP/IP五层原理参考模型

图 4-1

4.1.1 OSI安全体系结构

OSI七层参考模型主要是为了解决异型网络互连时所遇到的兼容性问题。它的最大优点是将服务、接口和协议这三个概念明确地区分开来，也使网络的不同功能模块分担起不同的职责。当网络发展到一定规模时，安全性问题就会变得突出。必须有一套体系结构来解决安全问题，于是OSI安全体系结构应运而生。

1. 安全体系结构的出现

为了增强OSI参考模型的安全性，ISO（International Organization for Standardization，国际标准化组织）在1988年提出了ISO 7489-2标准，提高了ISO 7498标准的安全等级。该标准提出了网络安全系统的体系结构，和以后相应的安全标准给出的网络信息安全架构被称为OSI安全体系结构。OSI安全体系结构指出了计算机网络需要的安全服务和解决方案，并明确了各类安全服务在OSI网络层次中的位置，这种在不同网络层次满足不同安全需求的技术路线对后来网络安全的发展起到了重要的作用。

2. 安全体系结构的作用

OSI安全体系结构的作用如下。

● 提供安全体系结构所配备的安全服务（也称安全功能）和有关安全机制在体系结构下的一般描述。

● 确定体系结构内部可以提供相关安全服务的位置。

● 保证完全准确地配置安全服务，并且一直维持于信息系统安全的生命周期中，安全服务必须满足一定的强度要求。

● 一种安全服务可以通过某种单独的安全机制提供，也可以通过多种安全机制联合提供，一种安全机制可用于提供一种或多种安全服务，在七层协议中除第五层（会话层）外，每一层均能提供相应的安全服务。

3. 安全体系结构的层次

OSI安全体系结构是一个普遍适用的安全体系结构，其核心内容是保证异构计算机系统进程与进程之间远距离交换信息的安全；其基本思想是为了全面而准确地满足一个开放系统的安全需求，必须在七个层次中提供必需的安全服务、安全机制和技术管理，以及它们在系统上的合理部署和关系配置。这个体系结构的示意如图4-2所示。

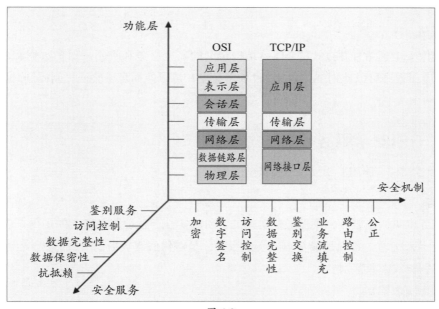

图 4-2

> **知识拓展**
>
> **安全服务的位置**
>
> 实际上，最适合配置安全服务的是物理层、网络层、传输层和应用层，其他层都不宜配置安全服务。从安全体系结构来说，OSI参考模型和TCP/IP参考模型研究的内容是相同的。

4. OSI安全体系结构的优缺点

OSI安全体系结构具有以下优点。

● **开放性**：OSI安全体系结构是一个开放的标准，任何厂商都可以根据该标准开发安全产品和解决方案。

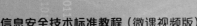
- **通用性**：OSI安全体系结构可以应用于各种网络环境。
- **层次性**：OSI安全体系结构的层次性使其具有良好的可扩展性和可维护性。

OSI安全体系结构也存在以下一些缺点。

- **复杂性**：OSI安全体系结构的层次性使其具有一定的复杂性。
- **性能**：OSI安全体系结构的一些安全机制可能会影响网络性能。

5. OSI安全体系结构的应用

OSI安全体系结构被广泛应用于各种网络安全系统中。

（1）计算机操作系统

计算机操作系统的安全子系统通常基于OSI安全体系结构进行设计。例如，Windows操作系统使用Kerberos协议实现身份认证，使用访问控制列表（ACL）实现访问控制。

（2）网络安全设备

网络安全设备包括防火墙、入侵检测系统等，通常支持OSI安全体系结构定义的安全服务和机制。例如，防火墙可以根据访问控制规则过滤网络流量，入侵检测系统可以检测网络中的可疑活动。

（3）应用程序安全

应用程序安全通常使用OSI安全体系结构定义的安全服务和机制来保护数据和应用程序。例如，Web应用程序可以使用SSL/TLS协议加密数据，可以使用身份验证机制控制对应用程序的访问。

4.1.2 OSI安全服务

在OSI安全体系结构中，定义了5类安全服务。

1. 鉴别服务

鉴别服务也叫认证服务，确保通信实体的身份真实性。认证服务通常使用用户名/密码、数字证书等技术来实现。鉴别是最基本的安全服务，是对付假冒攻击的有效方法。鉴别可以分为对等实体鉴别和数据源鉴别。

（1）对等实体鉴别

对等实体鉴别是在开放系统的两个同层对等实体间建立连接和传输数据期间，为证实一个或多个连接实体的身份而提供的一种安全服务。这种服务可以是单向的，也可以是双向的；可以带有有效期检验，也可以不带。从七层参考模型看，当由N层提供这种服务时，将使N+1层实体确信与之打交道的对等实体正是它所需要的对等N+1层实体。

（2）数据源鉴别

数据源鉴别服务是对数据单元的来源提供识别，但对数据单元的重复或篡改不提供鉴别保护。从七层参考模型看，当由N层提供这种服务时，将使N+1层实体确信数据来源正是它所需要的对等N+1层实体。

2. 访问控制

访问控制用于控制对资源的访问，防止资源未授权使用。访问控制服务通常使用访问控制列表（ACL）、角色-权限模型等技术来实现。在OSI安全体系结构中，访问控制安全目标如下。

- 通过进程对数据、通信或其他计算机资源进行访问控制。
- 在一个安全域内的访问或跨越一个或多个安全域的访问控制。
- 按照其上下文进行的访问控制。如根据试图访问的时间、访问者地点或访问路由等因素进行的访问控制。
- 在访问期间对授权更改做出反应的访问控制。

3. 数据完整性

数据完整性服务用于对抗数据在存储、传输等处理过程中被非法篡改。数据完整性服务通常使用数据签名、哈希函数等技术实现。可分为以下3种重要类型。

- 连接完整性服务。
- 无连接完整性服务。
- 选择字段完整性服务。

按是否具有恢复功能划分

完整性服务还可以按是否具有恢复功能划分为不具有恢复功能的完整性服务和具有恢复功能的完整性服务。

4. 数据保密性

数据保密性是保护信息（数据）不会被窃取或不泄露给那些未授权掌握这一信息的实体。数据保密性服务通常使用加密技术实现。在信息系统安全中需要区分两类保密性服务。

- **数据保密性服务**：使攻击者想要从某个数据项中推出敏感信息变得十分困难。
- **业务流保密性服务**：使攻击者想要通过观察通信系统的业务流来获得敏感信息十分困难的。

根据加密的数据项，保密性服务可以有如下几种类型。

- **连接保密性**：为一次连接上的所有用户数据提供保密性保护。
- **无连接保密性**：为单个无连接的SDU中的全部用户数据提供保密性保护。
- **选择字段保密性**：为那些被选择的字段提供保密性保护。这些字段或处于连接的用户中，或者为单个无连接的SDU中的字段。
- **通信业务流保密性**：使得通过观察通信业务流而不可能推断出其中的机密信息。

5. 抗抵赖

抗抵赖又称抗否认服务。前面介绍的OSI安全服务主要是针对来自未知攻击者的威胁，而抗抵赖服务是防止一方否认曾进行过某项通信。抗抵赖服务的目标是保护通信实体免受来自其他合法实体的威胁。抗否认服务通常使用数字签名、时间戳等技术来实现。OSI定义的抗抵赖服务有两种类型。

- **有数据原发证明的抗抵赖**：为数据的接收者提供数据的原发证据，使发送者不能抵赖这些数据的发送或否认发送内容。

- **有交付证明的抗抵赖：** 为数据的发送者提供数据交付证据，使接收者不能抵赖收到这些数据或否认接收内容。

4.1.3　OSI安全服务配置

在OSI安全体系中，针对不同类型的安全服务，可在不同层级中实现各种配置。

1. 安全服务分层及配置原则

安全服务分层以及安全机制在OSI七层上的配置应按照下列原则进行。

- 实现一种服务的不同方法越少越好。
- 在多层上提供安全服务来建立安全系统是可取的。
- 为安全所需的附加功能不应该也没必要重复OSI的现有功能。
- 避免破坏层的独立性。
- 可信功能度的总量应尽量少。
- 只要一个实体依赖于由位于较低层的实体提供的安全机制，那么任何中间层应该按不违反安全的方式构建。
- 只要可能，就应以作为自容纳模块起作用的方法来定义一个层的附加安全功能。本标准被认定用于由包含所有七层的端系统组成的开放系统及中继系统。

2. OSI 各层中的安全服务配置

OSI各层提供的安全服务配置如表4-1所示。不论要求的安全服务是由该层提供还是由下层提供，各层上的服务定义都可能需要修改。

表 4-1

安全服务	协议层						
	1	2	3	4	5	6	7
对等实体鉴别			✓	✓			✓
数据源鉴别			✓	✓			✓
访问控制			✓	✓			✓
连接保密性	✓	✓	✓	✓		✓	✓
无连接保密性		✓	✓	✓		✓	✓
连接字段保密性							✓
通信业务流保密性						✓	✓
带恢复的连接完整性	✓			✓			✓
不带恢复的连接完整性				✓			✓
选择字段连接完整性			✓				✓
无连接完整性							✓
选择字段无连接完整性			✓	✓			✓
有数据原发证明的抗抵赖							✓
有交付证明的抗抵赖							✓

4.1.4 OSI安全机制

OSI安全体系结构没有说明5种安全服务如何实现，但是它给出了8种基本的（特定的）安全机制，使用这8种安全机制，再加上几种普遍性的安全机制，将它们设置在适当的层上，用以提供OSI安全体系结构安全服务。

1. 加密

在OSI安全体系结构的安全机制中，加密涉及三方面的内容。

- 密码体制的类型，对称密码体制和非对称密码体制。
- 密钥管理。
- 加密层的选取。加密层选取时要考虑的因素如表4-2所示，它不推荐在数据链路层上的加密。

表 4-2

加密要求	加密层
对全部通信业务提供加密	物理层
对每个应用提供不同的密钥； 抗抵赖或选择字段保护	表示层
提供保密性与不带恢复的完整性； 对所有端对端之间通信的简单块进行保护； 希望有一个外部的加密设备（如为了给算法和密钥提供物理保护或防止软件错误）	网络层
提供带恢复的完整性以及细粒度保护	传输层

2. 数字签名

数字签名是附加在数据单元上的一些数据，或是对数据单元所做的密码变换，这种附加数据或变换可以起如下作用。

- 供接收者确认数据来源。
- 供接收者确认数据完整性。
- 保护数据，防止他人伪造。

知识拓展

数字签名的过程

数字签名需要确定两个过程。
- 对数据单元签名，使用签名者的私有（独有或机密的）信息。
- 验证签过名的数据单元，使用的规程和信息是公开的，但不能推断出签名者的私有信息。

3. 访问控制

访问控制是一种对资源访问或操作加以限制的策略。此外它还可以支持数据的保密性、数据完整性、可用性以及合法使用的安全目标。访问控制机制可应用于通信联系中的任一端点或任一中间点。

访问控制机制可以建立在下面的一种或多种手段之上。

- 访问控制信息库，保存了对等实体的访问权限。
- 鉴别信息，如口令等。
- 权限。
- 安全标记。
- 试图访问的时间。
- 试图访问的路由。
- 访问持续期。

4. 数据完整性

数据完整性保护的目的是避免未授权的数据乱序、丢失、重放、插入和篡改。数据完整性包括两方面：单个数据或字段的完整性和数据单元流或字段流的完整性。决定单个数据单元的完整性涉及两个实体：一个在发送实体上，一个在接收实体上。发送实体给数据单元附上一个附加量，接收实体也产生一个相应的量，通过比较二者，可以判定数据在传输过程中是否被篡改。

注意事项 保护数据单元的完整性

对于有连接的数据传送，保护数据单元序列的完整性（包括防止乱序、数据丢失、重放或篡改）还需要明显的排序标记，如顺序号、时间标记或密码链；对于无连接的数据传送，时间标记可以提供一定程度的保护，防止个别数据单元重放。

5. 鉴别交换

可用于鉴别交换的技术有鉴别信息，如口令；密码技术；使用该实体特征（生物信息等）或占有物（信物等）。可以结合使用的技术有时间标记与同步时钟、两次握手（单方鉴定）和三次握手（双方鉴定）、数字签名和公证。

6. 业务流填充

业务流填充是一种反分析技术，通过虚假填充将协议数据单元达到一个固定长度，只有受到机密服务保护时才有效。

7. 路由控制

路由控制机制可以使敏感数据只在具有适当保护级别的路由上传输，并且采取如下处理方式。

- 检测到持续攻击，可以为端系统建立不同的路由连接。
- 依据安全策略，使某些带有安全标记的数据禁止通过某些子网、中继或链路。
- 允许连接的发起者（或无连接数据单元的发送者）指定路由选择，或回避某些子网、中继或链路。

8. 公正

公证机制是由可信的第三方提供数据完整性、数据源、时间和目的地等的认证和保证。

知识拓展

安全服务与安全机制之间的关系

在OSI安全服务与安全机制之间的关系可以参考表4-3所示的内容。

表 4-3

安全服务	安全机制							
	加密	数字签名	访问控制	数据完整性	鉴别交换	业务流填充	路由控制	公正
对等实体鉴别	✓	✓			✓			
数据源鉴别	✓	✓						
访问控制			✓					
连接保密性	✓						✓	
无连接保密性	✓						✓	
连接字段保密性	✓							
流量保密性	✓					✓	✓	
带恢复的连接完整性	✓			✓				
不带恢复的连接完整性	✓			✓				
选择字段连接完整性	✓			✓				
无连接完整性	✓	✓		✓				
选择字段无连接完整性	✓	✓		✓				
原发方抗抵赖	✓	✓		✓				✓
接收方抗抵赖		✓		✓				✓

4.1.5 TCP/IP模型的安全体系结构

除了OSI七层模型的安全体系外，TCP/IP模型也有其安全体系结构。

1. TCP/IP 模型安全体系结构的出现

TCP/IP协议簇在设计之初并没有认真地考虑网络安全功能，为了解决TCP/IP协议簇带来的安全问题，Internet工程任务组（IETF）不断地改进现有协议和设计新的安全通信协议来对现有的TCP/IP协议簇提供更强的安全保证，在互联网安全性研究方面取得了丰硕的成果。由于TCP/IP各层协议提供了不同的功能，为各层提供了不同层次的安全保证，因此专家为协议的不同层设计了不同的安全通信协议，为网络的各层提供安全保障。目前，TCP/IP安全体系结构已经制定了一系列的安全通信协议，为各层提供了一定程度上的安全保障。由各层安全通信协议构成的TCP/IP协议簇的安全架构业已形成。

2. TCP/IP 模型安全体系结构的层次结构

TCP/IP的安全性可分为多层，各安全层包含多个特征实体。在不同层次，可增加不同安全策略和措施，如在传输层提供安全套接层服务SSL和其继任者传输层安全TLS，这是为网络通信提供安全及数据完整性的一种安全协议，以及在网络层提供虚拟专用网VPN技术等。TCP/IP网络安全技术层次体系如图4-3所示。

应用层	应用层安全协议（如S/MIME、SHTTP、SNMPv3）			第三方公正（如Kerberos）数字签名	响应恢复审计日志入侵检测（IDS）漏洞扫描	安全服务管理 安全机制管理 安全设备管理 物理保护	系统安全管理
	用户身份认证	授权与代理服务器防火墙、CA					
传输层	传输层安全协议（如SSL/TLS、PCT、SSH、SOCKS）						
	电路级防火						
网络层（IP）	网络层安全协议（如IPSec）						
	数据源认证IPSec-AH	包过滤防火墙	如VPN				
网络接口层	相邻节点间的认证（如MS-CHAP）	子网划分VLAN物理隔绝	MDC MAC	点对点加密（MS-MPPE）			
	认证	访问控制	数据完整性	数据保密性	抗抵赖	可控性	可审计性	可用性

图 4-3

3. TCP/IP 模型中的安全隐患和应对

TCP/IP参考模型在设计之初并没有过多考虑网络威胁，随着网络的发展，TCP/IP参考模型中的安全隐患逐渐暴露，如图4-4所示，当然隐患也在被逐渐修补。下面介绍主要的安全隐患及应对方法。

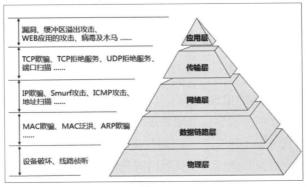

图 4-4

（1）网络接口层的主要安全隐患及应对

TCP/IP模型的网络接口层对应OSI模型的物理层和数据链路层。物理层安全问题是指由网络

环境及物理特性产生的网络设施和线路安全性，致使网络系统出现安全风险，如设备问题、意外故障、信息探测与窃听等。由于以太网上存在交换设备，有些通信采用广播方式。非授权者可能在某个广播域中侦听、窃取并分析信息。为此，保护链路上的设施安全极为重要，物理层的安全措施相对较少，最好采用"隔离技术"保证每两个网络在逻辑上能够连通，同时从物理上隔断，并加强实体安全管理与维护。

网络接口层安全通信协议为通过通信链路连接起来的主机或路由器之间的安全提供了保证，PPTP、L2TP是主要的数据链路层安全通信协议。数据链路层安全通信协议拥有较高的效率，但是通用性和扩展性较差。

（2）网络层的主要安全隐患及应对

网络层主要用于数据包的网络传输，其中IP协议是整个TCP/IP协议体系结构的重要基础。网络层安全通信协议旨在解决网络层通信中产生的安全问题，对TCP/IP协议而言，主要解决IP协议中存在的安全问题。目前，IPSec是最重要的网络层安全通信协议。网络层安全通信协议对网络层以上各层透明，但是难以提供不可否认的服务。

知识拓展

IPv4的安全性

IPv4在设计之初根本没有考虑到网络安全问题，IP包本身不具有任何安全特性，从而导致在网络上传输的数据包很容易泄露或受到攻击，IP欺骗和ICMP攻击都是针对IP层的攻击手段，如伪造IP包地址、拦截、窃取、篡改、重播等。

（3）传输层的主要安全隐患及应对

TCP/IP传输层主要包括传输控制协议TCP和用户数据报协议UDP，其安全措施主要取决于具体的协议。传输层的安全主要包括传输与控制安全、数据交换与认证安全、数据保密性与完整性等。TCP是面向连接的协议，用于多数互联网服务，如HTTP、FTP和SMTP等。为了保证传输层的安全，设计了安全套接层协议（Secure Socket Layer，SSL），现更名为传输层协议（Transport Layer Security，TLS），主要包括SSL握手协议和记录协议。

SSL协议用于数据认证和数据加密的过程，利用多种有效密钥交换算法和机制。SSL记录协议对应用程序提供的信息分段、压缩、认证和加密，此协议提供了身份验证、完整性检验和保密性服务，密钥管理的安全服务可为各种传输协议重复使用。它可以在进程与进程之间实现安全通信，但是需要修改对应程序，同时也不能提供透明的安全保障。

（4）应用层的主要安全隐患及应对

应用层的功能是为应用进程服务，实现不同系统的应用进程之间的互相通信，完成特定的业务处理和服务。应用层提供的服务有电子邮件、文件传输、虚拟终端和远程数据输入等。网络层的安全协议为网络传输和连接建立安全的通信管道，传输层的安全协议保障传输数据的可靠、安全地到达目的地，但无法根据传输内容的不同安全需求予以区别对待。灵活处理具体数据的不同安全需求方案就是在应用层建立相应的安全机制。例如IETF规定了使用强化邮件PEM来为基于SMTP的电子邮件系统提供安全服务；免费电子邮件系统PGP提供数字签名和加密功能；HTTPS是Web上使用的超文本传输协议的安全增强版本。

4.2 数据链路层的安全协议

数据链路层主要负责在网络实体间建立和维持数据链路，并在相邻节点之间传输数据。数据链路层的安全主要依赖于PAP、CHAP、PPTP等协议的支持。

4.2.1 PAP

PAP（Password Authentication Protocol，密码认证协议）是一种简单、易用的网络认证协议，主要用于用户登录网络服务器。PAP由IETF（Internet Engineering Task Force）在1993年发布的RFC 1332中定义。PAP最初是作为PPP（Point-to-Point Protocol）的一部分而设计的，用于在点对点连接上进行用户认证。后来，PAP也被扩展到其他网络协议中，例如IPX/SPX和NetWare。PAP采用明文传输密码，因此安全性较低，不适用于高安全性的网络环境。

1. PAP的工作原理及流程

PAP的工作原理是客户端向服务器发送PAP请求报文，其中包含用户名和密码。服务器验证用户名和密码是否正确，如果正确则向客户端发送PAP成功报文，如果错误则向客户端发送PAP失败报文。PAP的具体工作流程如下。

步骤01 客户端向服务器发送PAP请求报文。

步骤02 服务器收到PAP请求报文后，解析其中的用户名和密码。

步骤03 服务器将用户名和密码与数据库中的用户名和密码进行匹配。

步骤04 如果匹配成功，服务器向客户端发送PAP成功报文。

步骤05 如果匹配失败，服务器向客户端发送PAP失败报文。

步骤06 客户端收到PAP响应报文后，根据响应报文中的Code字段判断认证是否成功。

2. 协议报文格式

PAP在PPP拨号上网系统中的执行过程为，PAP的包被封装到PPP帧中，PAP认证所使用的三种包如图4-5所示，无论传输哪一种包，它的协议类型字段的值为0xC023。

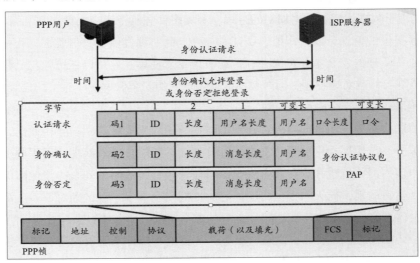

图 4-5

第一种包是身份认证请求（Authentication Request），用户用它向系统发送用户名和口令，请求接入系统。第二种包是身份确认（Authentication- Acknowledgement），系统用它告诉用户，其身份已被认可，允许用户访问系统。第三种包是身份否定（Authentication Nack），系统用它告诉用户，该用户名或口令未通过认证，拒绝其访问系统。PAP协议将用户名和口令用ASCII编码的明文方式在链路上传输，很容易被截获，存在用户名和口令泄露等安全问题。

3. PAP 的优缺点

PAP的优点在于结构简单，易于实现和部署。用户只需输入用户名和密码即可进行认证。另外其兼容性好，支持多种网络操作系统和网络设备。

PAP的缺点在于，由于采用明文传输密码，因此安全性较低，容易被窃听和破解。另外，PAP协议易受字典攻击和暴力攻击。而且PAP的效率比较低，客户端会不断重复发送身份验证信息，这可能会导致网络资源的浪费，尤其是在网络状况不佳的情况下。

在公共网络中应避免使用PAP，以免密码被窃听。在高安全性的网络环境中，应部署更安全的认证协议，例如CHAP、EAP等。如果必须使用PAP，则应使用强度较高的密码，并定期更换密码。

4. PAP 的应用范围

PAP可以应用到以下场景中。

（1）局域网用户登录

在局域网中，用户可以使用PAP登录服务器、路由器等网络设备。例如，用户可以使用PAP登录Windows Server，然后访问服务器上的共享资源。

（2）远程访问

在远程访问场景中，用户可以使用PAP登录远程服务器。例如，用户可以使用PAP登录VPN服务器，然后通过VPN连接访问公司内部网络。

（3）无线网络用户登录

在无线网络中，用户可以使用PAP登录无线AP。例如，用户可以使用PAP登录家用无线路由器，然后连接到无线网络。

▌4.2.2　CHAP

CHAP（Challenge Handshake Authentication Protocol，挑战-应答认证协议）是一种比PAP更安全的网络认证协议，主要用于用户登录网络服务器。CHAP采用挑战-应答机制来验证用户身份，可以有效抵御字典攻击和暴力攻击。

CHAP由IETF在1993年发布的RFC 1332中定义。CHAP最初是作为PPP（Point-to-Point Protocol）的一部分而设计的，用于在点对点连接上进行用户认证。后来，CHAP也被扩展到其他网络协议中，例如IPX/SPX和NetWare。

1. CHAP 的工作原理及流程

CHAP的工作原理是服务器向客户端发送一个随机数（称为挑战值），客户端使用自己的密码对挑战值进行加密，然后将加密后的结果发送回服务器。服务器使用客户端提供的密码对挑战值进行加密，并比较两个加密结果是否一致。如果一致，则认证成功；如果不一致，则认证失败。CHAP协议的具体工作流程如下。

步骤 01 客户端向服务器发送CHAP请求报文。

步骤 02 服务器收到CHAP请求报文后，生成一个随机数（称为挑战值），并将其发送给客户端。

步骤 03 客户端收到挑战值后，使用自己的密码对挑战值进行加密，然后将加密后的结果（称为响应值）发送回服务器。

步骤 04 服务器收到响应值后，使用客户端提供的密码对挑战值进行加密，并比较两个加密结果是否一致。

步骤 05 如果一致，服务器向客户端发送CHAP成功报文。

步骤 06 如果不一致，服务器向客户端发送CHAP失败报文。

步骤 07 客户端收到CHAP响应报文后，根据响应报文中的Code字段判断认证是否成功。

2. CHAP 的报文格式

CHAP在PPP拨号上网系统中的执行过程如图4-6所示。CHAP的包被封装到PPP帧中，帧内协议类型字段的值为0xC223。有4种CHAP包：第一种是挑战包，系统向用户发送挑战值。第二种是响应包，用户向系统发送计算结果。第三种是身份确认包，系统告诉用户允许访问系统。第四种是身份否定包，系统告诉用户拒绝访问系统。

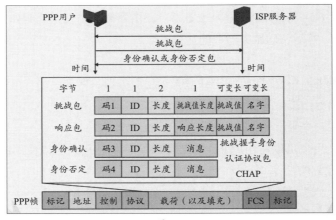

图 4-6

知识拓展

CHAP的优缺点及应对

CHAP采用挑战-应答机制验证用户身份，可以有效抵御字典攻击和暴力攻击。CHAP的结构简单，易于实现和部署。CHAP兼容性好，支持多种网络操作系统和网络设备。但CHAP易受中间人攻击，攻击者可以窃取挑战值和响应值，然后伪造认证请求欺骗服务器。CHAP没有密码保护机制，如果服务器的数据库被泄露，攻击者就可以获得所有用户的密码。

因此在使用CHAP时，在服务器和客户端之间部署SSL/TLS加密，可以防止攻击者窃取挑战值和响应值。另外定期更换密码可以降低密码被泄露的风险。

3. CHAP 的应用

CHAP主要用于计算机网络中的安全身份验证。其应用涉及各种场景，包括远程访问、虚拟专用网络（VPN）、拨号连接等。下面是CHAP在这些场景中的应用。

（1）远程访问

在远程访问场景中，用户需要通过互联网或其他公共网络远程连接到企业内部网络或其他安全网络资源。CHAP可以用于远程用户向服务器进行身份验证，以确保只有授权用户可以访问网络资源。典型的应用场景包括远程办公、远程维护、远程教育等。

（2）虚拟专用网络（VPN）

VPN允许用户通过公共网络安全地访问企业内部网络或其他受限网络资源。CHAP可用于VPN客户端与VPN服务器之间的身份验证，确保用户的身份和访问权限。CHAP的使用可以增加VPN连接的安全性，并防止未经授权的用户访问VPN服务。

（3）拨号连接

在拨号连接场景中，用户通过拨号方式连接到服务器或其他网络设备，以获取对网络资源的访问权限。CHAP可用于拨号客户端与服务器之间的身份验证。传统的拨号连接场景包括远程办公、远程访问公司内部资源等。

（4）无线接入点（WiFi）

在无线网络环境中，CHAP也可以用于WiFi接入点和WiFi客户端之间的身份验证。例如，在企业或公共场所的无线网络中，用户连接到WiFi网络时可以使用CHAP进行安全身份验证。使用CHAP可以确保连接到WiFi网络的用户身份和访问权限，并提供更高的网络安全性。

（5）其他场景

CHAP还可以在其他需要安全身份验证的场景中应用，例如远程设备管理、远程监控等。由于CHAP提供一种安全、灵活和可靠的身份验证机制，因此在各种网络环境中都有广泛的应用。

4.2.3 PPTP

PPTP（Point-to-Point Tunneling Protocol，点对点隧道协议）是一种广泛使用的网络协议，用于在公网上建立虚拟专用网络（VPN）。PPTP通过将非安全网络流量封装在安全隧道中，可有效保护用户隐私和数据安全，使远程用户能够安全地访问企业内部网络或其他私有网络资源。PPTP由微软于1995年发布，最初用于Windows NT 3.51。随后，PPTP被广泛应用于各种操作系统和网络设备中，成为最常用的VPN协议之一。

1. PPTP 的工作原理

客户端创建一个虚拟的点对点连接到VPN服务器，然后将所有非安全的网络流量封装在PPP（Point-to-Point Protocol）数据包中，通过VPN隧道发送到VPN服务器。VPN服务器解密PPP数据包，并将解密后的数据包转发到目的地。

PPTP的协议规范本身并未描述加密或身份验证的部分，它依靠点对点协议（PPP）来实现这些安全性功能。因为PPTP内置在Windows系统家族的各产品中，在微软点对点协议的协议堆栈中，提供了各种标准的身份验证与加密机制来支持PPTP。在Windows系统中，它可以搭配

PAP、CHAP、MS-CHAPv1/v2或EAP-TLS来进行身份验证。通常也可以搭配微软点对点加密（MPPE）或IPSec的加密机制来提高安全性。

PPTP将原始数据包装在GRE（Generic Routing Encapsulation）封装中，然后在IP网络上进行传输。在封装过程中，PPTP还可以对数据进行加密，以确保通信的机密性。

> **知识拓展**
>
> **MPPE**
>
> PPTP可以使用MPPE（Microsoft Point-to-Point Encryption）协议对PPP数据包进行加密，MPPE协议使用对称加密算法，可以保护用户隐私和数据安全。

2. PPTP 的连接建立步骤

PPTP的连接建立过程如下。

步骤01 建立连接请求。客户端向VPN服务器发起连接请求。

步骤02 身份验证。客户端和服务器之间进行身份验证。常见的身份验证方法包括PAP（Password Authentication Protocol）和CHAP。

步骤03 建立隧道。一旦身份验证成功，客户端和服务器之间建立PPTP隧道。

步骤04 数据传输。数据在PPTP隧道中进行加密和传输，确保数据的机密性和完整性。

步骤05 连接终止。当会话结束时，客户端和服务器之间的PPTP连接被终止。

3. PPTP 面临的挑战

PPTP是一种轻量级的VPN协议，易于实现和部署。它通常内置在各种操作系统中，包括Windows、Linux和macOS等。由于PPTP的简单性和易用性，它在早期被广泛应用于远程访问和企业网络连接等场景中。

PPTP的主要安全缺陷体现在其使用的MPPE加密算法上。MPPE算法基于RC4加密算法，而RC4算法已被证明存在严重的缺点。RC4算法容易受到密钥泄露攻击。一旦攻击者窃取了RC4加密密钥，就可以解密所有使用该密钥加密的数据。

> **知识拓展**
>
> **RC4算法的安全威胁**
>
> RC4算法存在理论上的攻击方法，例如碰撞攻击和相关密钥攻击。尽管这些攻击方法尚未在现实中被成功实施，但仍然对RC4算法的安全构成了威胁。

PPTP只提供用户名和密码的身份验证机制，这并不足以抵御高级攻击者。由于PPTP的加密机制相对较弱（默认情况下不使用TLS/SSL加密），易受到破解和中间人攻击。攻击者可以伪造VPN服务器，窃取用户的用户名和密码以及传输的数据。另外PPTP连接通常需要为客户端分配IP地址，如果IP地址池不足或者配置错误，可能会导致连接问题。

4.3 网络层安全协议

网络层主要解决点到点的数据传输，这里的端点指的是主机或路由器。网络层负责在不同的节点之间进行数据传输，并提供路由、转发和流量控制等功能。网络层的目标是尽最大努力进行数据的交付，涉及数据的保密性和完整性，主要的安全目标是防止在交换过程中数据被非法窃听和篡改。

4.3.1 IPSec安全协议套件

IPSec（Internet Protocol Security）是一组用于在网络层提供安全性的协议套件，用于保护IP数据包的安全传输、身份验证和完整性保护。它通过加密、认证和安全通信协议提供安全保护，适用于各种网络环境，包括互联网、企业内部网络和虚拟专用网络（VPN）。

1. IPSec 的工作原理

IPSec的工作原理可以归纳为加密、认证和安全通信协议。

（1）加密

IPSec使用加密算法对数据包进行加密，以保护数据的机密性。常用的加密算法包括DES、3DES、AES等。

（2）认证

IPSec还使用认证算法对数据包进行认证，以确保数据的发送是合法的。常用的认证算法包括HMAC（Hash-based Message Authentication Code）和Digital Signature Algorithm（DSA）等。

（3）安全通信协议

IPSec使用安全通信协议定义加密算法、认证算法和密钥协商过程。常用的安全通信协议包括IKE（Internet Key Exchange）和ESP（Encapsulating Security Payload）等。

2. IPSec 的功能

IPSec可以实现以下4项功能。

（1）数据机密性

IPSec发送方将包加密后再通过网络发送。

（2）数据完整性

IPSec可以验证IPSec发送方发送的包，以确保数据传输时没有被改变。

（3）数据认证

IPSec接收方能够鉴别IPSec包的发送起源。此服务依赖数据的完整性。

（4）反重放

IPSec接收方能检查并拒绝重放包。

3. IPSec 的组成

IPSec主要由以下协议组成。

（1）认证头（AH）

认证头（Authentication Header，AH）为IP数据报提供无连接数据完整性、消息认证，以及防重放攻击保护，但不提供加密服务。它通过在IP头部添加一个特殊的AH头部来实现。

（2）封装安全载荷（ESP）

封装安全载荷（Encapsulating Security Payload，ESP）提供机密性、数据源认证、无连接完整性、防重放和有限的传输流（traffic-flow）机密性。ESP可以对IP数据报的内容进行加密，保证数据的私密性。ESP协议将IP数据报封装在ESP报头中，并加密整个IP数据报。

（3）安全关联（SA）

提供算法和数据包，提供AH、ESP操作所需的参数。AH和ESP协议都必须使用SA。IKE协议的主要功能之一是建立和维护SA。IPSec规定，所有AH和ESP的实现都必须支持SA。一个SA是一个单一的"连接"，为其承载的通信提供安全服务。SA的安全服务是通过使用AH或ESP（不能同时使用）来建立的。如果一个通信流需要同时使用AH和ESP进行保护，则要创建两个或更多的SA来提供所需的保护。SA是单向的，为了保证两个主机或两个安全网关之间双向通信的安全，需要建立两个SA，各自负责一个方向。一个SA由一个三元组唯一标识。

知识拓展

三元组的元素

三元组的元素是安全参数索引（SPI）、IP目的地址、安全协议（AH或ESP）标识符。理论上讲，目的地址可以是一个单播地址、组播地址或广播地址。目前，IPSec的SA管理机制只支持单播SA。

（4）密钥协议（IKE）

用于自动协商安全关联（SA），包括密钥的管理和交换。IKE确保了安全参数的协商过程是安全的，并且能够生成和更新所需的密钥。它提供以下功能。

● **协商服务：** 通信双方协商所使用的协议、密码算法和密钥。

● **身份鉴别服务：** 对参与协商的双方身份进行认证，确保双方身份的合法性。

● **密钥管理：** 对协商的结果进行管理。

● **安全交换：** 产生和交换所有密钥的密码源物质。

IKE是一个混合型协议，集成了ISAKMP（Internet Security Associations and Key Management Protocol）和部分Oakley密钥交换方案。

4. IPSec 的工作模式

IPSec共有两种工作模式：传输模式和隧道模式。

（1）传输模式

在传输模式下，IPSec协议只对上层协议数据（例如TCP或UDP数据）进行加密，而IP头部信息保持不变，如图4-7所示。传输模式通常用于保护端到端通信，例如主机之间的通信。

（2）隧道模式

在隧道模式中，IP数据报有两个IP头。一个是外部的IP头，用于指明IPSec数据报的目的地；另一个是内部的IP头，用于指明IP数据报的最终目的地，如图4-8所示。隧道模式通常用于连接两个网络设备，例如路由器或VPN服务器。

| IP头 | 安全协议头（AH/ESP） | 高层协议头 | 数据 |

图 4-7

| IP头 | 安全协议头（AH/ESP） | 内部IP头 | 高层协议头 | 数据 |

图 4-8

5. IPSec 的实现模式

IPSec可以采用两种模式实现：主机实现和网关实现。每种实现模式的应用目的和实施方案有所不同，主要取决于用户的网络安全需求。

（1）主机实现

由于主机是一种端节点，因此主机实现模式主要用于保护一个内部网中两个主机之间的数据通信。主机实现方案可分为以下两种类型。

在操作系统上集成实现：由于IPSec是一个网络层协议，因此可以将IPSec协议集成到主机操作系统上的TCP/IP中，作为网络层的一部分来实现。

嵌入协议栈实现：将IPSec嵌入协议栈中，放在网络层和数据链路层之间来实现。

知识拓展

主机实现的优点

能够实现端到端的安全性；能够实现所有的IPSec安全模式；能够基于数据流提供安全保护。

（2）网关实现

由于网关是一种中间节点，因此网关实现模式主要用于保护两个内部网通过公用网络进行的数据通信，通过IPSec网关构建VPN，从而实现两个内部网之间的安全数据交换。网关实现方案有以下两种类型。

在操作系统上集成实现：将IPSec协议集成到网关操作系统的TCP/IP中，作为网络层的一部分来实现。

嵌入网关物理接口上实现：将实现IPSec的硬件设备直接连接网关物理接口来实现。

知识拓展

网关实现的优点

能够在公用网上构建VPN来保护内部网之间进行的数据交换；能够对进入内部网的用户身份进行验证。

6. SA 的组合使用

一个单一的SA只能从AH或ESP中选择一种安全协议对IP数据报提供安全保护。在有些情况下，一个安全策略要求对一个通信实施多种安全服务，这是用一个SA无法实现的。在这种情况下，需要利用多个SA来实现所需的安全策略。

在多个SA的情况下，必须将一个SA序列组合成SA束，经过SA束处理后的通信能够满足一个安全策略。SA束中的SA顺序是由安全策略定义的，各SA可以终止于不同的端点。将多个SA组合成SA束的方法有以下两种。

（1）传输邻接

传输邻接方法是将AH和ESP的传输模式组合使用来保护一个IP数据报，它不涉及隧道，如

图4-9所示。通常这种方法只允许一层组合。因为每个协议只要使用足够健壮的密码算法，其安全性是有保证的，并不需要多层嵌套使用，以减小协议的处理开销。

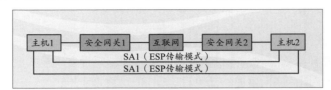

图 4-9

（2）多重隧道

多重隧道方法是由多个SA组合成一个多重隧道来保护IP数据报，每个隧道都可以在不同的IPSec节点（可以进行IPSec处理的设备）上开始或终止。多重隧道可以分成以下三种形式。

① 多重隧道是由两个多SA端点组合而成的，每个隧道都可以用AH或ESP建立，如图4-10所示，主机1和主机2都是多SA端点。

图 4-10

② 多重隧道是由一个多SA端点和一个单SA端点组合而成的，每个隧道都可以用AH或ESP建立，如图4-11所示，主机1是多SA端点，安全网关2和主机2都是单SA端点。

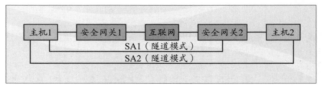

图 4-11

③ 多重隧道是由多个单SA端点组合而成的，这里没有多SA端点，每个隧道都可以用AH或ESP建立，如图4-12所示，主机1、安全网关1、安全网关2和主机2都是单SA端点。

图 4-12

知识拓展

传输模式和隧道模式的组合使用

传输模式和隧道模式还可以组合使用，例如，用一个隧道模式的SA和一个传输模式的SA按顺序组合成一个SA束。对于安全协议的使用顺序，在传输模式下，如果AH和ESP组合使用，则AH应当位于ESP之前，AH作用于ESP生成的密文；在隧道模式下，可以按照不同的顺序使用AH和ESP。

4.3.2　网络层的安全协议

网络层的安全协议主要以IPSec为基础，其中包含网络层的主要安全协议。

1. ESP协议

ESP是插入IP数据报内的一个协议头，为IP数据报提供数据保密性、数据完整性、抗重播以及数据源验证等安全服务。ESP可以单独使用，也可以利用隧道模式嵌套使用，或者和AH组合起来使用。ESP头格式如图4-13所示。

安全参数索引（SPI）		
序列号（Sequence Number）		
初始化向量（IV）		
荷载数据（Payload Data）		
填充项（Padding）	填充项长度	下一个头
认证数据（Authentication Data）		

图 4-13

（1）安全参数索引（SPI）

安全参数索引是一个32位的随机数。SPI、目的IP地址和安全协议标识符组成一个三元组，用来唯一地确定一个特定的SA，以便对该数据报进行安全处理。

（2）序列号

序列号是一个单向递增的32位无符号整数。通过序列号，使ESP具有抗重播攻击的能力。尽管抗重播服务是可选的，但是发送端必须产生和发送序列号字段，只是接收端不一定要处理。

（3）初始化向量（IV）

对称加密算法为了增强加密的安全性，往往会引入一个随机数，这个随机数就是初始化向量（32位）。其作用是每次加密时，即使使用相同的密钥，也能产生不同的密文。这使得攻击者更难以通过分析大量密文来破解密钥。

（4）载荷数据

被ESP保护的数据报包含在载荷数据字段中，其字段长度由数据长度决定。如果密码算法需要密码同步数据（如初始化向量（IV）），则该数据要显式地包含在载荷数据中。

（5）填充项

填充项有0~255字节，填充内容可以由密码算法来指定。如果密码算法没有指定，则由ESP指定，填充项的第一个字节值是1，后面的所有字节值都是单向递增的。

（6）填充项长度

填充项字段为8位，指明填充项的长度，接收端利用它恢复载荷数据的实际长度。该字段必须存在，当没有填充项时，其值为0。

（7）下一个头

下一个头字段为8位，指明载荷数据的类型。如果在隧道模式下使用ESP，则其值为4，表示IP-in-IP；如果在传输模式下使用，则其值为上层协议的类型，如TCP对应的值为6。

（8）认证数据

认证数据字段是可变长的，它是由认证算法对ESP数据报进行哈希计算得到的完整性检查值（ICV）。

加密器与验证器

    ESP使用一个加密器提供数据保密性，使用一个验证器提供数据完整性认证。加密器和验证器所采用的专用算法是由ESP安全关联的相应组件决定的。因此，ESP是一种通用的、易于扩展的安全机制，它将基本的ESP功能定义和实际提供安全服务的专用密码算法分离开，有利于密码算法的更换和更新。

    ESP可采用传输模式或隧道模式对IP数据报进行保护。在传输模式中，ESP头是在IP头和上层协议头之间，如图4-14所示。

    在隧道模式中，整个IP数据报都封装在一个ESP头中进行保护，并增加一个新的IP头，如图4-15所示。

图 4-14

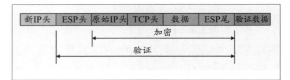

图 4-15

2. AH 协议

    AH协议为IP数据报提供数据完整性、数据源验证以及抗重播等安全服务，但不提供数据保密性服务。也就是说，除了数据保密性之外，AH提供了ESP所能提供的一切服务。

    AH可以采用隧道模式来保护整个IP数据报，也可以采用传输模式只保护一个上层协议报文。在任何一种模式下，AH头都会紧跟在一个IP头之后。AH不仅可以为上层协议提供认证，还可以为IP头某些字段提供认证。

不受保护的内容

    由于IP头中的某些字段在传输中可能会被改变，如服务类型、标志、分段偏移、生存期以及头校验和等字段，发送方无法预测最终到达接收方时这些字段的值，因此，这些字段不能受AH保护。

    AH可以单独使用，也可以和ESP结合使用，或者利用隧道模式以嵌套方式使用。AH提供的数据完整性认证的范围和ESP有所不同，AH可以对外部IP头的某些固定字段（包括版本、头长度、报文总长度、标识、协议号、源IP地址、目的IP地址等字段）进行认证。

    （1）AH头格式

    在任何模式下，AH头总是跟随在一个IP头之后，AH头格式如图4-16所示。

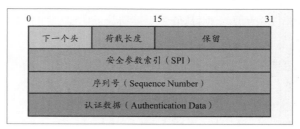

图 4-16

在IPv4中，IP头的协议号字段值为51，表示在IP头之后是一个AH头。跟随在AH头后的内容取决于AH的应用模式，如果是传输模式，则是一个上层协议头（TCP/UDP），如果是隧道模式，则是另一个IP头。

① 下一个头：8位，与ESP头中对应字段的含义相同。

② 载荷长度：8位，以32位为长度单位，指定了AH的长度，其值是AH头的实际长度减2。

载荷长度的计算

因为AH是一个IPv6扩展头，而IPv6扩展头长度的计算方法是实际长度减1。由于IPv6是以64位为长度单位，而AH是以32位为长度单位进行计算的，所以将减1变换为减2（1个64位长度单位=2个32位长度单位）。如果采用标准的认证算法，认证数据字段长度为96位，加上3个32位固定长度的部分，则载荷长度字段值为4（96/32+3-2=4）。如果使用"空"认证算法，将不会出现认证数据字段，则载荷长度字段值为1。

③ 保留：16位，保留给将来使用，其值必须为0。该字段值包含在认证数据计算中，但被接收者忽略。

④ 安全参数索引（SPI）：32位，与ESP头中对应字段的含义相同。

⑤ 序列号：32位，与ESP头中对应字段的含义相同。

⑥ 认证数据：可变长字段，它是认证算法对AH数据报进行完整性计算所得到的完整性检查值（ICV）。该字段的长度必须是32位的整数倍，因此可能会包含填充项。SA使用的认证算法必须指明ICV的长度、比较规则以及认证的步骤。

（2）AH应用模式

AH可采用传输模式或隧道模式对IP数据报进行保护。在传输模式中，AH头插在IP头和上层协议头之间，如图4-17所示。

在隧道模式中，整个IP数据报都封装在一个AH头中进行保护，并增加一个新的IP头，如图4-18所示。无论是哪种模式，AH都要对外部IP头的固定不变字段进行认证。

图 4-17

图 4-18

3. 密钥管理协议

在使用IPSec保护一个IP数据报之前，必须先建立一个SA，SA可以手工创建，也可以自动建立。在自动建立SA时，要使用IKE协议。IKE代表IPSec进行SA的协商，并将协商好的SA填入SAD中。IKE确保安全参数的协商过程是安全的，并且能够生成和更新所需的密钥。IKE是一种混合型协议，它建立在以下三个协议的基础上。

（1）ISAKMP协议

ISAKMP协议是一种密钥交换框架，独立于具体的密钥交换协议。在这个框架上，可以支持多种不同的密钥交换协议。

（2）Oakley协议

Oakley协议描述一系列的密钥交换模式，以及每种模式所提供服务的细节，例如，密钥的完美向前保护、身份保护和认证等。

（3）SKEME协议

SKEME协议描述一种通用的密钥交换技术。这种技术提供基于公钥的身份鉴别和快速密钥更新。

IKE通过ISAKMP框架，借鉴了Oakley和SKEME的密钥交换机制，并定义了自己独特的密钥生成和验证方法。

4.3.3 虚拟专用网及其安全协议

虚拟专用网络（Virtual Private Network，VPN）是一种通过加密隧道在公网上创建安全连接的技术。它可以使远程用户安全地访问公司内部网络，也可以使位于不同地理位置的办公室之间进行安全通信。VPN技术可以有效防止数据被窃取、篡改或破坏，确保网络通信的可靠性和完整性。

1. VPN 的工作原理及过程

VPN的基本原理是将用户的数据封装在加密隧道中，并在公网上传输。加密隧道可以防止第三方窃取或篡改数据。VPN通常使用以下步骤建立连接。

步骤01 客户端软件在用户设备上安装。

步骤02 客户端软件连接到VPN服务器。

步骤03 客户端软件和VPN服务器进行身份验证。

步骤04 如果身份验证成功，客户端软件和VPN服务器建立加密隧道。

步骤05 用户的数据将通过加密隧道传输。

2. VPN 的安全协议

VPN涉及多个层次，例如在网络层使用IPSec协议，在传输层使用SSL/TLS安全协议。下面介绍一些常用的其他协议。

知识拓展

L2TP协议与IPSec

L2TP是一种在数据链路层提供虚拟专用网络连接的协议，同时使用IPSec加密和认证L2TP通信，用于创建安全的VPN。L2TP与IPSec中使用的加密算法、认证算法、密钥管理是相同的。

（1）MPLS VPN

多协议标签交换虚拟专用网络（MPLS VPN）是一种基于MPLS技术的VPN解决方案，可以为VPN连接提供安全保障。MPLS VPN将VPN流量封装在MPLS隧道中，并使用IPSec协议加密隧道中的数据。该协议的优点如下。

● 性能高，传输效率快。

● MPLS技术可以提供高效的路由机制，因此MPLS VPN的传输效率比传统的IP VPN更高。

- 可扩展性强，MPLS VPN可以支持大规模的网络部署。
- 安全性高，MPLS VPN使用IPSec协议加密隧道中的数据，可以提供强大的安全保障。

但需要部署MPLS网络，成本较高，配置也稍复杂，需要一定的专业知识。

（2）GRE VPN

通用路由封装虚拟专用网络（GRE VPN）是一种基于GRE协议的VPN解决方案，可以为VPN连接提供安全保障。GRE VPN将VPN流量封装在GRE隧道中，并使用IPSec协议加密隧道中的数据。该协议的优点如下。

- 部署简单，成本低廉，GRE VPN不需要部署MPLS网络。
- 灵活性和可扩展性强，GRE VPN可以支持多种封装方式和路由协议。
- 兼容性好，GRE VPN可以与大多数网络设备兼容。

但GRE VPN本身的安全性相对较低，需要使用其他安全协议，例如IPSec，以保护VPN连接的安全。GRE VPN的封装和解封装过程会增加额外的开销，因此效率相对较低。

🔒 4.4 传输层安全协议

传输层是计算机网络体系结构中的重要组成部分，位于应用层之下、网络层之上。它负责在两个主机上的进程之间提供逻辑通信，并为应用层提供可靠、有序和高效的数据传输服务。

4.4.1 SSL/TLS协议

SSL/TLS（Secure Sockets Layer/Transport Layer Security，安全套接层/传输层安全）协议是用于在传输层为数据提供安全保障的协议。它可以加密数据、验证数据完整性和防止数据重放攻击，从而确保网络通信的安全性和可靠性。SSL/TLS协议是互联网安全的基础，被广泛应用于各种网络应用程序中，例如Web浏览器、电子邮件、即时通信等。

1. 发展历史

SSL是最早用于保护网络通信的安全协议，由Netscape公司于1995年推出。它通过加密和认证机制来确保数据的安全传输，最初用于保护Web浏览器和Web服务器之间的通信。

TLS是SSL的继任者，IETF（Internet Engineering Task Force）在1999年发布的TLS 1.0版本取代了SSL 3.0版本。TLS协议继承了SSL的基本原理，并对其进行了改进和修订，提高了安全性和性能。目前，TLS 1.3是最新版本，也是最安全的版本。

2. 工作原理

SSL/TLS协议的工作原理可以分为握手协议、记录协议和警报协议三部分。

（1）握手协议

客户端和服务器之间的通信开始时，首先进行SSL/TLS握手协议，用于协商通信双方支持的加密算法、密钥长度、认证方式等参数。

握手协议包括服务器端证书的传输、密钥交换、客户端身份验证等步骤，最终双方协商确定通信参数，建立安全通道。

（2）记录协议

一旦安全通道建立完成，SSL/TLS协议就会开始记录协议阶段。

在记录协议阶段，数据被分割成适当大小的记录，在加密和压缩后发送到目标主机，确保数据的安全传输。

（3）警报协议

警报协议用于在SSL/TLS通信中处理异常情况，如握手失败、证书验证错误等，以确保通信的可靠性和安全性。

3. 加密和认证机制

SSL/TLS协议主要通过以下机制保护通信的安全性。

（1）加密

SSL/TLS协议使用对称加密算法和非对称加密算法来保护数据的机密性。对称加密算法用于加密数据传输过程中的数据，非对称加密算法用于在通信开始时协商对称加密算法所需的密钥。

（2）认证

SSL/TLS协议使用数字证书来验证通信双方的身份。服务器通过向客户端提供数字证书来证明自己的身份，并通过客户端验证证书的有效性。客户端也可以提供证书来进行身份验证，这称为双向身份验证。

（3）数据完整性

SSL/TLS协议可以使用消息认证码（例如HMAC）来验证数据的完整性，防止数据被篡改。

（4）抗重放攻击

SSL/TLS协议可以使用序列号和时间戳来防止数据重放攻击。

4. 协议的优缺点

SSL/TLS协议是网络安全领域的一个重要组成部分，它们通过复杂的密码学机制保护数据的安全传输。该协议具有以下优缺点。

（1）优点

- 安全性高，SSL/TLS协议使用强大的加密技术和身份验证机制来保护数据传输，可以有效防止数据被窃取、篡改或破坏。
- 易于使用，SSL/TLS协议易于部署和使用，客户端和服务器通常无须进行任何特殊的配置即可使用SSL/TLS协议。
- 兼容性好，SSL/TLS协议得到大多数浏览器、操作系统和网络设备的支持。

（2）缺点

SSL/TLS协议的加密和解密过程会增加额外的开销，可能会降低网络传输速率。SSL/TLS协议需要使用数字证书来验证身份，证书管理可能会比较复杂。

5. 协议的应用

SSL/TLS协议被广泛应用于各种网络应用程序中。

- Web浏览器。Web浏览器使用SSL/TLS与Web服务器进行通信，以保护Web页面内容的安全性和隐私性。

● 电子邮件。邮件客户端可以使用SSL/TLS加密电子邮件内容，以防止电子邮件被窃取或阅读。

● 即时通信。即时通信软件可以使用SSL/TLS加密语音和视频通话以及文本消息，以保护通信内容的隐私性。

● 远程访问。SSH可以安全地远程登录计算机，并传输文件。

● 文件传输。SFTP可以用于安全传输文件。

4.4.2 DTLS协议

DTLS（Datagram Transport Layer Security，数据传输层安全）协议是一种基于UDP协议的安全协议，用于在不安全的网络中为数据传输提供安全保障。它与TLS传输层安全协议类似，但DTLS针对无连接的UDP协议进行了优化，适用于对性能和延迟要求较高的应用场景。

知识拓展

设计目的

DTLS的设计目的是在不可靠的传输层协议（如UDP）上提供安全通信。由于UDP不像TCP那样有内置的可靠传输机制，因此DTLS需要在设计上考虑数据包可能丢失、重复或乱序到达的情况。

1. 工作原理

DTLS协议的工作原理与TLS协议类似，但DTLS协议在握手阶段和数据传输阶段都进行了优化，以提高性能和降低延迟。

（1）握手阶段

DTLS协议的握手阶段比TLS协议更简洁，因为它省略了一些TLS协议中不必要的步骤。例如，DTLS协议不需要客户端发送ClientHello消息，也不需要服务器发送CertificateRequest消息。

（2）数据传输阶段

DTLS协议的数据传输阶段也进行了优化，以提高性能和降低延迟。具体来说，DTLS协议做了以下改进。

● 使用更小的数据包。DTLS协议使用更小的数据包来减少网络传输延迟。

● 减少握手开销。DTLS协议减少了握手阶段的开销，以提高连接建立速度。

● 支持重传。DTLS协议支持数据包重传，以确保数据传输的可靠性，以解决数据丢失、重排和重复等情况。

知识拓展

与TLS的关系

DTLS基于TLS，使用与TLS相同的加密和认证机制，包括对称加密算法、非对称加密算法和数字证书。但DTLS 1.0是基于TLS 1.1，而DTLS 1.2是基于TLS 1.2。由于UDP的不可靠性，DTLS在握手过程中使用了改进的机制来处理可能的数据包丢失或乱序问题。

2. 特点与应用

DTLS协议具有以下特点和应用场景。

- 适用于UDP通信。DTLS协议专门用于保护UDP通信的安全性，适用于实时通信和流媒体传输等场景。
- 适用于广播和多播。DTLS协议常用于广播和多播应用，因为它可以高效地向多个接收者传输数据。
- 保护移动设备通信。由于移动设备对UDP通信的需求增加，DTLS协议在移动通信领域得到了广泛应用，如VoIP、视频通话等。
- 支持多种应用协议。DTLS协议可以用于保护多种应用协议的UDP通信，如DNS、SNMP等。

DTLS协议的最新版本是DTLS 1.3，它修复了早期版本中存在的一些安全漏洞，并提高了性能和安全性。

3. 优缺点

DTLS的优点包括以下几方面。

- 性能高。DTLS协议针对无连接的UDP协议进行了优化，可以提供更高的性能和更低的延迟。
- 易于部署。DTLS协议易于部署和使用，因为它可以与现有的UDP应用和网络基础设施一起使用。
- 安全性高。DTLS协议提供与TLS协议相同的安全功能，可以有效防止数据被窃取、篡改或破坏。

DTLS的缺点是，DTLS协议比UDP协议更复杂，因此需要在客户端和服务器端实现额外的代码。DTLS协议的兼容性不如UDP协议，因为它需要客户端和服务器都支持DTLS协议。

4.4.3 QUIC协议

QUIC（Quick UDP Internet Connections，快速UDP互联网连接）是一种由Google设计的传输层协议，旨在提供更快的网络连接速度和更强的安全性。QUIC基于UDP协议，并结合了TLS加密和HTTP/2多路复用等技术，以解决TCP的一些性能和安全性问题。QUIC协议的开发始于2013年，它是基于Google自身网络实践以及对TCP和TLS协议的改进而设计的。

1. 工作原理

QUIC协议的工作原理主要包括连接建立、多路复用、0-RTT握手、头部压缩和流控制等。

（1）连接建立

QUIC协议通过UDP协议建立连接，并结合TLS协议提供安全连接。它使用Google自定义的QUIC握手协议，实现快速连接建立和迁移。

（2）多路复用

QUIC协议支持多路复用技术，允许在单个连接上并行传输多个数据流。这样可以减少连接建立和关闭的开销，提高网络资源的利用效率。

（3）0-RTT握手

QUIC协议支持0-RTT（Zero Round Trip Time）握手，这意味着客户端可以在首次与服务器建立连接时就发送数据，在后续的连接中，客户端可以重用之前交换的加密密钥，从而无须再次进行握手过程。

（4）头部压缩

QUIC协议使用头部压缩技术，将HTTP头部信息压缩传输，减少了数据传输的开销和网络带宽的占用，提高了传输效率。

（5）流控制

QUIC协议支持流级别的流控制机制，可以根据不同数据流的需求动态调整传输速率，提高网络的稳定性和公平性。

2. 协议的安全性

QUIC协议在安全性方面具有以下特点。

（1）加密传输

QUIC协议使用TLS 1.3协议作为其加密层，通过TLS的安全机制对通信数据进行加密保护，包括对数据的机密性、完整性和身份认证等方面的保护。TLS 1.3协议采用更强的加密算法和安全机制，如ChaCha20-Poly1305加密套件和前向保密（Forward Secrecy）机制，提高了通信数据的安全性。

（2）减少中间人攻击风险

QUIC协议使用了TLS的安全特性来防止中间人攻击。通过数字证书和证书验证，客户端和服务器可以互相验证对方的身份，确保通信的安全性。

QUIC协议在连接建立过程中，通过TLS的公钥加密机制，防止中间人篡改握手过程或伪造服务器身份，确保通信的真实性和完整性。

（3）快速连接建立和0-RTT握手

QUIC协议支持快速连接建立和0-RTT握手，可以减少连接建立的延迟，提高连接的安全性。0-RTT握手允许客户端在首次连接时发送数据，而不需要等待服务器的确认，但需要适当的安全措施来防止重放攻击。

（4）防止流量分析

QUIC协议使用了连接ID（Connection ID）来识别和管理连接状态，而不像TCP协议那样使用固定的IP地址和端口号。这样可以防止基于网络流量分析的攻击，提高通信的隐私性和安全性。

（5）快速更新和迁移

QUIC协议设计了快速更新和迁移的机制，允许在网络切换或连接状态变化时快速更新连接参数，确保通信的持续性和安全性。

4.5　应用层安全协议

应用层是计算机网络体系结构中的最高层，它直接为应用程序提供服务。应用层协议定义了应用程序之间通信的规则和格式，使得应用程序可以相互交换信息。

应用层安全性主要是解决面向应用的信息安全问题，涉及信息交换的保密性和完整性，防止在信息交换过程中数据被非法窃听和篡改。

有些应用层安全协议是对应用层协议的安全性增强，即在应用层协议的基础上增加安全算法协商和数据加密/解密等安全机制，如S-HTTP（Secure HTTP）协议、S/MIME（Secure/MIME）协议等；还有些应用层安全协议是为解决特定应用的安全问题而开发的，如PGP（Pretty Good Privacy）协议等。

4.5.1 HTTPS协议

HTTPS（Hypertext Transfer Protocol Secure，安全超文本传输协议）是HTTP协议的加密版本，用于在Web浏览器和Web服务器之间建立安全的通信通道，以保护数据的机密性、完整性和真实性。HTTPS协议使用TLS/SSL协议加密数据传输，并支持服务器身份验证和数据完整性保护。HTTPS被广泛应用于网站、电子商务和个人隐私保护等领域。

HTTPS使用默认的443端口，而不是HTTP的80端口。HTTPS的请求-应答模式、报文结构、请求方法等都与HTTP相同，但是所有传输的数据都被加密。

HTTPS协议的特殊性

　　HTTPS协议是应用层协议，但它与其他应用层协议（例如HTTP、FTP、SMTP等）有所不同。HTTPS协议建立在传输层协议（TCP/IP）之上，它使用TLS/SSL协议加密数据传输，并支持服务器身份验证和数据完整性保护。因此，HTTPS协议也可以被视为一种传输层协议，因为它为应用程序通信提供了安全的传输通道。

1. 产生背景

Web系统是互联网中应用最为广泛的应用系统，它基于客户/服务器模式，整个系统由Web服务器、浏览器和通信协议三部分组成。其中，通信协议为超文本传输协议（HTTP），它是为分布式超媒体信息系统设计的一种应用层协议，能够传送任意类型的数据对象，以满足Web服务器与客户之间多媒体通信的需要。

HTTP协议是一种面向TCP连接的协议，客户与服务器之间的TCP连接是一次性连接。它规定每次连接只处理一个请求，服务器返回本次请求的应答后便立即关闭连接，在下次请求时再重新建立连接。这种一次性连接主要考虑到Web服务器面向互联网中的成千上万个用户，只能提供有限个连接，及时地释放连接可以提高服务器的执行效率，避免服务器连接的等待状态。同时，服务器不保留与客户交易时的任何状态，可减轻服务器的存储负担，从而保持较快的响应速度。HTTP协议允许传送任意类型的数据对象，通过数据类型和长度来标识所传送的数据内容和大小，并允许对数据进行压缩传送。

用户在浏览器或HTML文档中定义了一个超文本链接后，浏览器将通过HTTP协议请求与指定的服务器建立连接。如果该服务器一直在HTTP端口上侦听连接请求，该连接便会建立起来。然后客户通过该连接发送一个包含请求方法的请求消息块。HTTP协议定义了7种请求方法，每种请求方法规定了客户和服务器之间不同的信息交换方式，常用的请求方法是GET和POST。服务器将根据客户请求完成相应的操作，并以应答消息块的形式返回给客户，最后关闭连接。

HTTPS协议最早由网景公司（Netscape）于1994年提出，旨在解决HTTP传输中的安全问题。随后，HTTPS被标准化，并得到了广泛应用。

在实际应用中，HTTPS协议使用比较简便。如果一个Web服务器提供基于HTTPS协议的安全服务，并在客户机上安装该服务器认可的数字证书，则用户可以使用支持SSL协议的浏览器（通常浏览器都支持SSL协议，如IE浏览器等），并通过"https://www.服务器名.com"域名来访问该Web服务器，Web服务器与浏览器之间通过SSL协议进行安全通信，提供身份鉴别、数据加密和数据认证等安全服务。

2. 工作原理

HTTPS的工作原理包含以下几方面。

（1）TLS加密通信

HTTPS使用TLS协议来加密通信数据。TLS协议使用对称加密、非对称加密和消息摘要等技术，保护数据在传输过程中的机密性、完整性和真实性。

（2）数字证书身份验证

HTTPS使用数字证书来验证Web服务器的身份。服务器在建立连接时向客户端发送其数字证书，客户端通过证书链和信任机构（CA）签名验证服务器的身份。

（3）加密密钥协商

客户端和服务器在建立连接时通过TLS协议协商加密密钥，用于对通信数据进行加密和解密。密钥协商过程通常使用Diffie-Hellman密钥交换算法或基于共享密钥的密钥交换算法。

（4）HTTPS连接过程

HTTPS连接过程包括以下几个阶段。

步骤01 客户端和服务器首先建立TCP连接。

步骤02 客户端向服务器发送客户端Hello消息，其中包含客户端支持的加密算法和协议版本等信息。

步骤03 服务器向客户端发送服务器Hello消息，其中包含服务器选择的加密算法和协议版本等信息。

步骤04 客户端和服务器使用协商好的加密算法进行密钥交换。

步骤05 客户端和服务器使用交换的密钥建立加密通道。

步骤06 客户端和服务器通过加密通道进行应用层数据传输。

知识拓展

HTTPS使用的加密算法

HTTPS支持多种加密算法，包括对称加密算法（如AES）、非对称加密算法（如RSA）和消息摘要算法（如SHA）。这些加密算法可以根据安全要求和性能需求进行灵活配置。

3. HTTPS 的部署和优化

部署HTTPS协议通常需要在Web服务器上安装和配置SSL/TLS证书，并进行相关的服务器配置。常见的Web服务器软件如Apache、Nginx和Microsoft IIS都支持HTTPS协议，并提供相应的配置选项。

HTTPS协议可以与HTTP/2协议结合使用，以提高Web页面的加载速度和性能。HTTP/2协议支持多路复用、头部压缩和服务器推送等特性，与HTTPS协议配合使用可以实现更快的Web传输。

4. HTTPS 的应用

HTTPS协议被广泛应用于各种Web应用中。

- 网上银行需要传输敏感的个人信息和财务数据，因此必须使用HTTPS协议来保护数据安全。
- 网上购物需要传输信用卡信息等敏感数据，因此也必须使用HTTPS协议来保护数据安全。
- 社交网站上包含大量个人信息，因此也应该使用HTTPS协议来保护用户隐私。
- 电子邮件中可能包含敏感信息，因此也应该使用HTTPS协议来保护电子邮件安全。

4.5.2 S-HTTP协议

S-HTTP（Secure Hypertext Transfer Protocol，安全超文本传输协议）和HTTPS是20世纪90年代中期提出的两种竞争性的安全HTTP协议，它们都旨在为HTTP通信提供安全保障，但S-HTTP的设计更加灵活，支持多种加密算法和消息格式。但由于缺乏广泛的行业支持，HTTPS逐渐成为事实上的标准。

1. 工作原理

S-HTTP协议与HTTP类似，是基于请求-响应模式的协议，每个请求和响应都在单独的连接上进行，S-HTTP支持服务器端和客户端身份验证。这有助于确保用户与正确的服务器通信，并且服务器不会被恶意行为者冒充。

S-HTTP协议通过对HTTP消息进行封装和加密，实现对消息的保护。S-HTTP使用RSA公钥密码学加密客户端和服务器之间所有通信。这可以保护数据不被未经授权的第三方拦截和读取。每个HTTP消息被封装成一个安全消息，包括消息头部和消息体。S-HTTP协议使用对称密钥加密算法对消息进行加密，每个会话生成一个唯一的会话密钥，用于加密和解密消息内容。S-HTTP协议还支持数字签名技术，用于验证消息的真实性和完整性。服务器可以在响应中包含数字签名，客户端可以验证签名以确保消息的来源和完整性。

S-HTTPS支持多种安全操作模式，密钥管理机制、信任模型，密码算法和封装格式。在使用S-HTTP协议通信之前，通信双方可以协商加密、认证和签名等算法以及密钥管理机制、信任模型、消息封装格式等相关参数。在通信过程中，双方可以使用RSA、DSS等密码算法进行数字签名和身份鉴别，以保证用户身份的真实性；使用DES，3DES、RC2、RC4等密码算法来加密数据，以保证数据的保密性；使用MD2、MD5、SHA等单向散列函数来验证数据和签名，以保证数据的完整性和签名的有效性，从而增强Web应用系统中客户和服务器之间通信的安全性。

在S-HTTP客户和服务器中，主要采用CMS（Cryptographic Message Syntax）和MOSS（MIME Object Security Services）消息格式，但并不限于CMS和MOSS，它还可以融合其他多种

加密消息格式及其标准，并且支持多种与HTTP相兼容的系统实现。S-HTTP只支持对称密码操作模式，不需要客户提供公钥证书或公钥，这意味着客户能够自主地产生个人事务，并不要求具有确定的公钥。

S-HTTP支持端到端的安全事务，客户可以事先初始化一个安全事务。S-HTTP中的密码算法模式和参数是可伸缩的，客户和服务器之间可以协商事务模式（如请求/响应是否加密和签名）、密码算法（RSA或DSA签名算法，DES或RC2加密算法）以及证书选择等。

2. 与 HTTPS 对比

S-HTTP和HTTPS都是旨在保护互联网上传输数据安全的安全通信协议。然而，两种协议之间存在一些关键差异。

- **加密**：S-HTTP使用RSA公钥密码学进行加密，而HTTPS使用TLS/SSL。TLS/SSL被认为比RSA更安全，并且得到更广泛的浏览器和服务器支持。
- **身份验证**：S-HTTP支持服务器端和客户端身份验证，而HTTPS仅支持服务器端身份验证。这意味着在某些情况下，S-HTTP可以提供更高的安全级别。
- **性能**：S-HTTP通常被认为性能不如HTTPS。这是因为RSA公钥密码学比TLS/SSL更耗费计算资源。

3. S-HTTP 的部署

S-HTTP协议的部署和配置与HTTPS类似，需要在Web服务器上安装和配置相应的安全证书，并进行相关的服务器配置和参数设置。

知识拓展

S-HTTP的劣势

尽管具有安全优势，S-HTTP最终并未获得广泛采用，原因如下。
- **复杂性**：S-HTTP比HTTPS更复杂，导致实施和部署更加困难。
- **支持不足**：与HTTPS相比，S-HTTP获得的浏览器和服务器支持更少。这使得网站难以采用S-HTTP，因为它们需要同时支持S-HTTP和HTTPS才能覆盖广泛的用户群体。
- **专利问题**：S-HTTP使用的部分关键技术受专利保护。这使得S-HTTP的实施更加昂贵和困难。

4.5.3 SSH协议

SSH（Secure Shell，安全外壳）协议是一种用于在不安全网络上进行安全连接的协议。SSH使用对称加密和非对称加密来加密数据传输，并支持服务器身份验证和数据完整性保护。SSH通常用于远程登录、文件传输和端口转发。

1. 协议原理

SSH协议通过在客户端和服务器之间建立加密的隧道来保护数据免受窃听和篡改。这个隧道使用多种加密算法来确保传输的数据保持机密性和完整性。SSH协议的工作模式可以概括为以下几个步骤。

步骤 01 客户端向服务器发送SSH客户端Hello消息，其中包含客户端支持的加密算法和协议版本等信息。

步骤 02 服务器向客户端发送SSH服务器Hello消息，其中包含服务器选择的加密算法和协议版本等信息。

步骤 03 客户端和服务器使用协商好的加密算法进行密钥交换。

步骤 04 客户端向服务器发送认证请求，可以使用用户名/密码、公钥/私钥或其他认证方式进行认证。

步骤 05 服务器验证客户端认证信息，如果验证成功，则建立SSH安全连接。

步骤 06 客户端和服务器通过SSH安全连接进行应用层数据传输。

2. 协议安全性

SSH协议支持多种加密算法和密钥交换算法，包括对称加密算法（如AES、3DES）、非对称加密算法（如RSA、DSA）和消息摘要算法（如SHA）。这些算法可以根据安全要求和性能需求进行配置和选择。SSH使用以下几种安全机制来保障安全性。

- SSH协议提供通信数据的端到端加密保护，防止数据被窃听和篡改。
- SSH协议通过身份验证机制，确保用户身份的真实性和合法性，防止未授权的访问和入侵。
- SSH协议还支持会话加密和完整性保护，确保通信数据的完整性和可靠性。

3. 协议应用

SSH协议的部署需要在客户端和服务器端安装SSH客户端和SSH服务器软件。SSH客户端通常预装在大多数Linux和UNIX操作系统中，SSH服务器软件可以从网上下载并安装。

SSH协议被广泛应用于各种网络管理和安全场景中。

- **远程登录**：SSH协议可以用于远程登录Linux和UNIX服务器，而无须担心数据被窃取或泄露。
- **文件传输**：SSH协议可以用于安全地传输文件，例如使用SFTP协议或SCP命令。
- **端口转发**：SSH协议可以用于转发端口，例如将本地端口转发到远程服务器端口，或将远程服务器端口转发到本地端口。

▍4.5.4 PGP协议

PGP（Pretty Good Privacy）是一种用于电子邮件加密和数字签名的协议套件，用于数据通信加密和验证的协议，并保护电子邮件的机密性和完整性。PGP协议由Phil Zimmermann于1991年开发，旨在解决电子邮件传输中的安全和隐私问题。PGP结合了哈希、数据压缩、对称密钥加密以及公钥加密算法来保护信息的安全。

1. 工作原理

PGP协议使用多种加密算法和哈希算法，包括非对称加密算法（如RSA、DSA）、对称加密算法（如IDEA、3DES、AES）和消息摘要算法（如SHA1、SHA256）等。这些算法可以根据安全要求和性能需求进行选择和配置。发送者使用接收者的公钥对邮件进行加密，接收者使用自己的私钥解密邮件。

PGP协议使用数字签名技术对电子邮件进行签名，以确保邮件的真实性和完整性，防止邮件被伪造和篡改。发送者使用自己的私钥对邮件进行签名,接收者使用发送者的公钥验证签名。

PGP协议使用密钥对来管理加密和签名操作,包括公钥对和私钥对。用户可以生成自己的密钥对,并将公钥发送给其他用户,以便进行加密和签名操作。

2. 部署方式

部署和配置PGP协议通常需要安装和配置PGP软件,包括PGP Desktop、GnuPG(GNU Privacy Guard)等。

3. 应用领域

PGP协议被广泛应用于各种需要保密和安全的通信场景中。

● **电子邮件通信:** PGP可以用于加密和签名电子邮件,以保护电子邮件内容的隐私性和完整性。

● **文件存储:** PGP可以用于加密文件,以保护文件内容的隐私性。

● **数字签名:** PGP可以用于对数字文件进行签名,以验证文件的来源和完整性。

知识拓展

PGP协议的优势与局限性

PGP协议使用公钥密码学技术,具有很高的安全性。PGP协议易于使用,即使是非技术用户也能轻松使用。PGP协议是开放标准,任何人都可以免费使用和实施。

但PGP协议需要用户管理自己的公钥和私钥,这对用户来说可能是一项负担。另外PGP协议的加密和解密操作可能比较耗时。

4.5.5 S/MIME协议

S/MIME(Secure/Multipurpose Internet Mail Extensions,安全多用途互联网邮件扩展)协议是一种用于在互联网上安全地发送电子邮件的协议。S/MIME基于MIME协议,并使用公钥密码学技术来加密和签名电子邮件。它提供加密、数字签名和证书管理等功能,用于保护电子邮件的机密性、完整性和真实性。

1. 工作原理

S/MIME通过在电子邮件消息中添加特殊的头部信息来实现安全功能。这些头部信息包含加密和签名的指令以及所需的密钥信息。S/MIME协议的工作原理如下。

(1)加密通信

S/MIME协议使用非对称加密算法对邮件进行加密,发送者使用接收者的公钥对邮件进行加密,接收者使用自己的私钥解密邮件。S/MIME支持多种加密算法,包括RSA、DSA、ECDSA等。

(2)数字签名

S/MIME协议使用数字签名技术对邮件进行签名,以确保邮件的真实性和完整性。发送者使用自己的私钥对邮件进行签名,接收者使用发送者的公钥验证签名。S/MIME支持多种哈希算法,包括SHA1、SHA256等。

（3）证书管理

S/MIME协议使用X.509数字证书来管理加密和签名操作，包括证书颁发、证书签名和证书验证等。用户需要获取和安装数字证书，以便进行加密和签名操作。

2. 协议步骤

S/MIME协议的工作步骤如下。

步骤01 发件人使用自己的私钥对邮件内容进行签名，生成数字签名。

步骤02 发件人使用收件人的公钥加密邮件内容，生成加密邮件。

步骤03 发件人将加密邮件和数字签名发送给收件人。

步骤04 收件人使用自己的私钥验证数字签名，以确保邮件来源和完整性。

步骤05 收件人使用发件人的公钥解密邮件，以读取邮件内容。

3. 消息格式

S/MIME消息是MIME体和CMS对象的组合，使用了多种 MIME类型和CMS对象。被保护的数据总是一个规范化的MIME实体和其他便于对CMS对象进行处理的数据，如证书和算法标识符等，CMS对象将被嵌套封装在MIME实体中。为了适应多种特定的签名消息环境，S/MIME提供多种消息格式：一种只封装数据格式、多种只签名数据格式、多种签名加封装数据格式，多种消息格式主要是为了适应多种特定的签名消息环境。

S/MIME是用来保护MIME实体的。一个MIME实体由MIME头和MIME体两部分组成，被保护MIME实体可以是"内部"MIME实体，即一个大的MIME消息中"最里面"的对象；还可以是"外部"MIME实体，把整个MIME实体处理成CMS对象。

在发送端，发送代理首先按照本地保护协议创建一个MIME实体，保护方式可以是签名、封装或签名加封装等；然后对MIME实体进行规范化处理和转移编码，构成一个规范化的S/MIME消息；最后发送该S/MIME消息。

在接收端，接收代理接收到一个S/MIME消息后，首先将该消息中的安全服务处理成一个MIME实体，然后解码并展现给用户或应用。

4. 密码算法

S/MIME密码算法包括消息摘要算法、数字签名算法以及密钥交换算法。

（1）消息摘要算法

S/MIME V3支持两种消息摘要算法：SHA和MD5，通过对消息摘要的哈希和认证来保证消息的完整性。提供 MD5算法的目的是保持与S/MIME V2的向后兼容性，因为S/MIME V2的消息摘要是基于MD5算法的。

（2）数字签名算法

S/MIME V3支持两种数字签名算法：RSA 和DSA，通过对外出消息的数字签名来实现对消息源的抗抵赖性。对于外出的消息，将使用发送用户的私钥来签名，其私钥长度是在生成密钥时确定的。对于S/MIME V2，只支持基于RSA的数字签名算法。

（3）密钥交换算法

S/MIME V3在加密消息内容时采用了对称密码算法，如DES、3DES等，密钥必须经过加密后才能传送给对方。S/MIME V3支持两种密钥交换算法：Diffie-Hellman和RSA。使用RSA算法时，在进入的加密消息中包含了加密密钥，必须使用接收用户的私钥来解密。对于S/MIME V2，只支持基于RSA的密钥交换算法。

 ## 4.6 知识延伸：OSI安全管理

OSI安全管理活动有三类：系统安全管理、安全服务管理和安全机制管理。

1. 系统安全管理

系统安全管理主要针对OSI的总体环境管理，具体活动包括以下几点。

① 总体安全策略的管理，包括一致性修改与维护。

② 与别的OSI安全管理的相互作用。

③ 与安全服务管理和安全机制管理的交互。

④ 事件处理管理。在OSI中可以看到的是事件管理的实例，是远程报告的明显违反安全的企图，以及对用来触发事件报告的阈值的修改。

⑤ 安全审计管理，包括选择将被记录和被远程收集的事件、授予或取消对所选事件进行审计跟踪日志记录的能力、所选审计记录的收集、准备安全审计报告。

⑥ 安全恢复管理，包括维护用于对现有的或可疑的安全事件做出反应的规则、远程报告明显的系统安全违规、安全管理者的交互。

2. 安全服务管理

安全服务管理指特定安全服务的管理。在管理一种特定安全服务时，典型的活动如下。

● 为该种服务决定并指派安全保护的目标。
● 在可以选择的情况时，指定与维护选择规则。
● 对需要事先取得管理者同意的安全机制进行协商。
● 通过适当的安全机制管理功能，调用特定的安全机制。
● 与其他安全服务管理功能和安全机制管理功能交互。

3. 安全机制管理

安全机制管理指特定安全机制的管理。典型的安全机制管理如下。

（1）密钥管理
● 间歇性地产生与所要求的安全级别相称的合适密钥。
● 根据访问控制的要求，决定每个密钥应分发给哪个实体。
● 用可靠办法使这些密钥对开放系统中的实体是可用的，或将这些密钥分配给它们。

（2）加密管理
● 与密钥管理交互。
● 建立密码参数。
● 密码同步。

（3）数字签名管理

● 与密钥管理交互。

● 建立密码参数与密码算法。

● 在通信实体与可能有的第三方之间使用协议。

（4）访问控制管理

● 安全属性（包括口令）的分配。

● 对访问控制表或权力表进行修改。

● 在通信实体与其他提供访问控制服务的实体之间使用协议。

（5）数据完整性管理

● 与密钥管理交互。

● 建立密码参数与密码算法。

● 在通信实体间使用协议。

（6）鉴别管理

● 将说明信息、口令或密钥（使用密钥管理）分配给要求执行鉴别的实体。

● 在通信的实体与其他提供鉴别服务的实体之间使用协议。

（7）通信业务填充管理

● 指定数据率。

● 指定随机数据率。

● 指定报文特性，例如长度等。

● 可能按时间或日历改变这些规定。

（8）路由选择控制管理

主要功能是确定那些按特定准则被认为是安全可靠和可信任的链路或子网络。

（9）公证管理

● 分配有关公证的信息。

● 在公证方与通信的实体之间使用协议。

● 与公证方的交互作用。

4. OSI 管理的安全

所有OSI管理功能的安全以及OSI管理信息的通信安全是OSI安全的重要部分。这一类安全管理将对上面所列的OSI安全服务与机制进行适当的选取，以确保OSI管理协议与信息获得足够的保护。例如，在管理信息库的管理实体之间的通信一般要求某种形式的保护。

第5章
网络威胁与防御

在网络飞速发展的同时，信息安全不断面临各种挑战。网络产生的威胁占据了绝大多数，其中对于信息安全的网络攻击层出不穷。为了有效地提高信息安全水平，必须要了解网络威胁产生的原因、攻击的方式、产生的影响。只有增强网络攻击防御水平和能力，才能更好地保护信息安全。

重点难点

☑ 网络威胁及防御

☑ 信息收集技术

☑ 漏洞与修复技术

☑ 网络蜜罐技术

5.1 网络威胁

随着网络规模的扩大、网络技术的高速发展，网络所遭受的威胁种类也在不断增加，这对于信息安全的影响是非常巨大的。

5.1.1 网络威胁简介

信息化、大数据时代的到来产生了各种网络问题。尤其是以网络攻击为代表的各种网络威胁，目的性更加明确，而且已经不仅仅是破坏，而是围绕数据信息进行各种博弈。

1. 网络威胁的目的

网络威胁的目的比较明确，具体可以分为如下几种。

（1）窃取信息

试图窃取敏感信息，例如个人信息、账号密码、财务数据、商业机密、政府数据等。

（2）篡改数据

非法篡改数据信息，破坏数据的完整性，例如擅自修改系统配置、植入恶意代码或程序等。

（3）控制系统

试图完全掌控目标系统，如使用木马或系统漏洞进行攻击，从而掌控目标系统所有权，接下来可以利用该系统，或让正常的系统服务中断或数据丢失。

（4）勒索钱财

试图勒索受害者支付赎金，以解密被加密的数据或恢复被破坏的系统。

（5）破坏声誉

试图损害受害者的声誉，例如通过发布虚假信息或发动拒绝服务攻击。

（6）身份伪装

利用攻击手段冒充合法用户身份进行非法操作，如伪造IP地址、欺骗认证系统等。

2. 网络模型中的威胁形式

按照网络参考模型，网络威胁对于不同的层次，攻击方式也不尽相同。

- **应用层攻击：** 针对应用程序的漏洞，如SQL注入、跨站脚本（XSS）等。
- **传输层攻击：** 针对传输协议（如TCP/IP）的攻击，如SYN洪水攻击。
- **网络层攻击：** 针对网络设备（如路由器、交换机）的攻击，如ARP欺骗。
- **数据链路层攻击：** 针对数据链路层的攻击，如MAC地址表溢出。

3. 网络威胁的分类

按照网络攻击产生的方式和所处位置，网络威胁可以分为以下几种。

- **主动攻击：** 直接对目标系统进行修改或破坏，如DDoS、蠕虫等。
- **被动攻击：** 不直接影响系统运行，但会收集信息以备后用，如监听、嗅探等。
- **内部攻击：** 由系统内部用户或程序发起的攻击。
- **外部攻击：** 由系统外部实体发起的攻击。

4. 网络威胁模型

网络威胁模型是用来研究网络攻击的重要理论依据。网络攻击模型中的要素如下。

- **攻击者**：执行攻击行为的实体，可以是个人、组织或国家支持的行动者。
- **目标系统**：攻击者试图攻破的计算机系统或网络。
- **入侵方法**：攻击者使用的技术手段，如漏洞利用、社交工程等。
- **后果**：攻击成功后可能导致的损失，如数据泄露、服务中断等。
- **检测与响应**：防御者如何检测攻击，并采取相应措施以减轻损失。

5.1.2 常见的威胁类型及防御方法

当网络受到威胁时，常见的形式、原理及防御的方式有如下几种。

1. 欺骗攻击

欺骗是黑客最常用的套路，这里被欺骗的对象不是指人，而是指网络终端设备。常见的欺骗方式有ARP欺骗攻击、DHCP欺骗攻击、DNS欺骗攻击及交换机的生成树欺骗攻击等。

（1）ARP欺骗

ARP是一种协议，作用是将IP地址解析成MAC地址，只有知道了IP地址和MAC地址，局域网中的设备才能互相通信。ARP攻击最典型的例子，就是将黑客设备伪装成网关。黑客的主机监听局域网中其他设备对网关的ARP请求，然后将自己的MAC地址回应给请求的设备。此后这些设备发给网关的数据，全部发给了黑客的设备，黑客就可以破译或篡改数据包中的信息。正常情况下，黑客并不阻拦数据包，而是再将自己伪装成受害设备，将包继续发给网关，而回流的数据也会经过黑客的设备。通过ARP攻击，可以让受害者断网、控制网速、获取信息。其实ARP欺骗起初也是作为一种网络管理手段。ARP攻击示意如图5-1所示。

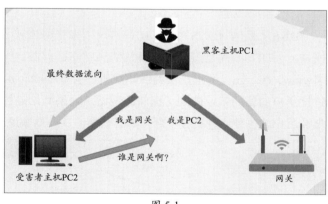

图 5-1

要防范ARP欺骗，可以安装ARP防火墙，或者将IP地址和MAC地址绑定（在设备及网关上都要绑定），这样就不需要ARP解析，也就不会发生上述情况。绑定的缺点是该IP不能随意更换，否则会造成网络不通。

网关

网关，狭义的理解就是局域网中的路由器。当局域网内部的设备与互联网中的设备进行通信时，需要路由器支持。在设置网关时，需要将路由器的IP地址填入网关地址中才能上网，或同其他的网络设备进行通信。

（2）DHCP欺骗

DHCP也是一种网络协议，使主机自动获取IP地址等必要的网络参数。一般是路由器提供该服务。与ARP欺骗类似，黑客将其设备伪装成DHCP服务器，通过回应伪造的DHCP应答并分配给受害主机虚假的网络参数信息，将网关的地址指向自己。这样受害主机在与外网进行通信时，也会将包发给黑客设备，然后黑客设备再转发给正常的网关，从外网回来的数据包也会通过黑客的设备。DHCP攻击示意如图5-2所示。

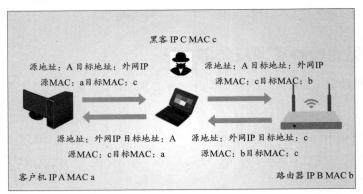

图 5-2

要防御DHCP欺骗，同样需要进行IP与MAC地址的绑定，并同时对网络进行实时检测，发现非法DHCP服务器要及时地查找出来并采取杀毒、隔离等措施来排除威胁。

（3）DNS欺骗

DNS欺骗也叫DNS劫持。DNS协议用来将网站域名解析成IP地址，解析后才能正常访问该网站。而DNS欺骗是黑客的设备伪装成DNS服务器，为用户提供恶意解析。例如用户访问某域名www.xxx.com，经过正常的DNS解析，应该是a.b.c.d，而黑客可以将解析地址更改成e.f.g.h，这样用户的访问就定向到了虚假的网站。如果网站是钓鱼网站，且用户的安全防范意识不强，那么用户的各种信息就会全部被黑客获取。DNS欺骗原理如图5-3所示。

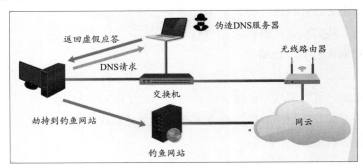

图 5-3

解决DNS欺骗的方法就是手动在客户端绑定正确的DNS服务器地址，并随时进行网络监控和排查。

（4）生成树欺骗

生成树是交换机使用的一种协议，用来防止局域网有多台交换机时发生环路，或交换机链路发生故障时网络中断等情况。通过该协议，网络会产生备份和冗余。而黑客通过欺骗，修改协议参数，将自己伪装成网络中的一台交换机，这样局域网所有的数据都会流经黑客的设备，从而被黑客截获。生成树欺骗原理如图5-4所示。

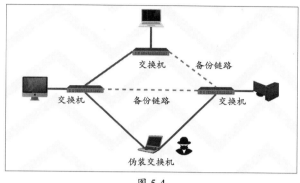

图 5-4

生成树欺骗的防御措施主要是启用BPDU保护、设置根桥优先级、使用根桥IP、使用端口保护，允许的端口才能进行STP选举、使用VLAN、实时监控网络、更新固件版本等。

2. 拒绝服务攻击

服务器会侦听网络终端的服务请求，然后给予应答并提供对应的服务。每一个请求都要耗费一定的服务器资源。如果在某一时间点有非常多的请求，服务器的回应可能会变慢，造成访问受阻。如果请求量极高，又没有有效的访问控制措施，服务器就会因为资源耗尽而宕机。使用协议固有的脆弱性而进行的攻击就叫拒绝服务攻击。有以下几种方式。

（1）SYN泛洪攻击

SYN泛洪攻击指攻击者只和服务器建立连接，而不会协商结束，这样该服务器就会等待一段时间再自动关闭，这是协议本身的要求。黑客会利用工具制造大量的虚假终端，提交大量连接建立请求，而不协商关闭。或者说，伪造的终端根本不会响应服务器的应答，服务器会存在多个TCP会话，根本等不到结束，大量的连接请求耗尽了服务器所有资源，从而宕机或者无法为正常的请求提供服务。该过程如图5-5所示。

对于SYN泛洪攻击的有效防御方法包括限制来自单个来源的连接数量、丢弃来自可疑来源的SYN数据包、使用SYN Cookie来减少目标服务器上的连接数量、使用蜜罐技术、使用云端DDoS防护服务等。

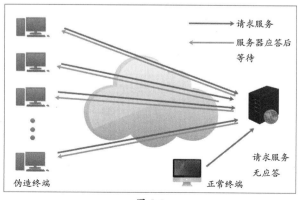

图 5-5

（2）Smurf攻击

数据传输是双向的，服务器在收到请求信息后也会返回应答信息给访问的设备。如果黑客制造一个访问，访问的源地址是被攻击者的IP，服务器收到数据后，按照协议，会发送应答数据给源IP，也就是被黑客误导的被攻击者处。如果这种应答非常多并达到一定数量级，在持续的连接下，对于普通的终端设备或服务器来说无疑是灭顶之灾，这就是Smurf攻击，攻击示意如图5-6所示。

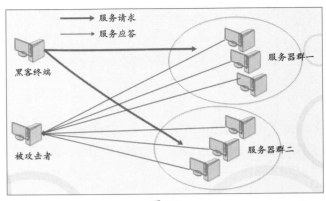

图 5-6

Smurf攻击的防范包括禁用IP广播、启用反向路径过滤、使用防火墙和入侵检测系统等。

（3）DDoS攻击

DDoS全称是分布式拒绝服务攻击，通过肉鸡中的攻击程序，对攻击目标发送大量的无用数据或请求报文，从而导致目标的网络过载或者资源耗尽。考虑到现在的安全及追踪体系，攻击者很少直接使用自身的设备进行攻击，而是通过"肉鸡"的攻击来隐藏自身的信息，甚至通过"肉鸡"再控制"肉鸡"的形式进行攻击，进一步加强攻击信息的隐藏。发动攻击时，也会使用网上的代理服务器来发布指令，或延时、定时攻击，这样就很难被追踪到了。DDoS攻击的示意如图5-7所示。

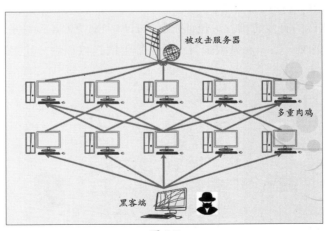

图 5-7

如今，零售商、电信、ISP服务提供商、游戏公司、金融企业和教育机构将是DDoS攻击的首选。在虚拟货币价格疯涨的背景下，DDoS勒索事件也将会愈演愈烈。

DDoS攻击的防范包括部署防火墙和入侵检测系统、使用负载平衡技术、使用内容分发网络、使用DDoS防护服务、定期进行数据备份等。

僵尸网络

提到了DDoS攻击以及"肉鸡"，就不得不提到僵尸网络。僵尸网络是指采用多种传播手段传播僵尸病毒，造成大量主机感染并成为攻击者的肉鸡，在攻击时，控制者只要发布一条指令，所有感染僵尸病毒的主机将统一进行攻击。感染的数量级越大，DDoS攻击时的威力也就越大。

3. 病毒与木马攻击

现在病毒和木马的界线已经越来越不明显了，而且在经济利益的驱使下，单纯破坏性的病毒越来越少，基本上被可以获取信息，并可以勒索对方的恶意程序所替代，如图5-8所示。随着智能手机和App市场的繁荣，各种木马病毒也在向手机端泛滥。App权限滥用、下载被篡改的破解版App等，都可能造成用户手机中的通讯录、照片等各种信息的泄露。

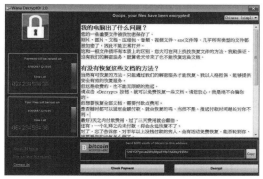

图 5-8

病毒及木马的防御主要是使用各种安全软件定期执行查杀、实时监控系统、更新漏洞补丁和系统、谨慎使用外设、定期备份重要数据、定期进行系统的检查、谨慎使用各类软件、提高安全意识等。

4. 钓鱼及挂马攻击

钓鱼及挂马并不能主动地获取网络信息，但通过DNS劫持配合钓鱼网站，可以诱导用户主动透露各种重要信息。挂马网站可以使用各种脚本技术，通过浏览器下载各种病毒木马，间接对网络信息造成威胁。随着网络的发展，单纯的钓鱼网站已经发展成针对性更强的专业技术，如获取用户的WiFi密码等。如常见的Fluxion钓可以伪造恶意接入点工具，如图5-9所示，针对WiFi网络发起自动化钓鱼攻击，通过伪装和欺骗获取无线终端的数据信息。

图 5-9

对于钓鱼及挂马攻击，用户需要提高安全意识，增强识别钓鱼网站的能力，避免下载可疑文件，使用安全软件，定期进行安全扫描，及时检查有无可疑活动，启动浏览器安全功能等。

5. 暴力破解攻击

在前面介绍信息加密技术时提到了信息的破解。暴力破解通过密码字典进行尝试，效率非常高。为了应对暴力破解，出现了验证码和手机密码登录。但很多场景仍然可以使用各种工具暴力破解来强行探测，如图5-10所示。

暴力破解攻击的防范主要从提高密码的复杂性、使用多重验证、使用验证码、制定各种登录安全策略、制定账户锁定策略、使用验证机制等方面入手进行防御。

图 5-10

其他攻击

其他攻击还包括漏洞攻击、渗透攻击、后门攻击等。

5.1.3 渗透流程

网络威胁的实施者往往都与黑客有关，使用的主要手段就是渗透攻击。渗透攻击与普通网络攻击不同，普通的网络攻击只是单一类型的攻击，攻击者可能仅仅利用目标网络的Web服务器漏洞入侵网站更改网页，或者在网页上挂马。网络渗透攻击则与此不同，它是一种系统渐进型的综合攻击方式，其攻击目标明确，攻击目的复杂，危害性也非常严重。黑客经常会使用渗透技术进行入侵，从而危害各种信息的安全。下面介绍渗透的常见步骤。

1. 信息收集

尽可能多地收集目标的各种信息，例如：

- 获取域名的信息，获取注册者的邮箱、姓名、电话等。
- 查询服务器旁站以及子域名站点，主站一般比较难查询，所以先看看旁站有没有通用性的内容管理系统或者其他漏洞。
- 查看服务器操作系统版本、Web中间件，看看是否存在已知的漏洞，例如IIS、Apache、Nginx的解析漏洞等。
- 查看IP，进行IP地址端口扫描，对相应的端口进行漏洞探测，例如rsync、mysql、ftp、ssh弱口令等。
- 扫描网站目录结构，看看是否可以遍历目录，或者泄露敏感文件，例如php探针。
- 进一步探测网站的信息、后台、敏感文件。

2. 漏洞扫描

按照已知的漏洞特征对目标进行扫描，查看其是否含有该漏洞。

开始检测漏洞，如XSS、XSRF、SQL注入、代码执行、命令执行、越权访问、目录读取、任意文件读取、下载、文件包含、远程命令执行、弱口令、上传、编辑器漏洞、暴力破解等。

3. 漏洞利用

对已存在的漏洞，使用针对性的工具，通过漏洞进入对方的系统中。

4. 权限提升

提权服务器，例如Windows操作系统中MySQL的udf提权、Serv-u提权、Windows低版本的漏洞、Linux藏牛漏洞、Linux内核版本漏洞提权、Linux操作系统中的MySQL、System提权以及Oracle低权限提权等。通过提权，获取管理员权限，最终获得对端设备的完全控制权限。

5. 创建后门

入侵结束后，一般会留下后门程序来侦听黑客的请求，下一次使用漏洞就可以连接，不需要再次入侵，毕竟入侵还是需要花费时间的，而留下后门程序就可以随时随地地进行控制。

6. 痕迹清理

擦除入侵的痕迹。入侵后，设备会保留一些入侵的痕迹，如系统日志、各种访问记录等。在入侵结束后需要尽量清理掉，以防止被反追踪。

5.2 信息收集技术

信息收集是指通过各种方式获取目标的各种信息。在渗透测试的过程中，信息收集是其中重要的一部分，收集到的信息越多，渗透的切入点就越多，对目标渗透的成功率也就越高。这里的信息收集分为两类，第一类是对目标的正面信息收集（组成网站的信息），第二类是从侧面进行信息收集。

5.2.1 信息收集的主要内容

信息收集对于渗透是非常重要的。信息收集是渗透成功的保障，只有掌握了目标网站或目标主机足够多的信息之后，才能更好地进行渗透测试。信息收集的对象主要包括局域网主机、网站服务器主机、网络设备等。

1. 网络参数

网络参数包括但不限于目标主机的IP地址、子网掩码、网关地址、DNS地址、主机名称等。通过这些参数可以扫描存活的主机，分析出目标大致的网络拓扑结构，从而制定渗透测试的方式方法。

2. 端口

扫描目标主机的端口，可以从中了解目标的状态、开启的服务、使用的软件等。重点关注的是有没有相关的服务漏洞、有无共享目录、有无远程连接，以及目标的操作系统、目标使用的防火墙、目标使用的入侵检测系统等。安全员也会定期执行端口扫描，尤其是服务器，查看有没有异常端口，关闭不必要的服务和相应端口来提高系统安全性。

3. 网页信息

在浏览目标网站的网页时，往往可以发现一些比较重要的信息。有些URL会暴露网站使用的脚本语言、关于公司的联系方式（邮箱、电话号码、办公地点等）、备案号、营业执照、后台登录接口等内容。

4. 域名信息

在渗透测试过程中，一般在目标的主站很少能发现漏洞存在，这时就要从主站之外的接口进行渗透测试，可以从域名出发收集信息。通过域名查询网站来查询这家公司的信息，例如公司名称、注册人或者机构、邮箱、手机号码、备案号、IP、域名、DNS、子域名等。

目标的子域是一个重要的测试点，用户收集的可用子域名越多，意味着机会越多。子域名的收集方法有很多种，第一种是在线子域名收集，第二种是利用工具进行子域名收集。

子域名

子域名指二级域名，二级域名是顶级域名（一级域名）的下一级。例如www.mytest.com和bbs.mytest.com是mytest.com的子域，mytest.com则是顶级域名.com的子域。

5. 目录信息

目录扫描也是一个渗透测试的重要点，如果能够从目录中找到一些敏感信息或文件，那么渗透过程就会轻松很多，例如扫描并找出后台、源码、robots.txt的敏感目录或者敏感信息。目录扫描分为两种：一种是在线目录扫描，另一种是利用工具扫描目录。

6. 其他网站扫描可能获取的内容

其他网站扫描可能获取的内容包括但不限于目标所使用的操作系统（如Windows、Linux、macOS）、使用的数据库（如MySQL、SQL Server、Oracle等）、容器（如IIS、Apache、Nginx、Tomcat等）、CMS、Web框架等。获取后以便于下一步的深度扫描，查看是否存在安全漏洞。

▍5.2.2 信息收集工具

经常使用的信息收集工具有网络扫描工具以及信息枚举工具。

1. 网络扫描工具

网络扫描可以对网络中的主机进行探测，从而发现存活的主机、主机的网络信息、主机系统、开启的服务等内容。常使用的工具是Nmap。其基本功能有三个，一是探测一组主机是否在线；二是扫描主机端口，嗅探所提供的网络服务；三是推断主机所用的操作系统。该工具在Windows和Linux操作系统中均有对应的客户端，运行后就可以启动扫描，如图5-11所示。

图 5-11

扫描完毕后可以选择所发现的主机，在右侧会显示该主机所开放的服务、开放的端口对应的协议或服务、预测的主机操作系统等。通过其他选项，还可以查看扫描的网络拓扑图，如图5-12所示。

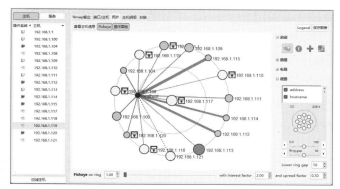

图 5-12

除了Nmap，还可以使用情报分析工具Maltego进行扫描，该软件是一个开源的漏洞评估工具，也可以进行信息收集，如图5-13和图5-14所示。

图 5-13

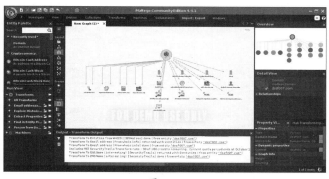

图 5-14

2. 信息枚举工具

枚举是一种信息采集方式，主要用于获取目标主机开放端口和网络服务等有关信息。通常首先识别出在线的目标主机，然后再进行服务枚举。在实际中，此阶段的工作属于探测过程的一部分。目标枚举旨在最大程度地收集目标主机的网络服务信息。这些信息将使后续阶段的工作——识别漏洞更具针对性。网络参数枚举包括DNS枚举工具、SNMP枚举工具、SMB枚举工具等。例如使用Recon-NG进行域名的枚举，如图5-15和图5-16所示。

图 5-15

图 5-16

5.2.3 网络嗅探技术

嗅探技术可以监听任何类型的网络流量，包括网络传输服务（HTTP、FTP等）、电子邮件、数据库等，从而实现对目标网络的监控和控制。前面介绍的各种欺骗环境安装好后，就可以使用嗅探器进行嗅探。

网络嗅探器分为两类：一类是硬件嗅探器，它是一种特殊的网络监视器，可以将网络中的数据包抓取下来进行解析、处理，以获取所需的信息；另一类是软件嗅探器，它可以使用应用软件，在自己的系统中安装一些软件，以便监视或管理网络环境。此外，嗅探器还可以监测网络中的攻击行为，可以嗅探网络中恶意的数据包，从而及时发现恶意活动，防止入侵或软件漏洞。

1. 认识嗅探

除了扫描和探测外，嗅探是另一种快速获取各种信息的方法。嗅探是通过嗅探工具获取网络上流经的数据包，也就是通常所说的"抓包"。通过读取数据包中的相关信息，获取包括源IP和目标IP、源MAC地址和下一跳的MAC地址、数据包的大小和日期、TCP/UDP、数据协议等信息。由于用交换机组建的网络是基于"交换"原理的，交换机不是把数据包发到所有的端口上，而是发到目的网卡所在的端口，这样嗅探起来会相对麻烦一些。嗅探程序一般利用"ARP欺骗"方法，通过改变MAC地址等手段，欺骗交换机将数据包发给自己，嗅探分析完毕再转发出去。

互联网中的很大一部分数据没有采用复杂的加密方式进行传输，这也意味着用户在网络上的一举一动都有可能在别有用心人的监视之下。例如使用HTTP协议、FTP协议或者Telnet协议传输的数据都是明文传输的，一旦数据包被监听，那么里面的信息也直接会泄露。这一切并不难做到，任何一个有经验的黑客都可以轻而易举地使用抓包工具来捕获这些信息，从而突破网络安全防护措施，通过正常的甚至是安全的验证方式，窃取网络中的各种信息。

当然，除了黑客会使用这些抓包工具之外，网络安全人员也会经常使用这些抓包工具，并利用这些工具捕获一些异常的数据流信息，从而甄别出非法的访问或网络入侵行为。

2. 网络嗅探工具

下面介绍几款常用的抓包工具。

（1）Wireshark

Wireshark是一款非常受欢迎的UNIX和Windows操作系统中的开源网络协议分析器。它可以实时检测网络通信数据，也可以检测其抓取的网络通信数据快照文件。可以通过图形界面浏览这些数据，也可以查看网络通信数据包中每一层的详细内容。Wireshark有许多强大的功能，例如强显示过滤器语言和查看TCP会话重构流的能力；支持上百种协议和媒体类型；拥有赏心悦目、直观清晰的GUI界面。

知识拓展

Wireshark的应用

Wireshark的应用非常广泛：网络管理员使用Wireshark检测网络问题；网络安全工程师使用Wireshark检查资讯安全的相关问题；开发者使用Wireshark为新的通信协议除错；普通使用者使用Wireshark学习网络协议的相关知识。当然，有的人也会"居心叵测"地用它来寻找一些敏感信息。Wireshark已经成为网络专家的必备工具。

Wireshark有图形界面，使用非常简单。配置好监听的网卡后，就可以启动抓包，如图5-17所示。通过面板可以获取各种数据包以及详细的网络参数信息。

在抓包完毕后，可以按照需求从结果中进行筛选，并可以查看协议的执行过程，如图5-18所示。

图 5-17

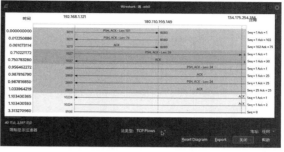

图 5-18

（2）Burp Suite

Burp Suite中集成了很多工具，主要用于Web服务器的渗透测试中，是信息安全从业人员的必备工具。启动拦截功能后，可以截获所需的数据包，如图5-19和图5-20所示。

图 5-19

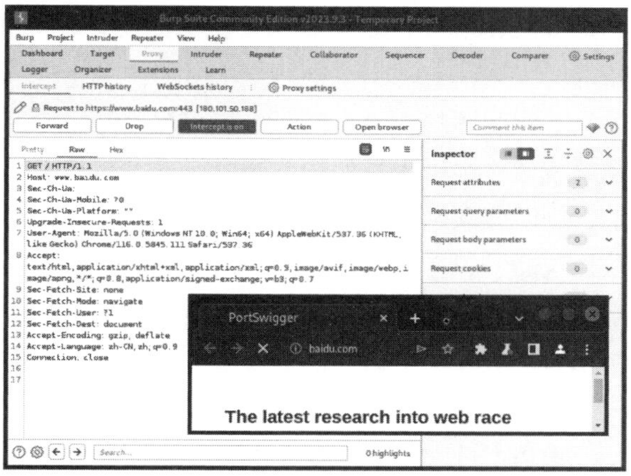

图 5-20

知识拓展

篡改数据

Burp Suite除了拦截发出的包，也可以拦截返回的包，并且可以根据需要修改数据包的网络参数及未加密的内容，从而篡改数据，如图5-21所示。

图 5-21

5.3 漏洞与修复

在信息收集的过程中，除了探测主机是否存活外，还探测主机使用的各种协议、软件及版本、主机的操作系统及版本，其主要目的是探寻是否存在对应的漏洞，然后从漏洞入手，通过漏洞获取权限、执行恶意代码等，从而完成入侵操作。所以入侵和漏洞是密不可分的。

5.3.1 漏洞概述

漏洞广泛存在于各类系统和程序中，其产生原因多种多样。漏洞的危险性与该程序的功能和获取的权限等级息息相关。如果操作系统的漏洞被黑客发现并利用，将会产生巨大的危害。

1. 认识漏洞

漏洞是在硬件、软件、协议的具体实现或系统安全策略上存在的缺陷，可以让攻击者能够在未获得合法授权的情况下访问各种资源、进行各种管理操作乃至破坏系统。

漏洞大多来自应用软件或操作系统设计时的缺陷，例如逻辑设计不合理、不严谨、错误或适配不当等。也可能来自业务在交互处理过程中的设计缺陷或逻辑流程上的不合理之处。这些缺陷、错误或不合理之处被有意或无意地利用，就可能对正常的系统运行造成不利影响，如攻击、控制、窃取重要资料、篡改用户数据、将用户设备作为肉鸡、间接攻击其他设备等。

漏洞问题的产生与时间是紧密相关的，随着新技术的应用或用户的深入使用，以前安全的系统或软件会因为所使用的某协议或者某技术的固有局限性问题，被不断暴露出新的漏洞。目前，国际互联网通信采用的是开放性的TCP/IP协议，因为TCP/IP协议的最初设计者在设计该通信协议时，只考虑了协议的实用性，没有考虑协议的安全性，所以在TCP/IP协议中存在很多漏洞。例如，利用TCP/IP协议的开放和透明性嗅探网络数据包，窃取数据包里面的用户口令和密码信息；TCP握手协议的潜在缺陷导致DDoS拒绝服务攻击等。所以不可能存在一直安全的技术，只能说在一定时间内安全。

用户可以到一些比较专业的漏洞共享平台查看最新的漏洞信息，如图5-22所示。

图 5-22

2. 漏洞的危害

通过数据库漏洞，可以获取数据库中的各种数据。通过漏洞修改系统和网络等的一些默认参数，从而欺骗用户访问挂马网站或将数据发送给指定的接收者，从而获取个人信息。通过木马软件或者各种隐蔽的服务端软件对受害者设备进行控制，从而获取摄像头、通讯录、短信、验证码等各种信息。攻击者可能会初始化用户的设备、格式化硬盘、修改系统参数，造成系统无法启动、数据丢失、设备损坏等情况。

知识拓展

常见的漏洞

常见的漏洞包括弱口令漏洞、SQL注入漏洞、跨站脚本漏洞、跨站请求伪造漏洞、服务器端请求伪造、文件上传漏洞、XML外部实体注入漏洞、远程命令/代码执行漏洞、反序列化漏洞等。

5.3.2 漏洞的扫描

漏洞扫描对工具依赖性最强，因为漏洞特征非常多，只有通过工具才能准确地探测与确定。漏洞扫描器通常由两部分组成：进行扫描的引擎部分，以及包含世界上大多数系统和软件漏洞特征的特征库。在扫描到漏洞后，如果发现漏洞可以被利用，则可以通过漏洞利用工具进行漏洞攻击。

1. Nmap 扫描漏洞

前面介绍信息收集工具时介绍了网络扫描工具Nmap，其实Nmap除了扫描网络以外，还可以扫描漏洞，如图5-23所示。如果发现了服务漏洞，会显示该服务的端口、类型、版本，漏洞的名称、版本、信息页等内容，如图5-24所示。

图 5-23　　　　　　　　　　　图 5-24

知识拓展

命令及参数说明

扫描的命令为"nmap -sV --script=vulners（或者vuln）域名/IP地址"，其中"-sV"指定对端口上的服务程序进行扫描；"--script"指定要使用的脚本；vulners是一款强大的漏洞数据脚本，该选项用于更加仔细地扫描系统服务漏洞。

2. Nessus 扫描漏洞

Nessus是目前全世界使用最多的系统漏洞扫描与分析软件，共有超过75,000个机构使用。Nessus提供完整的漏洞扫描服务，并随时更新其漏洞数据库。Nessus可同时在本机或远端上遥控，进行系统的漏洞分析扫描。其运作效能随着系统的资源而自行调整，并可自定义插件（Plug-in）。

下载并安装后需要进行注册，然后会自动下载扫描插件。完毕后就可以启动扫描。除了主机外，该软件还可以对网站进行扫描，扫描完毕会弹出发现的漏洞信息，如图5-25所示，可以进入其中查看漏洞的介绍，如图5-26所示。

图 5-25

图 5-26

5.3.3　漏洞的利用

获取漏洞信息后，通过漏洞分析软件对漏洞进行特征测试，查看是否可以被利用，并使用漏洞对应工具完成入侵，从而实现对目标系统的控制、获取隐私数据等。

常用的漏洞扫描工具是Metasploit，该软件是一款开源的安全漏洞检测工具。通过该软件可以很容易地检测漏洞，并对漏洞实施攻击。其本身附带数百个已知软件漏洞的专业级漏洞攻击工具，可以帮助专业人士识别安全性问题，验证漏洞修复措施的有效性，方便对系统的安全性进行评估，提供真正的安全风险情报。Metasploit主要在Linux操作系统中使用，Kali已经集成了该工具。

1. 探测漏洞

在获取到目标信息或进行漏洞扫描后，可以调用软件中的模块，如图5-27所示，进行某漏洞的专项攻击扫描测试。进行简单配置后就可以扫描了，从而确定目标主机是否存在该漏洞，如图5-28所示。

图 5-27

图 5-28

2. 启动入侵

探测完毕后可以调取内部的渗透模块，如图5-29所示，然后进行入侵操作，如图5-30所示。

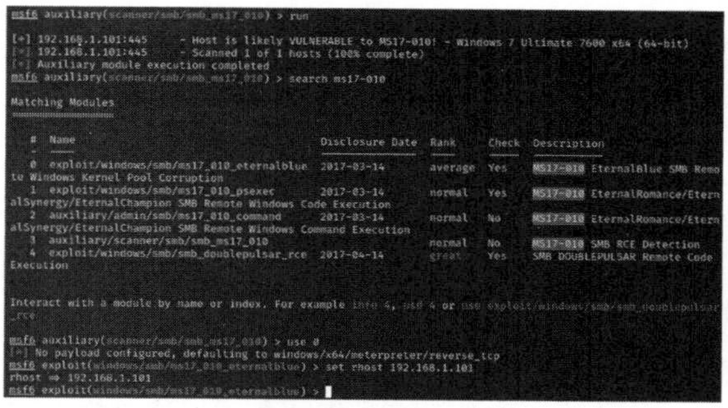

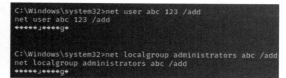

图 5-29 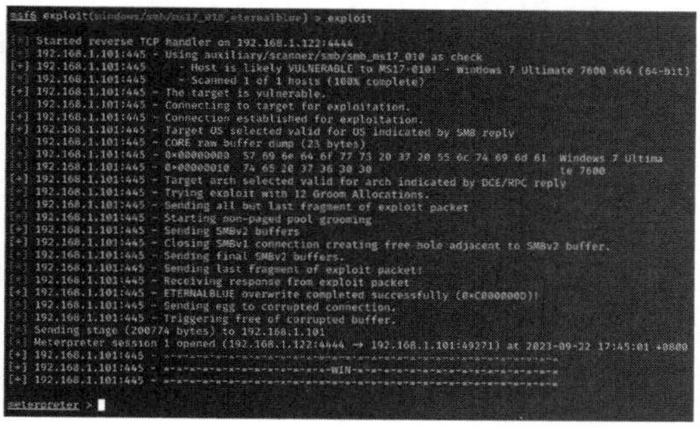　　　　　　　　　　　　　　　　图 5-30

3. 控制主机

入侵成功后就可以对目标进行各种控制操作，如远程执行命令（图5-31）、创建用户（图5-32）、查找文件、上传下载文件、对目标进程进行各种操作等。

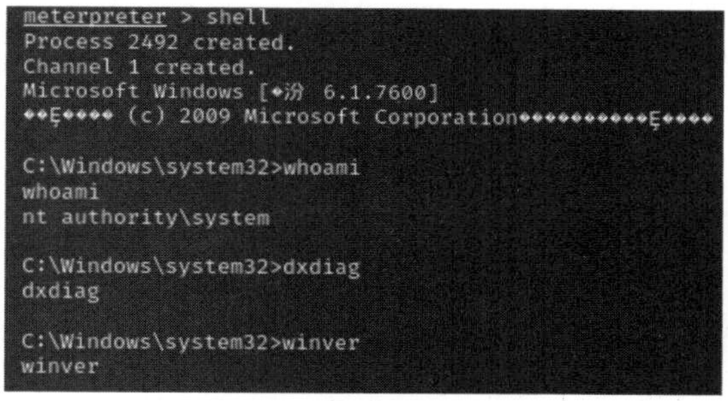

图 5-31　　　　　　　　　　　　　　　　图 5-32

▌5.3.4　后门程序

如果对于入侵成功的设备，每一次连接都需要入侵，不仅浪费时间，而且一旦目标修复了漏洞，则无法再次入侵。所以黑客在入侵结束后，一般会创建后门程序，以方便下一次的连接。

1. 认识后门程序

后门程序一般是指那些绕过安全软件而获取的对程序或系统访问权的方法。在一些软件的开发阶段，程序员常常会在软件内创建后门程序，以便可以远程修改程序设计中的缺陷。有些网络设备也会设置远程管理的端口，方便网络管理员远程调试设备。但如果这些后门被其他人知道，或是在发布软件之前没有删除后门程序，那么这些后门就成了安全风险，容易被黑客当成漏洞进行渗透。

和木马程序的不同之处在于，后门程序体积更小，且功能没有木马多，主要作用是潜伏在计算机中，用来搜集资料并方便黑客与之连接。因为体积更小，功能单一，所以更容易隐藏，也不易察觉。与病毒的不同之处在于，后门程序没有自我复制的动作，不会感染其他计算机，它可以主动连接黑客设置的服务器或者其他终端，便于黑客渗透后的再次入侵。

常见的后门类型

常见的后门类型包括：网页后门，一般种植在网页服务器上；扩展后门，功能较多，比较常见；线程插入后门，利用系统某个服务或进程，将其植入其中，查杀困难。其他还有C/S后门、账号后门等。

2. 创建后门

在入侵结束后，一般会创建后门程序以方便下一次的连接，否则每次重新渗透非常麻烦。这里使用msfvenom程序快速创建后门，如图5-33所示。msfvenom是msfpayload和msfencode的结合体，可利用msfvenom生成木马程序，并在目标机上执行，在本地监听上线。

图 5-33

3. 使用后门

入侵成功后，可以通过命令将后门程序上传到目标中，同时设置好本地的侦听参数，后门程序运行后，会自动连接黑客的主机，如图5-34所示。

图 5-34

持久化连接

后门程序自动启动运行才能达到持久化连接的目的。一种方法是在目标主机上建立计划任务，登录时自动运行该木马，如图5-35所示。

图 5-35

还有一种是在入侵成功后，直接使用Meterpreter的persistence脚本创建后门及持久化连接任务，如图5-36所示。

图 5-36

5.3.5　日志的清理

系统日志是记录系统中硬件、软件和系统问题的信息，同时还可以监视系统中发生的事件。用户可以通过系统日志检查错误发生的原因，或者寻找受到攻击时攻击者留下的痕迹。系统日志包括系统日志、应用程序日志和安全日志。黑客在完成渗透后，为防止留下痕迹，一般会清除相关的系统日志，以防止被反追踪。

可以在图形界面查看日志文件，黑客一般使用命令查看当前日志，如图5-37所示。可以使用多种命令来清除系统的日志信息，如图5-38所示。

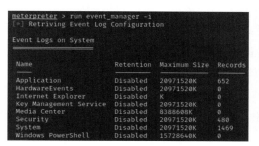

图 5-37

图 5-38

日志的查看

在图形界面中，有很多可以查看日志的工具，例如在Windows操作系统中，可以使用一些第三方软件，如LogView Pro/Plus，它是一款比较轻量型的日志查看工具，能够处理4GB以上的日志文件；Hoo WinTail是一款Windows操作系统中的文件查看程序，有点类似UNIX操作系统中的"tail −f"命令，可以查看不断增大的文件尾部，它非常适合在文件生成的同时实时查看诸如应用程序运行记录或者服务器日志之类的文件。

5.3.6　漏洞的常见修复方法

常见的漏洞修复方法如下。

1. 系统漏洞的修复

对于操作系统漏洞来说，操作系统的开发厂商会测试并收集系统中的各种漏洞，并定期发布补丁来修复漏洞。定期进行系统更新可以方便地修复系统漏洞，所以建议读者不要随便关闭系统更新。

2. 软件漏洞的修复

如果软件出现了漏洞，即使系统再坚固也会被攻破。软件的开发者如果发现了漏洞，通常会以更新软件的方式修复漏洞，用户根据提示更新软件即可。如果软件无人维护，建议用户更换为有组织维护的、更加安全的软件。或者禁止软件联网，并使用第三方安全工具来增强安全性。

也可以关闭不必要的服务或服务的端口，安装防火墙来控制网络数据包和网络请求服务，加强访问控制。也可以增加安全设备，如软硬件防火墙。

5.4 蜜罐与蜜网技术

针对网络信息的各种威胁，为了快速掌握其原理以便更快地研究出解决方法，可以进行诱骗，将其引导至可控的系统中进行研究。最常见的反欺骗技术就是蜜罐技术。

5.4.1 蜜罐技术

蜜罐主机是一种专门引诱网络攻击的资源，被伪装成一个有价值的攻击目标，其设置的目的就是吸引别人的攻击。此种网络设备的意义一方面在于吸引攻击者的注意力，从而减少对真正有价值目标的攻击；另一方面在于收集攻击者的各种信息，从而帮助网络所有者了解攻击者的攻击行为，以利于更好地防御。蜜罐主机是网络中可以选择的一种安全措施。

蜜罐主机上一般不会运行任何具有实际意义且能产生通信流量的服务，所以任何与蜜罐主机发生的通信流量都是可疑的。通过收集和分析这些通信流量，可以为网络所有者提供很多攻击者的信息。

就收集攻击者信息的能力和本身的安全性来说，可以通过蜜罐主机的连累等级将它们分为低连累等级蜜罐主机、中连累等级蜜罐主机和高连累等级蜜罐主机。

1. 低连累等级

低连累等级的蜜罐主机只提供简单的伪装功能，例如，打开80端口，冒充自己运行了HTTP服务。此种形式的蜜罐主机只具有吸引攻击行为的能力，由于自身无法对连接请求做出任何应答，攻击者只需要连接开启的端口发现无反应就可能收工，因此其迷惑攻击者和收集攻击者信息的能力十分有限。由于攻击者也无法同这样的系统产生交互，难以实施有效攻击，其本身的安全性比较高。

2. 中连累等级

中连累等级的蜜罐主机提供一些伪装服务，能够让用户与其产生一定的交互。对于攻击者的吸引力和信息收集会做得比低连累等级蜜罐主机好得多。这样的蜜罐主机，其伪装的服务比低连累等级蜜罐主机要复杂。用于伪装的程序需要足够的安全，不能有常见的容易受攻击的漏洞，所以其上运行系统的开发要困难得多。蜜罐主机自身运行起来也很安全。

3. 高连累等级

高连累等级的蜜罐主机用真实的系统为攻击者提供"实实在在"的服务，从而有最强的吸引攻击者并收集其信息的能力。但攻击者有控制蜜罐主机并借其访问更多本地资源的可能，高连累等级的蜜罐主机也有较高的危险性，其本身有可能成为网络的一个漏洞。所以，对高连累等级的蜜罐主机需要有严密的监控，防止其被攻陷后成为黑客对网络进一步攻击的跳板。

蜜罐主机的位置选择

蜜罐主机的位置选择对其功能也有很大影响。蜜罐主机的位置选择是相对于防火墙而言的。不同的位置选择可以有不同的效果。蜜罐主机可以布置在防火墙之外、DMZ区或内部网络。

布置于防火墙之外的蜜罐主机主要致力于吸引和收集与外部攻击者相关的攻击。其对于网络上同时配备的其他安全措施，如防火墙、入侵检测系统等不会产生影响，若其沦陷对于内部网络也基本没有什么影响。缺点是无法定位内部的攻击者。

布置于防火墙之内的蜜罐主机指向内部的攻击者，对于外部的攻击行为很难有吸引和收集的效果。若其沦陷，对内部网络有较大威胁。

布置于DMZ之上的蜜罐主机对内外网络都可以有较好的攻击吸引和资料收集效果，从位置来说最为理想。但是蜜罐主机上会有很多伪装服务，需要修改内外包过滤防火墙的规则，以保证其可以被访问。若其沦陷，不仅对于同在DMZ内的其他服务器是一种威胁，由于其与内部网络间的通信被内部包过滤防火墙所允许，对内部网络也是一种威胁。

5.4.2　蜜网技术

蜜罐主机会通过模拟某些常见的服务、常见的漏洞来吸引攻击，使其成为一台"牢笼"主机。但蜜罐主机毕竟是单台主机，本身无法控制外出的通信流。要达到这样的目的，需要防火墙等设备配合才能对通信流进行限制。这样便演化成一种更为复杂的网络欺骗环境，被称为蜜网（HoneyNet），也称为欺骗网络。一个典型的欺骗网络包含多台蜜罐主机及防火墙来记录和限制网络通信流。通常还会与入侵检测系统紧密联系，以发现潜在的攻击。与单一的蜜罐主机相比，欺骗网络有更大的优势。

欺骗网络的整个系统隐藏在防火墙后面，可以使用各种不同的操作系统及设备，运行不同的服务。在欺骗网络中的所有主机都可以是标准的计算机或设备，上面运行的都是真实完整的操作系统及应用程序。这样建立的网络环境看上去会更加真实可信。

另外，通过在蜜罐主机之前设置防火墙，所有进出网络的数据都被监视、截获及控制，并用以分析黑客团体使用的工具、方法及动机，这大大降低了蜜罐主机带来的额外安全风险。所有蜜罐主机的审计可以通过集中管理方式来实现，除了便于分析，还可确保这些数据的安全。

但是欺骗网络的建设和维护更为复杂，投入更大。欺骗网络也不能解决所有的安全问题。只有对各种安全策略及程序都进行适当优化，才能尽可能降低风险，让欺骗网络发挥最大的效用。

5.4.3　常见的蜜罐软件

对于个人来说，如果要打造蜜罐主机或者学习黑客技术，需要一个攻击靶机，可以自己配置一台Windows或linux服务器，配合一些专业的软件就可以。常见的软件有如下几种。

1. HFISH

HFISH安全简单易上手，提供一系列方便运维和管理的技术，包括一键闪电部署、应用模板批量管理、节点服务动态调整等特性。

2. HoneyDrive

HoneyDrive是基于Xubuntu的开源和蜜罐捆绑Linux操作系统，包含超过10个预安装和预配置的蜜罐软件包。功能强大，但界面不如HFISH友好。

3. bWApp

bWApp是一个检测错误的Web应用程序，旨在帮助安全爱好者和开发人员发现和防止Web漏洞。这个安全学习平台可以帮助用户为成功地渗透测试和检测黑客项目做好准备。它有超过100个网络漏洞数据，包括所有主要的已知网络漏洞。简单来说，bWApp就是一个靶机。利用bWApp的漏洞，可以实现各种攻击。bWApp包括的漏洞如下。

- SQL、HTML、iFrame、SSI、OS命令，XML、XPath、LDAP、PHP代码，主机标头和SMTP注入身份验证，授权和会话管理问题。
- 恶意、不受限制的文件上传和后门文件。
- 任意文件访问和目录遍历。
- Heartbleed和Shellshock漏洞。
- 本地和远程文件包含（LFI / RFI）。
- 服务器端请求伪造（SSRF）。
- 配置问题：Man-in-the-Middle，跨域策略文件。
- FTP、SNMP、WebDAV、信息披露等。
- HTTP参数污染和HTTP响应分裂。
- XML外部实体攻击（XXE）。
- HTML 5 ClickJacking、跨域资源共享（CORS）和Web存储问题。
- Drupal、phpMyAdmin和SQLite问题。
- 未经验证的重定向和转发。
- 拒绝服务（DoS）攻击。
- 跨站点脚本（XSS）、跨站点跟踪（XST）和跨站点请求伪造（CSRF）。
- Ajax和Web服务问题（JSON / XML / SOAP）。
- 参数篡改和Cookie中毒。
- 缓冲区溢出和本地权限升级。
- PHP-CGI远程代码执行。
- HTTP动词篡改。

bWApp可以单独下载并部署到Apache+MySQL+PHP环境中。另一种就是常用的bee-box版本，它是虚拟机版本，可以直接在虚拟机中运行，通过选择就可以设置当前的安全等级以及所需的漏洞或设置，如图5-39所示。

图 5-39

5.5 知识延伸：Kali与渗透测试

Kali全称为Kali Linux，是一款开源的、基于Debian的Linux发行版操作系统，设计用于数字取证、渗透测试、安全研究和逆向工程等。Kali内置了大量的安全测试工具，如常见的Nmap、Wireshark、John the Ripper、Aircrack-ng等，用户可以随时调取和使用，更新升级方便。目前由Offensive Security信息安全培训公司负责更新和维护。

Kali之所以如此受欢迎，与其强大的功能和广泛的受众群体是分不开的。在新版的Kali中内置了大量的渗透测试和安全审计工具，包括网络扫描、漏洞利用、密码破解、数据包嗅探等。这些工具使安全专业人员能够评估和测试系统的安全性，并发现潜在的漏洞和弱点。用户无须安装即可直接使用，如图5-40所示。

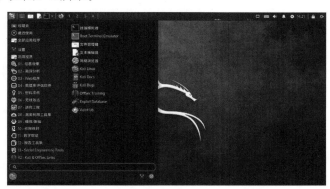

图 5-40

包括下载、安装、更新以及内置的软件，均是永久免费使用。因为Kali是基于Debian的Linux发行版，所以与其他Debian发行版（如Ubuntu、Deepin等）的基础操作基本相同，上手容易、配置简便是其最大的特点。此外，Kali还提供命令行界面，以满足不同级别用户和脚本编写者的需求。通过Linux系统的入门学习后，均可方便地使用。Kali具有活跃的开发和更新团队，定期提供软件包的更新和安全补丁。同时还拥有庞大的用户社区，用户可以通过社区讨论、教程和资源分享来获取支持和帮助。

Kali的应用领域非常多，最常见的就是渗透测试，Kali是渗透测试人员的必备工具。它提供丰富的渗透测试工具和技术，可用于评估网络和应用程序的安全性，发现漏洞和弱点，并提供相应的修复建议。个人用户也可以使用它来测试自己的网络安全，例如检测无线网络、加密算法等。此外，Kali还可应用于安全审计、数字取证等。

渗透测试本身并没有标准的定义。国外一些安全组织达成共识的通用说法是，渗透测试是通过模拟恶意黑客的攻击行为来评估计算机网络系统安全的一种评估方法，这个过程包括对系统的任何弱点、技术缺陷或漏洞的主动分析。这个分析是从一个攻击者可能存在的位置来进行的，并且从这个位置有条件主动利用安全漏洞。

渗透测试与其他评估方法不同。通常的评估方法是根据已知信息资源或其他被评估对象去发现所有相关的安全问题。渗透测试是根据已知可利用的安全漏洞，去发现是否存在相应的信息资源。相比较而言，通常的评估方法对评估结果更具有全面性，而渗透测试更注重安全漏洞的严重性。

第6章

防火墙与入侵检测

防火墙是网络中的大门卫士，查看所有流经的数据包，并按照规则决定是否允许其通过。对于内部网络而言，入侵检测技术可以提高其安全性，防止入侵的发生，或者在入侵事件发生时，按照预案采取有效措施来切断入侵，并将入侵的影响降到最低。两者常常组合使用。本章将介绍防火墙与入侵检测技术。

重点难点

- ☑ 认识防火墙
- ☑ 防火墙的类型及参数
- ☑ 认识入侵检测技术
- ☑ 入侵检测系统的组成及实施

6.1 防火墙技术

防火墙是网络安全体系中的重要组成部分，可以有效地保护网络免受攻击，以及保护内部的信息安全。防火墙像一道安全屏障，阻挡未经授权的访问和恶意攻击，保障网络安全。

6.1.1 认识防火墙

防火墙（Firewall）在计算机科学领域中是一种架设在外网与内网之间的信息安全系统，根据其所有者预定的策略监控往来的传输。防火墙可能是一台专属的网络设备，也可执行于主机之上，以检查各网络接口的网络传输。它是目前最重要的一种网络防护设备，从专业角度来说，防火墙是位于两个或以上网络间，实行网络间访问或控制的一组硬件或软件组件集合。

防火墙可以追溯到20世纪80年代末。第一个防火墙用于允许或阻止单个数据包。它们通过检查其网络层和传输层标头来查看其源和目标IP地址以及端口（例如查看电子邮件的"收件人"和"发件人"部分），从而决定允许哪些数据包以及阻止哪些数据包。这阻止了非法流量通过，并防止了许多恶意软件攻击。

第二代防火墙增加了状态的功能，更新一代的防火墙（如NGFW）增加了在应用程序层检查流量的能力。

正如防火墙的功能随着时间的推移而演变，防火墙的部署方式也在不断变化。最初防火墙是插入公司网络基础设施的物理硬件设备。但是随着业务流程转向云，通过一个物理盒子输送所有网络流量变得效率低下。如今，防火墙可以在软件中运行，或在云中虚拟运行。

1. 防火墙的工作原理

防火墙的工作原理主要基于对网络流量的监控与过滤。它根据预先设定的安全规则来检查通过的每个数据包，这些规则可以基于数据包的来源、目的地、端口号以及协议等因素。

- **源地址**：数据包的源地址是指发送数据包设备的IP地址。
- **目标地址**：数据包的目标地址是指接收数据包设备的IP地址。
- **端口号**：数据包的端口号是指应用程序使用的端口。
- **协议类型**：数据包的协议类型是指使用的网络协议，例如TCP、UDP、ICMP等。

当数据包到达防火墙时，防火墙会根据预定义的规则来判断是否允许该数据包通过。如果数据包被允许通过，则防火墙会将其转发到目的地。如果数据包被阻止，则防火墙会丢弃该数据包。

防火墙能够允许授权的通信通过，同时拦截和拒绝那些未经授权或疑似恶意的流量，从而保护网络系统和数据免受未经授权的访问、恶意攻击和网络威胁的侵害。此外，防火墙还可以提供网络地址转换（NAT），隐藏内部网络结构，并保护私有地址空间。

2. 防火墙的主要功能

防火墙的主要作用是保护安全。防火墙可以在传入的恶意流量到达网络之前对其进行拦截，并防止敏感信息从网络流出。具体的功能如下。

（1）提高网络安全性

防火墙（作为阻塞点、控制点）能极大地提高一个内部网络的安全性，并通过过滤不安全的服务而降低风险。由于只有经过精心选择的应用协议才能通过防火墙，所以网络环境变得更安全。

例如，防火墙可以禁止如不安全的NFS协议进出受保护网络，这样外部的攻击者就不可能利用这些脆弱的协议来攻击内部网络。防火墙可以同时保护网络免受基于路由的攻击，如IP选项中的源路由攻击和ICMP重定向中的重定向路径。防火墙可以拒绝所有以上类型攻击的报文并通知防火墙管理员。

（2）集中安全管理

通过以防火墙为中心的安全方案配置，能将所有安全软件（如口令、加密、身份认证、审计等）配置在防火墙上。与将网络安全问题分散到各主机相比，防火墙的集中安全管理更经济。例如在网络访问时，一次一密口令系统和其他的身份认证系统完全不必分散在各主机上，而是集中在防火墙上。

在防火墙上也可以实现MAC地址和IP地址的绑定，MAC地址与IP地址绑定起来，主要用于防止受控（不允许访问外网）的内部用户通过更换IP地址访问外网。这其实是一个可有可无的功能。不过因为它实现起来太简单了，内部只需要两个命令就可以实现，所以绝大多数防火墙提供该功能。

（3）便于统计审计

如果所有的访问都经过防火墙，那么防火墙就能记录下这些访问并作出日志记录，同时也能提供网络使用情况的统计数据。当发生可疑动作时，防火墙能进行适当的报警，并提供网络是否受到监测和攻击的详细信息。

流量统计建立在流量控制基础之上。通过对基于IP、服务、时间、协议等的流量进行统计，可以实现与管理界面挂接，并便于流量计费。

流量控制分为基于IP地址的控制和基于用户的控制。基于IP地址的控制是对通过防火墙各网络接口的流量进行控制；基于用户的控制是通过用户登录来控制每个用户的流量，防止某些应用或用户占用过多的资源，保证重要用户和重要接口的连接。

统计攻击信息

收集一个网络的抗压数据也是非常有必要的。通过收集这类信息可以清楚防火墙是否能够抵挡攻击者的探测和攻击，以及防火墙的控制是否充足。而网络使用统计对网络需求分析和威胁分析等也是非常重要的。

（4）保护敏感数据

利用防火墙对内部网络的划分可实现内部网络重点网段的隔离，从而限制局部重点或敏感网络安全问题对全局网络造成的影响。再者，隐私是内部网络非常关心的问题，一个内部网络中不引人注意的细节可能包含有关安全的线索而引起外部攻击者的兴趣，甚至因此而暴露内部网络的某些安全漏洞。使用防火墙可以隐藏这些可能透漏的内部细节，如Finger、DNS等服务。Finger显示了主机所有用户的注册名、真名、最后登录时间和使用Shell类型等。但是Finger显示的信息非常容易被攻击者所获悉。攻击者可以知道一个系统使用的频繁程度，这个系统是否有用户正在上网，这个系统是否在被攻击时会引起注意，等等。防火墙可以同样阻塞有关内部网络中的DNS信息，这样一台主机的域名和IP地址就不会被外界所了解。

（5）网络代理

其实防火墙除了安全作用外，还支持VPN、NAT等网络代理功能。可以使用防火墙实现远程VPN服务端，用来协商远程访问的加密和认证功能。另外还可以进行内部网络的上网代理，实现网关的功能，以及反向代理，实现DMZ的服务器向外网提供服务的作用。

（6）日志记录与事件通知

进出网络的数据都必须经过防火墙，防火墙通过日志对其进行记录，能提供网络使用的详细统计信息。当发生可疑事件时，防火墙还能根据机制进行报警和通知，提供网络是否受到威胁的信息。

知识拓展

其他功能

防火墙可以过滤网络内容，例如阻止色情网站、赌博网站等；另外，防火墙还可以检测网络攻击，并采取措施阻止攻击。

6.1.2 防火墙的分类

防火墙按照工作原理可以分为以下几种。

1. 包过滤防火墙

包过滤防火墙是一种基于网络层的防火墙，有些也可以工作在传输层。主要通过检查和过滤数据包的源IP地址、目标IP地址、端口号和协议类型等信息来控制网络流量的传输。它是防火墙中最早的一种形式，也是最基础、最常见的一种类型。包过滤防火墙通常是透明运行的，不会中断网络连接或改变数据包的传输路径。

网络管理员可以设置过滤器或访问控制列表（ACL），以限制网络流量，允许特定设备访问，或指定转发特定端口的数据包。例如，可以配置ACL以禁止局域网内的设备访问外部公共网络，或者只允许使用FTP服务。

（1）工作原理

包过滤防火墙一般用在内部网络和外部网络之间，数据包经过时，防火墙使用过滤规则匹配数据包内容，以决定哪些包被允许和哪些包被拒绝。包过滤防火墙能过滤以下类型的信息。

● 第3层的源和目的地址。

● 第3层的协议信息。

● 第4层的协议信息。

● 发送或接收流量的端口号。

数据包的丢弃方式

当数据包不符合通过规则时，防火墙可以采取两种操作：通知流量的发送者其数据将丢弃，或者没有任何通知直接丢弃这些数据。

第4层的数据包过滤是通过对数据包的IP头和TCP头或UDP头的检查来实现的，在应用层中存在一些标准的服务端口号，如HTTP的端口号为80。通过屏蔽特定的端口可以禁止特定的服务。包过滤系统可以阻塞内部主机与外部主机或另一个网络的连接。

数据包过滤一般使用过滤路由器实现，过滤路由器会更加仔细地检查数据包，除了决定是否有到达目标地址的路径外，还要决定是否应该发送数据包，是否由路由器的规则策略决定并强行执行。包过滤规则必须被包过滤设备端口存储在安全策略设置中。下面是包过滤防火墙的工作过程。

步骤 01 防火墙接收到数据包后，对其进行检查，分析其中的源IP地址、目标IP地址、端口号和协议类型等信息。

步骤 02 防火墙将收到的数据包与预先设定的安全策略中的规则进行匹配，判断数据包是否符合规则。

步骤 03 根据匹配结果，防火墙执行相应的动作，可以是允许通过、拒绝传输或者记录日志等。

步骤 04 状态维护：防火墙会维护连接状态，以便进行状态检测和状态关联，实现对连接的动态管理。

（2）优缺点

包过滤防火墙的主要优点包括简单易用，配置管理方便，易于理解和操作；性能较高，处理速度快，对网络性能影响较小；兼容性好，可以对网络层的信息进行有效过滤，提高网络安全性；另外包过滤防火墙的实现成本较低，是性价比较高的防火墙类型。

包过滤防护墙的主要缺点包括无法检查应用层协议的内容，无法防止应用层攻击；缺乏状态检测功能，无法跟踪连接状态，因此容易受到连接劫持攻击；易受IP地址欺骗攻击，攻击者可以伪造IP地址来绕过防火墙的过滤规则。

（3）应用场景

包过滤防火墙适用于以下场景。

● 对于中小型网络环境，资源有限，对安全性要求不是特别高的情况。

● 边缘网络需要处理大量的网络流量，包过滤防火墙的高性能可以满足需求。

● 需要快速部署和简单管理的场景。

● 对于简单的网络层过滤需求，如控制特定端口的访问权限、拒绝指定IP地址的访问等。

2. 状态检测防火墙

状态检测防火墙也叫状态感知防火墙，是一种基于网络连接状态进行过滤和管理网络流量的防火墙。与传统的包过滤防火墙相比，状态检测防火墙能够对数据包进行更深入的分析，通过维护连接状态表实现对网络连接的动态管理，提高网络的安全性和性能效率。它不仅会检查数据包的头部信息，还会检查数据包的状态。状态检测防火墙可以更好地识别和阻止应用层攻击。状态检测防火墙具有以下主要特点。

● 能够识别和跟踪连接的状态，对于已建立的有效连接允许数据包通过，提高防火墙的准确性和安全性。

● 能够动态地管理连接状态表，根据网络流量的变化自动调整连接状态，提高防火墙的灵活性和性能。

● 除了对网络层信息的检查外，还可以对应用层协议的内容进行深度检查和处理，提高防火墙的安全性和功能性。

● 通过状态检测和连接跟踪技术，可以对网络流量进行智能优化和加速，减少防火墙的性能开销。

知识拓展

状态感知与无状态感知

　　网络层防火墙可分为状态感知（stateful）与无状态感知（stateless）。状态感知防火墙会针对活动中的连线维护前后传输的脉络，并使用这些状态信息加速数据包过滤处理。无状态感知防火墙只需较少的存储器，针对通过的数据包进行比较简易与快速的过滤。

（1）工作原理

与包过滤防火墙相比，状态检测防火墙判断允许还是禁止数据流的依据也是源IP地址、目的IP地址、源端口、目的端口和通信协议等。与包过滤防火墙不同的是，状态检测防火墙是基于会话信息做出决策，而不是包的信息。状态检测防火墙摒弃了包过滤防火墙仅考查数据包的IP地址等几个参数，而且不关心数据包连接状态变化的缺点，在防火墙的核心部分建立状态连接表，并将进出网络的数据当成一个个会话，利用状态表跟踪每个会话状态。状态监测对每个包的检查不仅根据规则表，而且考虑了数据包是否符合会话所处的状态，因此提供了完整的对传输层的控制能力。

（2）工作过程

状态检测的工作过程主要包括以下几个步骤。

步骤 01 当一个数据包经过防火墙时，防火墙会检查该数据包是否为一个新的连接请求。

步骤 02 如果是一个新的连接请求，防火墙会将该连接添加到状态表中，并跟踪该连接的状态，包括源IP地址、目标IP地址、端口号、协议类型等信息。

步骤 03 防火墙会持续监视连接的状态，包括连接的建立、数据传输和连接的终止等过程。

步骤 04 根据连接状态表中的信息，防火墙可以动态地更新安全策略，对连接进行允许或拒绝等处理。

步骤 05 当连接结束时，防火墙会从状态表中删除该连接，并释放相关资源。

（3）优缺点

状态检测防火墙的优点包括能够跟踪和管理网络连接的状态，提高网络的安全性和性能效率；能够动态地更新安全策略，对连接进行智能处理，提高安全性；能够应对一些复杂的攻击。

但状态检测防火墙相对于包过滤防火墙，配置和管理较为复杂，需要更多的资源和技术支持。而且对网络性能有一定的影响，尤其是在处理大量连接时可能会引起性能下降。

（4）应用场景

状态检测防火墙适用于以下场景。

- 对于中大型网络环境，对安全性要求较高的情况。
- 需要对网络连接进行动态管理和智能处理的场景。
- 需要应对一些复杂的网络攻击和安全威胁的情况。

状态检测防火墙的管理和配置

管理员需要根据网络环境的实际情况配置连接状态表的大小和超时时间，以适应不同规模和需求的网络。管理员需要定义一系列的安全规则，包括允许规则和拒绝规则，指定哪些连接状态可以通过防火墙。配置防火墙的日志记录功能，记录连接状态的变化和允许/拒绝的数据包信息，以便后续审计和分析。

3. 应用代理防火墙

应用代理防火墙（Application Proxy Firewall）又称深度包检测防火墙（Deep Packet Inspection Firewall）或应用级网关，是一种工作在应用层的高级防火墙，它可以深入检查网络流量，识别应用程序协议和内容，并根据安全策略进行控制。应用代理防火墙可以有效防御应用层攻击，例如SQL注入攻击、XSS攻击、Web应用攻击等。应用代理防火墙的主要特点如下。

- 能够对应用层协议的内容进行深度检查和处理，可以识别并阻止特定的应用层攻击。
- 建立代理服务与客户端和服务器进行通信，隐藏客户端和服务器的真实身份，提高安全性。
- 可以根据实际需求制定安全策略，灵活配置应用层过滤规则，适应不同的安全环境。
- 通过深度检查和过滤，能够有效防止应用层攻击和恶意行为，提高网络安全性。

（1）工作原理

应用代理防火墙不直接转发数据包，而是接收来自内部网络的数据请求，然后代表该用户重新发起对外的连接请求。当外部服务器响应时，应用代理防火墙会再次截获这个响应，断开与外部的连接，并建立一个与内网用户的新的连接，将数据传回原始请求者。在整个过程中，所有实际的数据传输都不会直接在内外网络之间进行，而是由应用代理防火墙中转。

代理服务器会对每个数据包进行深度解析，提取出应用程序协议和内容信息，并根据预定义的安全策略进行判断。如果数据包符合安全策略，则代理服务器会将其转发到目的地。如果数据包违反安全策略，则代理服务器会丢弃该数据包或阻止连接。

（2）工作步骤

应用代理防火墙的工作主要包括以下几个步骤。

步骤 01 防火墙在内部建立代理服务，与外部网络进行通信，代替客户端和服务器之间的直接通信。

步骤 02 代理服务接收到数据包后，对其进行深度分析，包括应用层协议的解析、报文内容的检查等。

步骤 03 根据预先设定的安全策略，对数据包进行安全策略匹配，判断数据包是否符合安全规则。

步骤 04 根据匹配结果，代理服务执行相应的动作，可以是允许通过、拒绝传输、记录日志、进行内容过滤等。

步骤 05 代理服务维护连接状态表，实现对连接的管理和控制，包括连接的建立、终止和状态转换等。

（3）优缺点

应用代理防火墙的优点包括提供更全面的安全检查和过滤，能够有效防止应用层攻击；通过建立应用层代理服务，隐藏内部网络的真实结构，增强安全性；具有较高的灵活性和可定制性，适用于各种复杂的安全环境。

应用代理防火墙的缺点包括对网络性能有一定的影响，因为需要对数据包进行深度检查和处理；配置和管理相对复杂，需要较高的技术水平和管理成本；无法处理加密流量，无法对加密的应用层流量进行深度检查。

（4）应用场景

应用代理防火墙主要应用在以下场景中。

● 对于安全性要求较高的网络环境，特别是需要保护重要应用系统和数据的场景，例如金融机构、政府机构、医疗机构等。

● 需要对应用层协议进行全面检查和过滤，防止特定的应用层攻击和恶意行为的场景，例如需要限制员工访问某些网站或应用程序的网络。

● 对网络性能要求不是特别高，但安全性要求较高的场景，例如包含个人信息、商业机密等敏感数据的网络。

6.1.3 防火墙的类型

按照存在及实现类型，目前防火墙有如下几种。

1. 硬件防火墙

硬件防火墙是一种独立的物理设备，通常以硬件形式存在，用于保护整个网络的安全。它们通常被放置在网络边界，监视所有进出网络的流量，并根据预定义的规则集来过滤和管理网络流量。硬件防火墙通常由专用的硬件设备构成，具有专门的处理器、内存和网络接口，能够处理高速网络流量，并提供高性能的安全过滤和管理功能，如图6-1所示。

图 6-1

硬件防火墙性能强劲且稳定，适用于大规模网络环境；独立于主机系统，不受主机操作系统的影响；通常具有丰富的网络连接和协议支持；可以根据网络流量大小进行扩展，而且管理功能丰富。但成本较高，需要额外的硬件设备；部署和管理相对复杂。

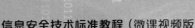

2. 软件防火墙

软件防火墙是安装在计算机系统或服务器上的软件程序，用于保护单个主机或服务器的安全。它们通常以应用程序或操作系统的形式存在，可以在操作系统级别或应用程序级别对网络流量进行过滤和管理，常见的Windows防火墙如图6-2所示。

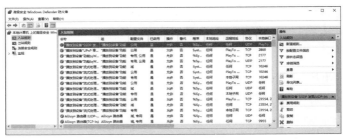

图 6-2

软件防火墙灵活性高，可以根据需要在不同的主机系统上部署；成本相对较低，无需额外的硬件设备；通常具有可定制的安全策略和配置选项。但性能受限于主机系统的硬件资源和操作系统的性能；受主机系统的影响，可能易受到主机系统的攻击。

3. 云防火墙

云防火墙是专门针对云计算环境设计的防火墙，通常作为云服务的一部分提供。它们可以在云服务提供商的基础设施中实现，用于保护云服务器和云服务的安全。

云防火墙能够与云服务集成，提供弹性的网络安全保护；具有云原生特性，适应云环境的动态性和可伸缩性；通常具有云服务提供商的管理和监控功能。云防火墙通常采用按需付费的模式，可以根据实际使用情况付费。云防火墙通常提供易于使用的管理界面，可以轻松管理防火墙策略。云防火墙通常由云平台提供高可用性保障，可以确保网络安全防护的连续性。

但云防火墙可能受到云服务提供商的限制，一般无法与私有网络直接集成，需要通过公共云服务提供商的网络服务才可使用。

4. 虚拟防火墙

虚拟防火墙是一种以虚拟形式存在的防火墙，通常作为虚拟化环境的一部分，可以在虚拟化平台上实现，并为虚拟机提供网络安全保护，类似于硬件防火墙的功能。

虚拟防火墙能够与虚拟化平台集成，提供与虚拟机一致的网络安全保护；通常可以根据虚拟化环境的需要动态调整和扩展。但性能受限于虚拟化平台的硬件资源和性能，可能受虚拟化平台的限制。

5. 集成防火墙

集成防火墙是指将防火墙功能集成到其他网络设备或系统中，如路由器、交换机、入侵检测系统（IDS）等。这种类型的防火墙通常以模块或软件的形式存在，与其他网络设备集成在一起，提供综合的网络安全保护。通常具有较好的性能和可扩展性。

但其功能相对简单，无法与专用的硬件防火墙相比；且受到其他网络设备的限制。

6.1.4 防火墙的参数

防火墙的硬件参数决定了防火墙的性能、功能以及价格。也是挑选防火墙前必须了解的内容，通过防火墙的参数才能选择适合自己的产品。

1. 吞吐量

吞吐量指的是防火墙能够处理的数据流量的速率，通常以每秒传输的数据量（比特/秒或兆字节/秒）来衡量。吞吐量是衡量防火墙性能的重要指标之一，它决定了防火墙能够支持的最大网络流量。如果防火墙的吞吐量不足，可能会导致网络延迟或丢包。

通常情况下，防火墙的吞吐量取决于数据包的大小。更大的数据包通常意味着更高的吞吐量。一些防火墙可能会在处理特定类型的流量时出现性能下降，因此需要评估吞吐量的稳定性。另外还需要评估防火墙在处理不同类型的流量（例如TCP、UDP、ICMP）时的吞吐量。

2. 连接速率

连接速率指的是防火墙能够建立和终止的连接数目，通常以每秒的连接数目（连接/秒）来表示。较高的连接速率表示防火墙能够处理更多的连接请求。

防火墙的连接速率涉及它能够处理连接建立请求的速度。这在处理大量短连接的场景中尤为重要。有时防火墙可能需要维护长时间的连接（如FTP数据传输），因此需要考虑连接保持时间的影响。

3. 延迟

延迟是指数据包从进入防火墙到离开防火墙所花费的时间，通常以毫秒（ms）为单位。延迟是衡量防火墙性能的重要指标之一，它会影响用户体验。如果防火墙的延迟过高，可能会导致网络缓慢或卡顿。

评估防火墙在处理数据包时所需的时间，这对于网络性能的实时要求至关重要。除了防火墙处理时间外，还需考虑传输延迟和其他网络因素对总延迟的影响。

4. 丢包率

丢包率是指数据包在传输过程中丢失的比例。丢包率是衡量防火墙性能的重要指标之一，它会影响网络可靠性。如果防火墙的丢包率过高，可能会导致数据丢失或网络中断。

5. 最大并发连接数

最大并发连接数指的是防火墙同时支持的最大连接数目，即同时处于活动状态的连接数目。连接数是衡量防火墙性能的另一个重要指标，它决定了防火墙能够支持的最大用户数量和应用程序数量。如果防火墙的连接数不足，可能会导致用户无法连接到网络或应用程序无法正常运行。

评估防火墙在管理并发连接时的性能，包括连接的建立、维持和终止。连接状态表的大小限制了防火墙能够同时跟踪的连接数量，这对于防止拒绝服务（DoS）攻击至关重要。

6. 安全规则数量

安全规则数量指的是防火墙中预先定义的安全策略规则的数量，包括允许或拒绝特定源IP地址、目标IP地址、端口号和协议类型的数据包传输。

防火墙的性能取决于其能够快速匹配和执行安全规则的速度。优化安全规则、合并冗余规则或删除不必要的规则可以提高防火墙的性能。

过滤能力

过滤能力是指防火墙识别和阻止非法流量的能力。过滤能力是衡量防火墙性能的重要指标之一，它决定了防火墙的安全防护能力。如果防火墙的过滤能力不足，可能会导致网络受到攻击。

7. 防火墙规则的更新速度

防火墙规则的更新速度指的是防火墙能够快速更新安全策略规则的速度，以适应新的安全威胁和攻击。评估防火墙的管理界面和工具，以了解规则更新的速度和效率。防火墙必须能够及时更新以响应新的威胁和漏洞。

可管理性

可管理性是指防火墙易于配置和维护的能力，是衡量防火墙性能的重要指标之一，它决定了防火墙的使用效率。如果防火墙的管理性差，可能会增加管理成本和维护难度。

6.1.5　防火墙的系统结构

防火墙的系统结构是指防火墙的组成部分及其之间的关系，防火墙可以采用多种方式实现网络安全，包括屏蔽路由器结构、双宿主机网关结构、屏蔽单宿堡垒主机结构、屏蔽双宿堡垒主机结构和屏蔽子网等结构。下面对这些结构进行详细介绍。

1. 屏蔽路由器结构

屏蔽路由器结构是将内部网络和外部网络完全隔离的一种防火墙结构，这是防火墙最基本的构件。它可以由厂家专门生产的路由器实现，也可以用主机来实现。在屏蔽路由器结构中，内部网络和外部网络之间没有任何直接的连接，所有通信都必须通过路由器进行转发，如图6-3所示。路由器上配置防火墙策略，控制内部网络和外部网络之间的通信。

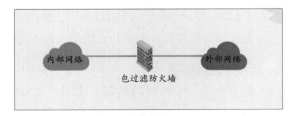

图 6-3

屏蔽路由器位于内部网络与外部网络的连接点，用于过滤和控制进出网络的流量，通过检查数据包的源地址、目标地址和端口等信息，根据预定义的安全策略决定是否允许通过。

屏蔽路由器结构的内部网络和外部网络完全隔离，可以有效地阻止来自外部网络的攻击。路由器的配置相对简单，易于管理。但灵活性较差，内部网络和外部网络之间没有任何直接的连接，通信必须通过路由器进行转发，可能会影响网络性能。当内部网络的规模扩大时，需要增加路由器，这样可能会增加网络成本。

屏蔽路由器结构通常应用于小型网络，例如家庭网络、小型办公网络等。

2. 双宿主机网关结构

双宿主机网关结构是一台具有两个网络接口的主机，一个接口连接受保护的网络，另一个接口连接外部网络，如图6-4所示。其上运行防火墙软件或应用代理软件，通过在内部网络和外部网络之间转发数据流量，并实施访问控制策略来保护内部网络安全。

图 6-4

这种结构提供更灵活的安全策略控制，可以定制化地实施访问控制和流量过滤。可以支持动态路由协议和VPN功能，实现远程访问和安全通信。提供主机级别的防火墙功能，保护主机系统免受网络攻击和威胁。

该种结构内部网络和外部网络之间可以直接连接，可以提高网络性能。当内部网络的规模扩大时，可以增加主机，满足网络扩展需求。但内部网络和外部网络之间直接连接存在被攻击的风险。

双宿主机网关结构通常应用于中小型网络，例如中小企业网络、学校网络等。

3. 屏蔽单宿堡垒主机结构

屏蔽单宿堡垒主机除了堡垒主机外，还需要一个路由器，路由器需具有数据包过滤的功能，堡垒主机运行应用代理软件及代理控制程序，旁挂于（与主干网络并列连接，但不参与主干网络的数据传输的）内部网络中，如图6-5所示。

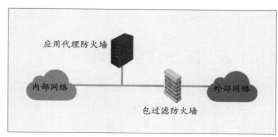

图 6-5

当互联网的数据包进入该结构防火墙时，路由器会先检查此数据包是否满足过滤规则，再将过滤成功的数据包转发到堡垒主机进行网络服务层的检查与发送。屏蔽单宿堡垒主机提供对内部网络的安全访问控制，只允许经过授权的用户访问受保护的资源。实施严格的身份验证和访问控制策略，防止未经授权的访问和数据泄露。监控和记录访问活动便于审计和安全事件响应。

该种结构安全性较高，缺点是扩展性差，当内部网络的规模扩大时，需要增加堡垒主机的性能，这样可能会增加网络成本。

屏蔽单宿堡垒主机结构通常应用于中小型网络，例如中小企业网络、学校网络等。

4. 屏蔽双宿堡垒主机结构

屏蔽双宿堡垒主机结构与屏蔽单宿主机结构类似，主要区别是堡垒主机不是使用单网卡外挂在内网中，而是使用双网卡，连接内网与路由器，如图6-6所示。任何访问都必须经过堡垒主机，对内外网实现物理上的隔离，与路由器一起，可以起到双隔离的目的。

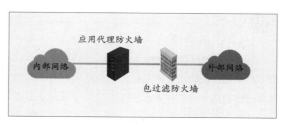

图 6-6

屏蔽双宿堡垒主机结构可以进一步提高安全性。当内部网络的规模扩大时，可以增加堡垒主机的数量，满足网络扩展需求。两台堡垒主机可以相互备份，降低单点故障风险。但因为是两台，所以需要配置防火墙策略，增加了管理难度以及建设成本。

屏蔽双宿堡垒主机结构通常应用于大型网络，例如大型企业网络、政府网络等。

5. 屏蔽子网结构

屏蔽子网结构是在内部网络和外部网络之间建立一个被隔离的子网，用两台路由器将这一子网分别与内部网络和外部网络分开。在很多实现中，两个路由器放在子网的两端，在子网内构成一个"非军事区"DMZ。有的屏蔽子网中还设有一个堡垒主机作为唯一可访问点，支持终端交互或作为应用网关代理，如图6-7所示。

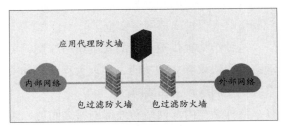

图 6-7

如果攻击者试图完全破坏防火墙，其必须重新配置连接三个网的路由器，既不切断连接又不要把自己锁在外面，同时又使自己不被发现。但若禁止网络访问路由器或只允许内网中的某些主机访问它，则攻击会变得很困难。在这种情况下，攻击者要先侵入堡垒主机，然后进入内网主机，再返回来破坏屏蔽路由器，而且整个过程中不能引发警报。

6.1.6 新一代防火墙

防火墙的主要作用是保护安全。防火墙可以在传入的恶意流量到达网络之前对其进行拦截，并防止敏感信息从网络流出。防火墙已经被广泛应用于网络的各角落，而随着防火墙技术的发展，很多新技术出现在防火墙中。

1. Web 应用程序防火墙

Web应用程序防火墙（Web Application Firewall，WAF）是一种部署在应用服务器和Web服务器前端，对HTTP或HTTPS请求进行深度检测和分析，并根据安全策略进行过滤、阻断或放行的安全设备，如图6-8所示。WAF可以有效地防御各种 Web 应用程序攻击，例如SQL注入攻击、跨站点脚本攻击（XSS）、文件包含攻击、Web 应用程序漏洞利用攻击等。

图 6-8

知识拓展

WAF的管理

WAF 的管理通常包括以下内容。
- **策略配置：** 根据安全需求配置 WAF 的策略，例如签名更新、行为分析规则、URL过滤规则等。
- **日志分析：** 分析WAF的日志，发现攻击痕迹并进行处置。
- **定期维护：** 定期对WAF进行维护，例如更新签名、升级软件等。

（1）工作原理

WAF 通常采用以下几种技术进行 Web 应用程序攻击防护。

① 签名检测。

签名检测是WAF最常用的技术之一。WAF会维护一个已知的攻击签名库，并对请求进行匹配。如果请求中包含已知的攻击签名，WAF会将其拦截并阻止。签名检测技术可以有效地防御已知的攻击，但对于未知的攻击则效果有限。

② 行为分析。

行为分析技术通过分析请求的行为特征来识别可疑的请求。例如，WAF可以分析请求的来源、请求的频率、请求的参数等，并根据预定义的行为分析规则来判断请求是否可疑。行为分析技术可以有效地防御未知的攻击，但可能会误报一些正常的请求。

③ 异常检测。

异常检测技术基于机器学习技术建立基线模型，并检测与基线模型偏差较大的请求。例如，WAF可以分析请求的参数分布、请求的流量模式等，并根据机器学习模型来判断请求是否异常。异常检测技术可以有效地防御新型的攻击，但需要大量的历史数据来训练机器学习模型。

④ URL过滤。

URL过滤技术根据黑名单或白名单过滤请求的URL。例如，WAF可以将已知的恶意URL添加到黑名单中，并阻止对这些URL的访问。URL过滤技术可以有效地防御一些常见的攻击，但需要定期更新黑名单或白名单。

⑤ 参数过滤。

参数过滤技术根据安全策略过滤请求的参数。例如，WAF可以过滤一些危险的参数，例如SQL语句、脚本代码等。参数过滤技术可以有效地防御一些基本参数的攻击，但需要制定合理的安全策略。

⑥ 数据过滤。

数据过滤技术根据安全策略过滤请求的数据。WAF可以过滤一些敏感数据，例如信用卡信息、个人信息等。数据过滤技术可以有效地保护敏感数据的安全，但可能会影响应用程序的正常功能。

（2）WAF的部署方式

WAF的部署方式通常包括以下几种。

- **旁路部署**：将WAF部署在应用服务器和Web服务器之间，将所有流量都经过WAF进行过滤。
- **反向代理部署**：将WAF部署为反向代理服务器，接收来自客户端的请求，并转发到应用服务器或Web服务器。
- **混合部署**：将WAF采用旁路部署和反向代理部署相结合的方式进行部署。

（3）WAF的应用

WAF的应用主要包括以下几方面。

- **网站安全**：保护Web网站、应用程序和API免受各种 Web 攻击和威胁。
- **云安全**：在云环境中保护托管在公共云、私有云或混合云中的Web应用程序。

● **应用程序保护**：保护企业的关键业务应用程序、电子商务平台和在线服务。

WAF的选择

在选择WAF时，需要考虑以下因素。

● **防护能力**：WAF的防护能力是选择 WAF 的首要因素。需要根据应用的实际情况选择防护能力合适的WAF产品。例如，如果应用需要防御复杂的攻击，则需要选择防护能力强的WAF产品。

● **部署方式**：WAF的部署方式需要根据应用的架构和网络环境进行选择。例如，如果应用是面向互联网的，则可以选择旁路部署或反向代理部署；如果应用是内部部署的，则可以选择旁路部署。

● **易用性**：WAF的易用性也是需要考虑的重要因素。WAF的管理界面应该易于使用，方便管理员进行配置和管理。

● **性能**：WAF的性能需要根据应用的流量进行选择。WAF的性能应该能够满足应用的流量需求，否则可能会影响应用的性能。

● **价格**：WAF的价格也是需要考虑的重要因素。WAF的价格通常与WAF的功能和性能相关。

2. 下一代防火墙（NGFW）

下一代防火墙（Next Generation Firewall，NGFW）是传统防火墙的升级版本，它不仅具备传统防火墙的功能，还增加了应用层防护、入侵防御、VPN、沙箱等功能，可以更加有效地防御各种网络威胁，如图6-9所示。

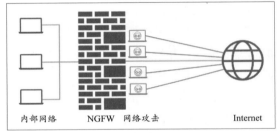

图 6-9

（1）NGFW的功能

NGFW不仅具有传统防火墙的功能，还部署了主机附加功能来解决对OSI模型其他层造成的威胁。NGFW 的部分特定功能包括如下几种。

① 深度数据包检测。

NGFW使用深度数据包检查技术分析网络流量的每个数据包，对数据包的内容进行深入分析，包括应用层协议、数据负载、协议头部等，以发现和阻止潜在的网络威胁和攻击。可以识别和阻止隐藏在加密流量中的恶意代码和攻击行为，提高对安全事件的检测率和准确性。

② 应用程序感知。

NGFW能够对网络流量中的应用程序进行准确识别，包括Web应用、数据库应用、文件传输协议、P2P应用等，甚至能够识别加密流量中的应用程序。根据识别的应用程序，NGFW可以实施细粒度的访问控制策略，对不同类型的应用程序流量进行分流、限制或阻止，以保护企业网络安全。

③ 身份识别。

NGFW支持用户身份认证功能，可以识别和验证连接到网络的用户身份，包括基于IP地址、用户名、MAC地址等多种认证方式。根据用户身份信息，NGFW 可以实施基于用户的访问控制策略，限制特定用户或用户组的访问权限，确保只有经过授权的用户可以访问受保护的资源。

④ 安全策略集成与自动化。

NGFW提供统一的安全策略管理平台，集成多种安全功能和服务，包括防火墙、入侵检测与防御系统（IDS/IPS）、虚拟专用网络（VPN）、反病毒和反恶意软件等。管理员可以通过统一的管理界面定义和管理安全策略，实现一致性的安全策略应用和管理，提高安全管理效率和可操作性。NGFW还支持自动化安全策略的部署和更新，根据网络威胁情报和攻击趋势自动调整安全策略，提高安全响应速度和准确性。

⑤ 威胁情报与智能防御。

NGFW集成了实时的威胁情报和智能防御机制，通过访问云端的威胁情报数据库，及时获取最新的安全威胁信息和攻击特征，加强对网络威胁的识别和防御。

NGFW可以根据实时的威胁情报，自动调整安全策略和规则，及时阻止恶意流量和攻击行为，提高网络的安全性和可靠性。

⑥ 沙箱。

防火墙可以隔离与传入数据包相关联的代码段，并在"沙盒"环境中执行代码段，以确保代码段没有恶意行为。然后，将此沙盒测试的结果作为决定是否让数据包进入网络的标准。

（2）NGFW的应用场景

NGFW 通常应用于以下场景。

- **面向互联网的Web应用程序：** 面向互联网的Web应用程序容易受到攻击，部署NGFW可以有效地保护Web应用程序的安全。
- **包含敏感数据的网络：** 例如金融、医疗、政务等领域的网络，需要更高的安全防护级别，部署NGFW可以有效地保护敏感数据的安全。
- **高价值的网络：** 例如电子商务网站、社交网站等，一旦遭受攻击，可能会造成重大损失，部署NGFW可以有效地保护网络的安全。

知识拓展

防火墙即服务

防火墙即服务（FWaaS）是一种较新的模式，通过云提供防火墙功能。这种服务也可称为"云防火墙"。FWaaS 在云平台、基础设施和应用程序周围形成一个虚拟屏障，就像传统防火墙在组织的内部网络周围形成一个屏障一样。FWaaS 通常比传统防火墙更适合保护云和多云资产。

6.2 入侵检测

网络入侵检测是一种动态的安全检测技术，能够在网络系统运行过程中发现入侵者的攻击行为和踪迹，一旦发现网络攻击现象，则发出报警信息，还可以与防火墙联动，对网络攻击进行阻断。

6.2.1 认识入侵检测

入侵检测技术（Intrusion Detection，ID）是指通过对计算机网络或计算机系统中的行为、安全日志、审计数据或其他网络上可以获得的信息进行操作，以便发现计算机或者网络系统中是否存在违反安全策略的行为或遭到攻击的迹象。其作用包括威慑、检测、响应、损失情况评估、攻击预测和起诉支持。

入侵检测系统（Intrusion Detection System，IDS）是一种网络安全设备或应用软件，可以监控网络传输或者系统活动，检查并识别是否有可疑活动或者有潜在安全事件的技术。侦测到时发出警报或者采取主动反应措施。IDS与其他网络安全设备的不同之处在于，IDS是一种积极主动的安全防护技术，可以帮助识别可能的入侵行为、恶意活动或安全策略违规，从而及时发现和应对网络安全威胁。

1. IDS 的作用

IDS的作用有以下几种。

- 实时检测网络系统的非法行为，持续地监视、分析网络中所有的数据报文，发现并及时处理所捕获的数据报文。
- 安全审计，通过对IDS记录的网络事件进行统计分析，发现其中的异常现象，为评估系统的安全状态提供相关证据。
- 主动切断连接或与防火墙联动，调用其他程序处理。
- 评估关键系统和数据文件的完整性，统计分析异常活动模式。
- 不占用被保护系统的任何资源，作为独立的网络设备，可以做到对黑客透明，本身的安全性较高。
- 主机IDS运行于被保护系统之上，可以直接保护、恢复系统。

IDS的出现与发展

IDS最早出现在1980年4月。该年，James P.Anderson为美国空军做了一份技术报告，在其中提出了IDS的概念。20世纪80年代中期，IDS逐渐发展成为入侵检测专家系统（IDES）。1990年，IDS分化为基于网络的N-IDS和基于主机的H-IDS。后又出现分布式。

2. 与防火墙技术的关系

与防火墙相比，尽管两者都与网络安全相关，但防火墙相当于第一道安全闸门，可以阻止一类人群的进入，但无法阻止同一类人群中的破坏分子，也不能阻止内部网络的破坏分子。IDS不同于使用一系列静态规则来放行网络连接的传统防火墙（区别于下一代防火墙）。本质上，为避免网络上的入侵，防火墙会限制网络间的访问，不关注网络内部的攻击。IDS也能监控来自系统之内的攻击。传统上，这是通过对网络通信进行检验，而实现对常见攻击模式的鉴定并发出警告。

IDS可以说是防火墙系统的合理补充和有力延伸，它的目的是为响应决策提供威胁证据，在不影响网络部署的前提下，实时、动态地检测来自内部和外部的各种攻击，及时、准确、全面地发现入侵。这可以有效覆盖防火墙检测和保护的盲区，通过与防火墙协同联动，达到有效地进行网络安全防护的目的。

3. 入侵检测系统的评价指标

入侵检测系统主要从以下几方面进行评价。

- 可靠性，指系统的容错能力和可持续运行能力。
- 可用性，指系统开销大小，对网络性能影响的大小。
- 可测试，指系统能够通过模拟攻击进行检测测试。
- 适应性，指系统易于开发和扩展。
- 实时性，指系统能够及早发现入侵企图。
- 安全性，指系统可确保自身的安全。
- 准确性，指系统正确识别入侵行为的能力。

6.2.2 入侵检测技术的原理

入侵检测技术通常采用以下几种方法进行入侵检测。

1. 基于签名的检测

基于已知的攻击签名对请求进行匹配，并拦截已知的攻击。攻击签名是描述已知攻击特征的字符串或模式。攻击签名可以由人工或自动方式生成。

2. 基于行为的检测

分析请求的行为特征，并识别可疑的请求。行为特征包括请求的来源、请求的目的地、请求的协议、请求的参数等。基于行为的检测可以有效地防御未知的攻击。

3. 基于统计的检测

基于机器学习技术建立基线模型，并检测与基线模型偏差较大的请求。基线模型可以反映网络或系统的正常运行状态。基于统计的检测可以有效地防御异常的攻击。

4. 基于异常的检测

基于机器学习技术建立基线模型，并检测与基线模型偏差较大的请求。基线模型可以反映网络或系统的正常运行状态。基于异常的检测可以有效地防御异常的攻击。

6.2.3 入侵检测系统的组成

入侵检测系统通常分为4个组件。

- **事件产生器（Event Generators）**：其目的是从整个计算环境中获得事件，并向系统的其他部分提供此事件。
- **事件分析器（Event Analyzers）**：经过分析得到数据，并产生分析结果。
- **响应单元（Response Units）**：是对分析结果做出反应的功能单元，它可以做出切断连接、改变文件属性等强烈反应，也可以只是简单的报警。
- **事件数据库（Event Databases）**：事件数据库是存放各种中间数据和最终数据的容器统称，它可以是复杂的数据库，也可以是简单的文本。

6.2.4 入侵检测系统的分类

按照部署的位置，入侵检测技术通常可以分为以下几类。

1. 基于主机的入侵检测系统

基于主机的入侵检测系统（HIDS）主要用于保护运行关键应用的服务器或被重点检测的主机，主要对网络实时连接及系统审计日志进行智能分析和判断。如果主体活动十分可疑（特征或违反统计规律），入侵检测系统就会采取相应措施。

（1）优点

基于主机的入侵检测的优点主要表现在以下方面。

① 入侵行为分析能力。HIDS对分析"可能的攻击行为"非常有用，除了指出入侵者试图执行一些"危险的命令"之外，还能分辨出入侵者干了什么事，例如，运行了什么程序、打开了哪些文件、执行了哪些系统调用等行为。

② 误报率低。通常情况下，HIDS比基于网络的入侵检测系统（NIDS）能够提供更详尽的相关信息，误报率比较低。

误报率

误报率是指系统把正常行为作为入侵攻击而进行报警的概率，以及把一种众所周知的攻击错误报告为另一种攻击的概率。误报率=错误报警数量÷（总体正常行为样本数量＋总体攻击样本数量）。一个有效的入侵检测系统应限制误报出现的次数，但同时又能有效截击。

③ 复杂性小。性价比高。因为监测在主机上运行的命令序列比监测网络流简单。

④ 网络通信要求低。对于主机的检测，网络通信量低，可部署在那些不需要广泛的入侵检测、传感器与控制台之间的通信带宽不足的情况下。

（2）缺点

基于主机入侵检测的缺点主要表现在以下几方面。

① 影响保护目标。因为HIDS安装在需要保护的设备上，所以可能会降低应用系统的效率，带来一些额外的安全问题。例如，安装了HIDS后，将本不允许安全管理员访问的服务器变成可

以访问。

② 服务器依赖性。依赖于主机固有的日志与监视能力。如果主机没有配置日志功能，则必须重新配置，这将给运行中的业务系统带来不可预见的性能影响。

③ 全面部署代价大。如果网络上主机比较多，全面部署主机入侵检测系统代价会比较大。若选择部分主机保护，那些未安装HIDS的机器将成为保护的盲点，入侵者可利用这些机器达到攻击目的。

④ 不能监控网络上的情况。HIDS主机入侵检测系统只监测自身的主机，根本不监测网络上的情况，对入侵行为的分析工作量将随着主机数目的增加而增加。

2. 基于网络的入侵检测

基于网络的入侵检测系统（NIDS）是大多数入侵检测厂商采用的产品形式。通过捕获和分析网络包来探测攻击。基于网络的入侵检测可以在网段或交换机上进行监听，以检测对连接在网段上的多个主机有影响的网络通信，从而保护主机。

（1）优点

基于网络的入侵检测的优点表现在以下几方面。

① 网络通信检测能力。NIDS能够检测来自网络的攻击，还能够检测到超过授权的非法访问，对正常业务影响小。

② 无须改变主机的配置和性能。由于NIDS不会在业务系统中的主机中安装额外的软件，从而不会影响这些机器的CPU、I/O与磁盘等资源的使用，不会影响业务系统的性能。

③ 部署风险小，独立性和操作系统无关。因为NIDS不像路由器、防火墙等关键设备一样工作，所以它不会成为系统中的关键路径，NIDS发生故障不会影响正常业务的运行，部署NIDS的风险比HIDS的风险小得多。

④ 定制设备，安装简单。NIDS近年有向专门的设备发展的趋势，安装NIDS非常方便，只需将定制的设备接上电源，做很少的一些配置，将其连上网络即可。

（2）缺点

① 不能检测不同网段的网络包。NIDS只检测与它直接连接网段的通信，不能检测在不同网段的网络包，所以交换以太网环境中就会暴露其检测范围的局限，在多传感器系统中会使部署成本增加。

② 很难检测复杂的需要大量计算的攻击。NIDS为了性能目标通常采用特征检测的方法，它可以高效地检测出一些普通攻击。实现一些复杂的需要大量计算与分析时间的攻击检测时，对硬件处理能力要求较高。

③ 协同工作能力弱。NIDS可能会将大量的数据回传到分析系统中，会产生大量的分析数据流量。采用以下方法可减少回传的数据量：对入侵判断的决策由传感器实现，而中央控制台成为状态显示与通信中心，不再作为入侵行为分析器。但是，这样的设计也会使系统中的传感器协同工作能力变得较弱。

④ 难以处理加密的会话。NIDS处理加密的会话过程时会参与解密操作。目前通过加密通道的攻击尚不多，随着IPv6的普及，这个问题会越来越突出。

6.2.5　入侵检测系统的处理机制

入侵检测对系统的运行状态进行监视，发现各种攻击企图、攻击行为或者攻击结果，以保证系统资源的机密性、完整性和可用性，其处理机制如下。

1. 警报

当入侵正在发生或者试图发生时，IDS将发布一个警报信息来通知系统管理员。如果控制台与IDS同在一台机器，警报信息将显示在监视器上，也可能伴随着声音提示。如果是远程控制台，那么警报将通过IDS内置方法（通常是加密的）、简单网络管理协议（Simple Network Management Protocol, SNMP）（通常不加密）、电子邮件（Electronic Mail, E-mail）、短信服务（Short Message Service, SMS）、IM（即时通信）或者以上几种方法的混合方式传递给管理员。

2. 异常

当有某个事件与一个已知攻击信号相匹配时，多数IDS都会报警；一个基于异常的IDS会构造一个当时活动的主机或网络的大致轮廓，当有一个在这个轮廓以外的事件发生时，IDS就会报警。

3. 特征

IDS的核心是攻击特征（签名），它使IDS在（入侵）事件发生时触发警报。如果特征信息过短会经常触发 IDS，导致误报或错报，过长则会减慢IDS的工作速度。将IDS所支持的特征数视为 IDS 好坏的标准是评价 IDS 产品优劣的常见误区，例如，有的厂商用一个特征涵盖许多攻击，有些厂商则会将这些特征单独列出，特征数量的多少并不能决定威胁检测能力的高低。

6.2.6　入侵检测的实施步骤

常见的入侵检测分为以下几个步骤。

1. 信息收集

入侵检测的第一步是在信息系统的一些关键点上收集信息。这些信息就是入侵检测系统的输入数据。

（1）数据收集的内容

入侵检测收集的数据主要来自以下四方面。

① 主机和网络日志文件。

主机和网络日志文件中记录了各种行为类型，每种行为类型又包含不同的信息。通过查看日志文件，能够发现成功的入侵或入侵企图，并很快启动相应的应急响应程序。

② 目录和文件中的未预期的改变。

重要信息的文件和私密数据文件经常是黑客修改或破坏的目标。黑客经常替换、修改和破坏他们获得访问权的系统上的文件。目录和文件中的未预期的改变（包括修改、创建和删除），特别是那些正常情况下限制访问的对象，往往就是入侵发生的指示和信号。

③ 程序执行中的未预期的行为。

每个在系统中执行的程序由一到多个进程实现。每个进程都运行在特定权限的环境中，操作执行的方式不同，利用的系统资源也就不同。因此，一个进程中出现了未预期的行为可能表明黑客正在入侵本系统。

④ 物理形式的入侵信息。

黑客总是想方设法去突破网络的周边防卫，以便能够在物理上访问内部网，在内部网上安装他们自己的设备和软件。因此突然出现的未知程序等也有可能是黑客入侵的信号。

（2）数据收集机制。

准确性、可靠性和效率是入侵检测系统数据收集机制的基本指标，在IDS中占据着举足轻重的位置。如果收集的数据时延较大，检测就会失去作用；如果数据不完整，系统的检测能力就会下降；如果由于错误或入侵者的行为致使收集的数据不正确，IDS就会无法检测到某些入侵，给用户以安全的假象。

① 基于主机的数据收集和基于网络的数据收集。

基于主机的IDS是在每台要保护的主机后台运行一个代理程序，检测主机运行日志中记录的未经授权的可疑行径，检测正在运行的进程是否合法并及时做出响应。

基于网络的入侵检测系统是在连接过程中监视特定网段的数据流，查找每一个数据包内隐藏的恶意入侵，对发现的入侵及时做出响应。在这种系统中，使用网络引擎执行监控任务。

② 分布式与集中式数据收集机制。

分布式IDS收集的数据来自一些固定位置，而与受监视的网元数量无关。集中式IDS收集的数据来自一些与受监视的网元数量有一定比例关系的位置。

③ 直接监控和间接监控。

IDS从它所监控的对象处直接获得数据，称为直接监控；反之如果IDS依赖一个单独的进程或工具获得数据，则称为间接监控。

④ 外部探测器和内部探测器。

外部探测器的监控组件（程序）独立于被监测组件（硬件或软件）。内部探测器的监控组件（程序）附加于被监测组件（硬件或软件）。

入侵检测系统的应用场景

　　如面向互联网的Web应用程序容易受到攻击，部署入侵检测系统可以有效地防御各种Web应用程序攻击，包含敏感数据的网络，例如金融、医疗、政务等领域的网络，需要更高的安全防护级别，部署入侵检测系统可以有效地保护敏感数据的安全。高价值的网络，例如电子商务网站、社交网站等，一旦遭受攻击，可能会造成重大损失，部署入侵检测系统可以有效地保护网络的安全。

2. 数据分析

数据分析是IDS的核心，其功能是对从数据源提供的系统运行状态和活动记录进行同步、整理、组织、分类以及各种类型的细致分析，提取其中包含的系统活动特征或模式，用于对正常和异常行为进行判断。

入侵检测系统的数据分析技术依检测目标和数据属性，分为异常发现技术和模式发现技术两大类。最近几年还出现了一些通用的技术，下面分别进行介绍。

（1）异常发现技术

异常发现技术用在基于异常检测的IDS中。在这类系统中，检测到的不是已知的入侵行为，而是所监视通信系统中的异常现象。如果建立了系统的正常行为轨迹，则在理论上可以把所有与正常轨迹不同的系统状态视为可疑企图。由于正常情况具有一定的范围，因此正确地选择异常阈值和特征，决定何种程度才是异常，是异常发现技术的关键。

异常检测只能检测那些与正常过程具有较大偏差的行为。由于对各种网络环境的适应性较弱，且缺乏精确的判定准则，异常检测有可能出现虚报现象。

（2）模式发现技术

模式发现又称特征检测或滥用检测，是基于已知系统缺陷和入侵模式，即事先定义了一些非法行为，然后将观察现象与之比较做出判断。这种技术可以准确地检测具有某些特征的攻击，但是由于过度依赖事先定义好的安全策略，而无法检测系统未知的攻击行为，因而可能产生漏报。模式发现技术对确知的决策规则通过编程实现。

（3）混合检测

近几年来，混合检测日益受到人们的重视。这类检测在做出决策之前，既分析系统的正常行为，也观察可疑的入侵行为，所以判断更全面、准确、可靠。通常根据系统的正常数据流背景来检测入侵行为，故也称其为"启发式特征检测"。属于这类检测的技术有人工免疫方法、遗传算法、数据挖掘等。

（4）IDS特征库

IDS要有效地捕捉入侵行为，必须拥有一个强大的入侵特征（signature）数据库，如同公安部门必须拥有健全的罪犯信息库一样。IDS中的特征就是指用于判别通信信息种类的样本数据，通常分为多种。

3. 响应与报警

早期入侵检测系统的研究和设计把主要精力放在对系统的监控和分析上，而把响应工作交给用户完成。现在的入侵检测系统都提供响应模块，并提供主动响应和被动响应两种响应方式。一个好的入侵检测系统应该让用户能够裁剪定制其响应机制，以符合特定的需求环境。

（1）主动响应

在主动响应系统中，系统将自动或以用户设置的方式阻断攻击过程或以其他方式影响攻击过程。

（2）被动响应

在被动响应系统中，系统只报告和记录发生的事件。

检测到入侵行为后需要报警。具体的报警内容和方式需要根据整个网络的环境和安全需要确定，例如对一般性服务企业，报警集中在已知的有威胁的攻击行为上。对关键性服务企业，需要将尽可能多的报警记录下来并对部分认定的报警进行实时反馈。

6.2.7　常见的入侵检测软件

常见的入侵检测软件有如下几种。

1. Easyspy

Easyspy是一款网络入侵检测和流量实时监控软件，如图6-10所示。作为一个入侵检测系统，用来快速发现并定位诸如ARP攻击、DoS/DDoS、分片IP报文攻击等恶意攻击行为，帮助发现潜在的安全隐患。Easyspy还是一款Sniffer软件，用来进行故障诊断，快速排查网络故障，准确定位故障点，评估网络性能，查找网络瓶颈，从而保障网络质量。采用嗅探优先的协议识别方式。

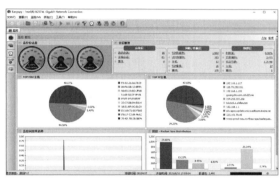

图 6-10

2. Abelssoft HackCheck

Abelssoft HackCheck是一款个人使用的黑客入侵检测软件。该软件是一款功能相当强大的黑客入侵检测工具；它内置的黑客攻击预警系统，可以对所有的账户信息进行监控，一旦发现有黑客对用户的计算机进行攻击或者数据窃取，就会在第一时间发出警报，这样用户就可以断开网络，达到防御黑客、保护计算机的目的。

6.2.8　入侵检测系统的部署方式

入侵检测系统的部署方式主要有如下几种。

（1）旁路部署

将入侵检测系统部署在应用服务器和Web服务器之间，将所有流量都经过入侵检测系统进行分析。旁路部署的优点是可以捕获所有的网络流量，缺点是可能会影响网络的性能。

（2）反向代理部署

反向代理部署是指将入侵检测系统部署为反向代理服务器，接收来自客户端的请求，并转发到应用服务器或主机。反向代理部署的优点是可以减轻应用服务器或主机的负载，缺点是只捕获面向应用服务器或主机的流量或活动。

（3）混合部署

混合部署指将旁路部署和反向代理部署结合在一起，可以兼顾两种部署方式的优点。混合部署的常见方式是将入侵检测系统部署在防火墙的两侧，一边采用旁路部署，一边采用反向代理部署。

6.2.9 未来的发展方向

随着网络技术的飞速发展，网络攻击也变得越来越复杂和隐蔽，传统的入侵检测系统已经难以满足网络安全的需求。因此，入侵检测系统需要向以下几个方向发展。

（1）基于人工智能的入侵检测

传统基于签名的入侵检测系统对未知攻击的防御能力不足，而基于人工智能的入侵检测系统可以利用机器学习、深度学习等技术，从海量的数据中学习攻击特征，并实时检测未知攻击。

（2）主动防御

传统入侵检测系统只能被动地检测攻击，而主动防御系统可以主动拦截攻击，阻止攻击的发生。未来入侵检测系统将向着主动防御的方向发展，结合网络流量控制、应用程序白名单等技术，实现对攻击的主动防御。

（3）云化部署

随着云计算的普及，越来越多的企业将业务迁移到云端。传统的入侵检测系统难以适应云环境的复杂性，因此需要发展云化的入侵检测系统，可以利用云计算的弹性、可扩展等优势，为云环境提供更好的安全防护。

（4）物联网安全

随着物联网的快速发展，物联设备成为网络攻击的新目标。传统的入侵检测系统难以有效地防御物联网攻击，因此需要发展针对物联网的安全解决方案，可以利用物联网设备的边缘计算能力，实现对物联网攻击的实时检测和防御。

入侵检测的新技术

　　基于用户行为分析的入侵检测，识别异常行为并及时发现攻击。基于威胁情报的入侵检测，可以利用威胁情报库中的攻击特征，提高对已知攻击的检测能力。基于蜜罐技术的入侵检测，利用蜜罐技术收集攻击信息，分析攻击手法，并改进入侵检测策略。

6.3 知识延伸：DMZ与堡垒主机

DMZ（Demilitarized Zone，非军事化区）和堡垒主机（Bastion Host）是网络安全架构中常见的两种概念，它们都是用于增强网络安全性的关键组件。

1. 认识DMZ

DMZ是指在计算机网络架构中，位于内部网络和外部网络之间的一个隔离子网，如图6-7所示。DMZ通常用于放置面向互联网的服务器，例如Web服务器、FTP服务器、邮件服务器等。将服务器放置在DMZ中可以提高网络的安全性，因为DMZ可以将内部网络与外部网络隔离，并限制外部网络对内部网络的访问。

在这个防火墙方案中包括两个防火墙，外部防火墙抵挡外部网络的攻击，并管理所有内部网络对DMZ的访问；内部防火墙管理DMZ对于内部网络的访问。内部防火墙是内部网络的第3

道安全防线（前面两道为外部防火墙和堡垒主机），当外部防火墙失效时，它还可以起到保护内部网络的功能。而局域网内部，对于Internet的访问由内部防火墙和位于DMZ的堡垒主机控制。在这样的结构中，一个黑客必须通过3个独立的区域（外部防火墙、内部防火墙和堡垒主机）才能够到达局域网，攻击难度大大提高，内部网络的安全性也就大大加强，但投资成本也是最高的。

如果计算机不提供网站或其他的网络服务，不要设置DMZ。DMZ是把计算机的所有端口开放到网络。

（1）DMZ的主要特点

DMZ的主要特点包括如下几点。

● **隔离性**：DMZ将内部网络与外部网络隔离，可以有效地阻止外部攻击者直接访问内部网络。

● **灵活性**：DMZ可以根据需要灵活地扩展，以容纳更多服务器。

● **可控性**：DMZ中的服务器可以进行集中管理和控制，可以提高网络的安全性和可管理性。

（2）DMZ的部署方式。

DMZ有以下几种部署方式。

● **旁路部署**：将DMZ部署在内部网络和外部网络的防火墙之间，所有进出DMZ的流量都必须经过防火墙的过滤和控制。

● **反向代理部署**：将DMZ部署在内部网络和外部网络之间，并使用反向代理服务器将外部流量转发到DMZ中的服务器。

2. 认识堡垒主机

堡垒主机又称为安全管理中心、运维跳板机，是指在网络安全管理中专门用于集中管理和控制网络设备、服务器和安全设备的一台主机。堡垒主机在向内网和外网的主机提供访问或接入服务的同时，一般暴露在受攻击风险较高的环境中，它们往往被设置在私有网络的DMZ非军事区的公共一侧，较少受到网络防火墙等安全设备的保护。堡垒主机是网络系统安全的重要组成部分。由于它们工作在不安全的环境中，必须对它们的设计和配置给予极大的关注，以减少被恶意渗透的机会。

堡垒主机在网络中有两种配置方式。第一种方式配置在两个防火墙中间，一个是与外部网络连接的防火墙，另一个是与内部网络连接的防火墙，将堡垒主机设置在二者之间的DMZ非军事区。

（1）堡垒主机的功能

堡垒主机的功能包括如下几种。

● **集中管理**：堡垒主机可以集中管理和控制网络设备、服务器和安全设备，可以提高运维效率和安全性。

● **审计控制**：堡垒主机可以记录所有对内部网络的访问行为，并进行审计分析，可以提高网络的安全性和可追溯性。

● **身份认证**：堡垒主机可以提供强身份认证功能，可以确保只有经过授权的用户才能访问内部网络。

● **访问控制：** 堡垒主机可以实施访问控制策略，可以限制用户对内部网络的访问权限。

（2）堡垒主机的部署方式

堡垒主机的常见部署方式包括如下几种。

● **单堡垒主机：** 在内部网络中部署一台堡垒主机，用于管理和控制所有内部设备。

● **多堡垒主机：** 在内部网络中部署多台堡垒主机，根据网络结构和安全需求进行划分。

（3）部署堡垒主机的建议

对于配置堡垒主机的用户，建议如下。

● 停止和卸载堡垒主机上的不需要的服务和后台程序。

● 停止或卸载任何不需要的用户账户。

● 停止或卸载任何不需要的网络协议。

● 正确配置登录和检查日志，查找任何可能的攻击。

● 在堡垒主机上安装入侵检测系统。

● 及时对堡垒主机的操作系统打上最新的补丁。

● 尽可能地将用户账户锁定，防止非法篡改账户口令，特别是管理员等关键账户。

● 关闭堡垒主机上的所有不需要和不用的传输层端口。

● 使用加密通信的方法远程登录与管理堡垒主机上的服务器，例如SSL/TLS、SSH等。

3. 两者的关系

DMZ和堡垒主机都是用于增强网络安全的重要组件，通过合理地部署和配置，二者可以相互配合，有效保护内部网络免受外部攻击和威胁，共同提高网络的安全性。

DMZ可以将内部网络与外部网络隔离，限制外部网络对内部网络的访问，提供外部访问服务的安全边界。堡垒主机提供安全的远程访问入口，并加强对内部网络的访问控制，是远程管理和维护的关键节点。它可以集中管理和控制DMZ中的设备，并记录所有对内部网络的访问行为，提高网络的安全性和可追溯性。

在实际应用中，DMZ和堡垒主机通常会一起部署。DMZ中的设备可以通过专用通道连接到堡垒主机，堡垒主机上的运维人员可以远程登录到DMZ中的设备进行管理和维护。

第7章
信息存储安全

前面介绍信息安全面临的挑战时，介绍了信息在存储中可能遇到的安全隐患，可能会遇到包括损坏或恶意破坏在内的威胁。本章将详细介绍在存储数据信息时所采取的各种安全机制和使用的各种安全技术。

重点难点

- ☑ 信息的存储形式与挑战
- ☑ 病毒木马的防范
- ☑ 磁盘阵列技术
- ☑ 服务器集群技术
- ☑ 数据备份技术
- ☑ 数据容灾技术

7.1 信息存储与挑战

信息存储安全是指保护数据在存储过程中免受未经授权的访问、篡改、泄露或破坏的安全措施和技术。无论是个人用户还是企业组织，都面临着来自内部和外部的各种威胁，如恶意软件、网络攻击、数据泄露等。因此，确保信息在存储过程中的安全性至关重要。

7.1.1 数据信息的存储介质

计算机系统使用了二进制，也就是说只能读懂0和1。将文字、声音、图片、视频等数据信息转化为由数字0和1表示的过程就是"信息数字化"。经过数字化处理后，这些信息就会成为可以被计算机运算和处理的对象，除了方便传输、存储和分享外，还可以通过各种新型的计算对这些数据信息进行高级处理。

知识拓展

数据信息在计算机中的存在形式

数据信息在计算机中通常以文件的方式存在并进行管理。文件是按照某种特定格式存在的数据信息的集合，一个文件代表一组数据信息。根据不同类型的数据信息，文件可以分为声音文件（如mp3、wma等）、视频文件（如mp4、avi等。）

其中的存储就是信息数字化后，保存到指定的存储介质中。计算机的存储介质包括主存储装置和辅助存储装置两类。常见的主存储装置就是内存，特点是容量相对较小，断电后数据消失。而辅助存储装置容量较大且断电后数据不会消失，这就是下面要介绍的存储介质。常见的本地存储介质如下。

图 7-1

1. 机械硬盘

机械硬盘是传统的机械存储设备，如图7-1所示，使用涂有磁性材料的旋转盘片来存储数据。存储容量大，价格相对较低；适用于大容量数据存储和长期存档。常用于个人计算机、服务器、数据中心等需要大容量存储的场景。

2. 固态硬盘

SSD是新一代存储设备，如图7-2所示，使用闪存存储技术，没有机械部件数据存储在固态存储芯片中。读写速度快，响应速度高；抗震抗摔，能够提供更好的数据保护。适用于需要高性能存储和快速数据访问的场景，如操作系统安装、应用程序加速等。

图 7-2

知识拓展

M.2固态硬盘

M.2固态硬盘是指"采用M.2接口的固态硬盘"。M.2是一种固态硬盘新型接口，是Intel推出的一种替代MSATA的新的接口规范，M.2接口固态硬盘的主要优势在于体积相比传统的SATA3.0、MSATA更小，由于使用了PCI-E通道，且使用NVME协议，因此读写速度更快。

3. 光盘

光盘使用激光技术将数据记录在光学介质上，包括CD、DVD、蓝光光盘等。适用于长期数据存档和备份；价格低廉，易于制作和复制。常用于音视频媒体存储、软件发布和数据备份等场景。不过由于其容量较小、读写速度慢且需要光驱进行读取，如图7-3所示，民用市场已很难见到其踪影。

图 7-3

4. 闪存驱动器

闪存驱动器使用闪存芯片存储数据，是一种便携式存储设备，常见的形式包括USB闪存驱动器（U盘）、SD卡、MicroSD卡等，如图7-4所示。便携、小巧、可擦写多次；适用于数据传输、备份和移动存储。常用于个人文件存储、数据传输和备份等场景。

图 7-4

云存储

云存储将数据存储在互联网上的远程服务器中，用户可以通过网络访问和管理数据。相对于本地存储，云存储灵活性高，可扩展性好；无需本地存储设备，能够实现数据的远程访问和共享。适用于个人用户、企业组织等需要灵活、可扩展的数据存储和备份的场景。

▌7.1.2 信息存储面临的安全挑战及应对

随着信息技术的快速发展，信息存储安全越来越受到重视。信息存储面临的安全挑战主要体现在以下几方面。

1. 数据泄露

员工、合作伙伴或其他内部人员可能会故意或无意地泄露敏感数据。黑客、网络犯罪分子或竞争对手可能通过网络攻击、钓鱼攻击等手段获取敏感数据。

2. 数据篡改和损坏

黑客或恶意软件可能会对存储在系统中的数据进行篡改或损坏，导致数据的完整性和可用性受到威胁。

3. 未授权的访问

未经授权的用户可能会试图访问存储在系统中的数据，通过密码破解、漏洞利用或社会工程等手段获取访问权限。

4. 数据加密

数据加密技术可能存在漏洞，导致加密数据被破解或解密，使敏感信息暴露在风险之下。

5. 数据备份和恢复

不完整的备份或恢复过程可能会导致数据丢失或数据泄露，影响业务连续性和数据完整性。

6. 数据合规性和隐私保护

数据存储必须符合相关法律法规和行业标准，如GDPR、HIPAA等，对数据的安全性和隐私保护提出了更高的要求。

7. 云存储安全

云存储服务可能存在数据泄露、隐私侵犯、服务中断等安全风险，需要采取有效的安全措施来保护存储在云端的数据。

8. 物理安全

存储设备可能会被盗窃、损坏或灾难性破坏，如火灾、洪水、地震等，导致数据丢失或不可用。

为了应对这些安全挑战，需要采取一系列的安全措施和技术手段，包括但不限于以下方法。

- 强化访问控制和身份认证机制，确保只有授权用户能够访问敏感数据。
- 加密存储和传输数据，保护数据的机密性和完整性。
- 实施数据备份和恢复策略，确保数据的可用性和业务连续性。
- 加强网络安全防护，防止恶意攻击和网络入侵。
- 定期进行安全审计和漏洞扫描，及时发现和修复安全漏洞。
- 培训员工以加强安全意识，防范社会工程和内部威胁。

知识拓展

监管要求日趋严格

各国政府纷纷出台信息安全相关的法律法规，对信息存储安全提出了更高的要求。企业需要遵守相关法律法规，加强信息存储管理，确保数据安全合规。

▌7.1.3 数据库面临的安全挑战及应对

数据库是专业级存储和管理数据的软件系统，是现代信息系统的核心组成部分。数据库安全是指数据库及其存储的数据免受未经授权的访问、使用、披露、修改、破坏或其他威胁的能力。黑客在入侵成功后，目的就是数据库中的数据，所以数据库安全面临着诸多挑战，主要体现在以下几方面。

1. 数据泄露

因不正确的配置、缺乏数据加密，或者内部人员的恶意行为等原因导致的数据泄露。应对策略包括加强权限管理、使用数据加密，以及定期进行安全审计。

2. 应用安全漏洞

应用安全漏洞是指数据库应用程序中的缺陷或错误，可以被攻击者利用来获取数据库的访问权限或窃取数据。应用安全漏洞是导致数据库安全事件的重要原因之一。常见的应用安全漏洞如下。

- **SQL注入漏洞：**攻击者可以通过构造恶意SQL语句执行非预期的操作。
- **跨站脚本漏洞：**攻击者可以通过将恶意脚本注入Web页面来攻击用户。
- **缓冲区溢出漏洞：**攻击者可以通过向程序的缓冲区输入过量数据来导致程序崩溃或执行任意代码。

对于安全漏洞，需要定期扫描数据库应用程序，发现并修复安全漏洞，使用安全的数据库应用程序开发框架，对数据库应用程序进行安全测试。

防范SQL注入漏洞

防范SQL注入主要靠严格的输入验证，以及使用预编译的SQL语句等。

3. 非法访问

如未经授权的访问、恶意的增、删、改、查操作等，可能会对数据的完整性和一致性造成影响。防范非法访问需要贯彻最小权限原则，只给用户（或程序）分配完成任务所必要的权限。

4. 零日攻击

零日攻击是一种非常危险的网络攻击方式。它利用软件或硬件中还没有被发现和修复的安全漏洞，也就是所谓的"零日漏洞"，对系统进行攻击。及时更新系统并采用多种防护可以降低攻击的影响。

5. DoS 攻击

通过大量的非法请求耗尽数据库的处理资源，使得合法用户无法正常使用。通过限制单用户并发连接数、设置请求频率上限等方法，可以防范DoS攻击。

6. 数据篡改与数据丢失

数据篡改可能会使数据库的数据真实性受到影响，数据丢失则会导致重要信息的丧失。增加数据备份、部署复制服务器等方法能够避免受到数据丢失的影响。

以上只是一些基本的安全挑战和应对策略，真实的应用环境中可能会有更多复杂的安全问题，需要结合具体情况来制定防护策略。

🔒 7.2 病毒与木马的安全防范

病毒和木马可以说是信息存储的最大威胁，了解及防范病毒与木马是信息存储安全的重中之重。

▮7.2.1 了解病毒

计算机病毒对数据存储的最大威胁是破坏、恶意加密及修改等。

1. 认识病毒

计算机病毒是指人为或非人为原因产生的、能自我复制或运行的计算机程序，它会通过修改其他计算机程序，并将自己的代码插入这些程序中来复制自己。如果复制成功，受影响的区域就被认为"感染"了计算机病毒，这是从生物病毒中派生出来的隐喻。计算机病毒通常需要一个宿主程序。病毒会将自己的代码写入宿主程序。当程序运行时，先执行写入的病毒程序会导致计算机感染和损坏。

计算机病毒与医学上的"病毒"不同，计算机病毒不是天然存在的，是人利用计算机软件和硬件所固有的脆弱性编制的一组指令集或程序代码。它能潜伏在计算机的存储介质或程序里，条件满足时即被激活，通过修改其他程序的方法将自己精确复制或者可能演化的形式放入其他程序中。从而感染其他程序，对计算机资源进行破坏。病毒的主要危害如下。

- **破坏数据**：删除、修改或损坏文件和系统数据。
- **盗取信息**：窃取个人隐私信息、银行账号密码等敏感信息。
- **降低系统性能**：占用系统资源，减慢系统运行速度，导致系统崩溃。
- **勒索**：加密用户文件，勒索用户支付赎金以解密文件。
- **远程控制**：将感染的计算机变成僵尸网络的一部分，被黑客远程控制。

病毒发展新趋势

未来病毒将呈现"以漏洞利用为新的传播方式""与安全软件的对抗将持续升级""攻击目标日益精准化""制作成本降低""国产病毒开始活跃"五大新趋势。

2. 病毒的特点

计算机病毒的主要特点如下。

- **自我复制**：计算机病毒能够在感染的系统中复制自己。
- **传播性**：计算机病毒能够通过网络、邮件、文件共享等方式扩散到其他系统。
- **破坏性**：一些计算机病毒会破坏文件或损坏系统，造成严重的经济损失和效率下降。
- **隐蔽性**：计算机病毒通常会采取各种手段隐藏自己，以防止被发现和删除。

3. 病毒的分类

根据不同的标准，计算机病毒可以分为不同的种类。

（1）按照传播方式划分

- **直接执行**：用户运行感染的程序时，病毒会被激活。
- **自启动**：病毒在系统启动时自动执行。
- **文件感染**：感染系统中的可执行文件或文档。

（2）按照行为特征划分

- **文件病毒**：感染可执行文件、脚本或文档等文件。
- **引导病毒**：感染系统引导区或启动扇区，启动时被激活。
- **宏病毒**：感染办公软件中的宏命令，如Word、Excel等。
- **网络病毒**：通过网络传播，感染其他计算机。
- **木马病毒**：伪装成合法程序，暗中监视用户活动或窃取信息。
- **蠕虫病毒**：利用网络自动传播，并在感染后自我复制。

4. 病毒的传播方式

随着互联网的发展，病毒的传播方式更多，下面介绍一些病毒的主要传播方式。

- **网络传播：** 利用网络漏洞、恶意链接、文件共享等途径传播到其他计算机。
- **可移动介质：** 感染U盘、移动硬盘等可移动介质，在插入其他计算机时传播。
- **电子邮件：** 通过电子邮件附件或链接，诱骗用户下载执行感染文件。
- **社交工程：** 通过欺骗、诱导等手段，诱使用户单击链接或下载文件。

7.2.2　了解木马

木马又称木马程序，是一种隐藏在正常程序中的恶意程序。木马病毒通常不会自我复制，它们依赖于用户的主动操作来执行，如打开一个看似合法的电子邮件附件或下载一个伪装成正常软件的程序，还可以伪装成用户需要或喜欢的程序，例如游戏、工具软件等，诱骗用户下载并执行。木马程序一旦被执行，就会悄悄地在计算机上安装"后门"，使黑客能够远程控制计算机，窃取数据，破坏系统，进行网络攻击等。

1. 工作原理

一个完整的木马程序包含两部分：服务端（服务器部分）和客户端（控制器部分）。植入对方计算机的是服务端，黑客正是利用客户端进入运行了服务端的计算机。运行了木马程序的服务端以后，会产生一个容易迷惑用户名称的进程，暗中打开端口，向指定目标发送数据，如网络游戏的密码、即时通信软件密码和用户上网密码等，黑客甚至可以利用这些打开的端口进入计算机系统。

木马的传播方式

木马通常通过网络传播，可能通过电子邮件、社交网络、下载站点或其他在线平台传播，还可能会伪装成各种合法软件或文件，诱使用户单击或下载。

2. 木马的类型

木马程序根据其功能可以分为以下几类。

- **后门木马：** 在用户计算机上安装"后门"，使黑客能够远程控制计算机。
- **数据窃取木马：** 窃取用户隐私信息，例如银行账号、密码等。
- **破坏性木马：** 破坏计算机系统，例如删除文件、格式化硬盘等。
- **僵尸木马：** 控制被感染的计算机，形成僵尸网络，用于发动网络攻击。
- **广告木马：** 强制显示广告，牟取非法利益。

3. 木马的危害

木马程序会对计算机系统和用户造成以下危害。

- **窃取隐私：** 木马程序可以窃取用户的隐私信息，例如银行账号、密码、聊天记录等，造成严重后果。
- **破坏系统：** 木马程序可以破坏计算机系统，例如删除文件、格式化硬盘等，导致数据丢失、系统崩溃。
- **控制计算机：** 木马程序可以使黑客远程控制计算机，执行各种恶意操作，例如盗取数据、发送垃圾邮件等。

- **进行攻击**：木马程序可以控制被感染的计算机，形成僵尸网络，用于发动网络攻击，例如DDoS攻击等。

7.2.3　病毒与木马的防范

病毒和木马是计算机安全的主要威胁，需要采取有效的防范措施才能保障计算机安全。

（1）安装并更新防病毒软件

安装并更新防病毒软件是防护计算机病毒和木马最常见和直接的方式。防病毒软件可以阻止和删除木马程序和病毒，但是必须保持其病毒库的更新，这样才能识别和防止新型的恶意程序。

（2）定期更新操作系统和应用软件

许多计算机病毒和木马会利用操作系统和应用软件的漏洞来传播和攻击，因此及时更新操作系统和应用软件，特别是安全补丁，可以有效地防止这些恶意软件。

（3）认真对待邮件附件和下载链接

许多病毒和木马都是通过邮件附件或下载链接传播的，因此在打开附件和链接之前，必须确认其安全性。

（4）不随意访问不安全的网站

一些不安全的网站可能会携带恶意软件，因此应尽量避免访问这些网站。

（5）使用强密码和更改默认密码

使用强密码（包括数字、字母和特殊字符）和更改默认密码可以防止恶意软件攻击。

（6）减少文件共享

尽量少用共享文件夹，因为这可能成为病毒和木马传播的途径。

（7）关闭不必要的端口

某些木马会通过系统漏洞留下"后门"，因此需要检查并关闭不必要的端口，以防止未经授权的访问。

（8）开启防火墙

防火墙可以防止未授权的远程访问，从而提高计算机的安全性。

备份重要文件

即使采取了所有的预防手段，计算机仍然可能被病毒或木马感染。定期备份重要文件才是防止这些文件被破坏或丢失的最好方法。

🔒 7.3　磁盘阵列技术

磁盘包含前面介绍的信息存储的机械硬盘和固态硬盘，因为对用户来说，两者都可以采用磁盘阵列技术，所以统一使用"磁盘"来代替。下面详细介绍磁盘阵列技术。

▌7.3.1 认识磁盘阵列技术

RAID（Redundant Array of Inexpensive Disks）译为"廉价冗余磁盘阵列"，也称为"磁盘阵列"。该技术于1988年提出。后来RAID中字母I的含义被改为Independent，RAID就成了"独立冗余磁盘阵列"，但这只是名称的变化，实质性的内容并没有改变。RAID技术是利用若干台小型磁盘驱动器加上控制器，按一定的条件组成的一个大容量、快速响应、高可靠的存储子系统。

不仅由于有多台驱动器并行工作，大大提高了存储容量和数据传输率，还采用了纠错技术，提高了可靠性。RAID按工作模式可以分为RAID 0、RAID 1、RAID 2、RAID 3、RAID 4、RAID 5、RAID 6、RAID 7、RAID 10、RAID 53等多种级别。

1. RAID 技术的原理

RAID是一种通过虚拟化技术将多个物理磁盘驱动器组合为一个或多个逻辑单元的存储虚拟化技术。在RAID中，数据被分布到多个磁盘中，因此各磁盘可以并行工作，从而提高数据处理的速度。同时，RAID可以复制数据到多个磁盘，以提供数据冗余保护，从而提高数据的可靠性。RAID技术有多种不同的级别，每种级别的RAID技术提供不同的冗余机制和性能水平。

2. RAID 的功能

RAID是一种数据存储技术，通过将多个磁盘组合成一个逻辑单元，以提高数据的可靠性、性能和容量。RAID技术主要有以下几种基本功能。

- 通过对磁盘上的数据进行条带化，实现对数据的成块存取，减少磁盘的机械寻道时间，提高数据存取速度。
- 通过对一个阵列中的几块磁盘同时读取，减少磁盘的机械寻道时间，提高数据存取速度。
- 通过镜像或者存储奇偶校验信息的方式，实现对数据的冗余保护。

知识拓展

> **RAID技术的优缺点**
>
> RAID技术提高了磁盘的性能、可靠性、可用性，降低了存储成本。但RAID技术增加了复杂性，降低了存储空间利用率以及磁盘的性能。

3. RAID 的实现方式

RAID可以通过硬件和软件两种方式实现。

（1）硬件RAID

使用专用的RAID控制器，控制器上有自己的处理器和内存，独立于主机CPU。硬件RAID具有更好的性能和稳定性，适用于高端服务器和数据中心环境。

（2）软件RAID

通过操作系统内置的RAID驱动程序或第三方软件实现。软件RAID依赖主机CPU执行RAID计算和管理，性能可能受到影响，但通常成本较低，适用于普通服务器和个人计算机。

7.3.2 RAID的级别

实际使用中，常见的RAID级别有RAID 0、RAID 1、RAID 0+1、RAID 3、RAID 5等。不同的级别对应着不同的功能、原理及应用。

1. RAID 0

RAID 0在N块磁盘上选择合理的带区来创建带区集。其原理类似于显示器隔行扫描，将数据分割成不同条带分散写入所有的磁盘中同时进行读写，如图7-5所示。多块硬盘的并行操作使同一时间内磁盘读写的速度提升N倍。

如果把所有的磁盘都连接到一个控制器上，可能会带来潜在的危害。因为频繁进行读写操作时，很容易使控制器或总线的负荷超载。建议用户使用多个磁盘控制器。最好的解决方法是为每一块磁盘都配备一个专门的磁盘控制器。

虽然RAID 0可以提供更多的空间和更好的性能，但是整个系统是非常不可靠的，如果出现故障，无法进行任何补救。RAID 0一般只是在那些对数据安全性要求不高且需要高速读写速度的情况下才被人们使用。

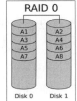
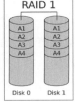

图 7-5　　　　图 7-6

2. RAID 1

RAID 1称为磁盘镜像，原理是把一个磁盘的数据镜像到另一个磁盘上，如图7-6所示。数据在写入一块磁盘的同时，会在另一块磁盘上生成镜像文件，在不影响性能的情况下最大限度地保证系统的可靠性和可修复性，当一块磁盘失效时，系统会忽略该磁盘，转而使用备份的镜像盘读写数据，具备很好的磁盘冗余能力。虽然这样对数据来讲绝对安全，但是成本也会明显增加，也不会提高读写的速度，此时磁盘的利用率为50%。另外，出现磁盘故障的RAID系统不再可靠，应当及时地更换损坏的磁盘，否则剩余的镜像盘也出现问题，整个系统就会崩溃。更换新盘后原有数据会需要很长时间同步镜像，但外界对数据的访问不会受到影响，只是恢复时整个系统的性能有所下降。因此，RAID 1多用在保存关键数据或重要数据的场合。

3. RAID 5

RAID 5为无独立校验盘的奇偶校验磁盘阵列。RAID 5把校验块分散到所有的数据盘中，它使用了一种特殊的算法，可以计算出任何一个带区校验块的存放位置，这样就可以确保任何对校验块进行的读写操作都会在所有的RAID磁盘中进行均衡，从而消除了产生瓶颈的可能。任何一块磁盘的损坏，都可以通过其他

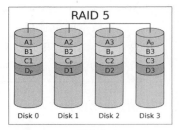

图 7-7

几块磁盘恢复数据，RAID 5能提供较为完美的整体性能，因而也是被广泛应用的一种磁盘阵列方案。它适合于I/O密集、高读写比率的应用程序，如事务处理等。为了具有RAID 5级的冗余度，至少需要3个磁盘组成的磁盘阵列。常见的RAID 5模式如图7-7所示。RAID 5既可以通过磁盘阵列控制器硬件实现，也可以通过某些网络操作系统软件实现。

注意事项 RAID 5的恢复要求

如果一块磁盘损坏，RAID 5可以恢复，但如果同时有多块磁盘损坏，则会因为文件的缺失而无法恢复。

4. RAID 0+1

RAID 0+1从名称上便可以看出是RAID 0与RAID 1的结合体。在单独使用RAID 1时也会出现类似单独使用RAID 0那样的问题,即在同一时间内只能向一块磁盘写入数据,不能充分利用所有的资源。为了解决这一问题,可以在磁盘镜像中建立带区集。因为这种配置方式综合了带区集和镜像的优势,所以被称为RAID 0+1。把RAID 0和RAID 1技术结合起来,数据除分布在多个盘上外,每个盘都有其物理镜像盘,提供全冗余能力,允许一个以下磁盘故障,而不影响数据可用性,并具有快速读写能力。
RAID 0+1要在磁盘镜像中建立带区集至少需要4块磁盘,如图7-8所示。

除了RAID 0+1外,还有RAID 1+0,有时也称为RAID 10,如图7-9所示,先后顺序变化了而已。

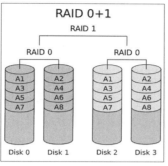

图 7-8

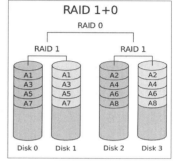

图 7-9

🔒 7.4 服务器集群技术

服务器集群技术是一种将多台服务器联合在一起一同工作的技术。通过这种技术,当一台服务器出现故障时,其他的服务器可以接管它的工作,因此,服务器集群技术可以提高系统的稳定性和可用性。

7.4.1 认识服务器集群技术

集群(Cluster)系统是一种由多台独立的计算机相互连接而成的并行计算机系统,并作为单一的高性能服务器或计算机系统来应用。集群系统的核心技术是负载平衡和系统容错,主要目的是提高系统的性能和可用性,为客户提供7×24小时不停机的高质量服务。与双机容错系统相比,集群系统不仅具有更强的系统容错功能,并且还具有负载平衡功能,使系统能够提供更高的性能和可用性。

> **知识拓展**
>
> **集群管理软件**
>
> 为了实现服务器集群,通常需要专门的集群管理软件,例如Linux下的Heartbeat、Corosync软件等。这些软件会定期检查集群中各节点的状态,以及控制服务的切换。

1. 服务器集群的原理

服务器集群技术的基本原理是将多台服务器的资源进行整合,形成一个统一的资源池。集群的实现包括任务分配、任务调度和结果合并三个步骤。

(1)任务分配

任务分配是将任务按照一定规则和策略分配给集群中的计算节点进行处理。任务通常以可执行文件的形式提供，调度器根据任务的复杂性、优先级和计算节点的负载情况等因素来分配任务。

（2）任务调度

任务调度是集群中的核心功能，负责管理和协调计算节点上的任务执行和资源分配。调度器需要考虑计算节点的负载、任务的依赖和优先级等因素来进行任务调度。

（3）结果合并

结果合并是将计算节点处理的结果进行合并和整理。所有计算节点完成任务后，调度器将收集各计算节点的结果，并将它们合并为一个最终的结果。在合并过程中，需要考虑数据的相互关系和整理规则等因素。

在集群系统中，负载平衡功能将客户请求均匀地分配到多台服务器上进行处理和响应，由于每台服务器只处理一部分客户请求，加快了整个系统的处理速度和响应时间，从而提高了整个系统的吞吐能力。同时，系统容错功能将周期地检测集群系统中各服务器的工作状态，当发现某一服务器出现故障时，立即将该服务器挂起，不再分配客户请求，将负载转嫁给其他服务器分担，并向系统管理人员发出警告。可见，集群系统通过负载平衡和系统容错功能提供了高可用性。

2. 服务器集群的方式

集群系统主要有两种组成方式。一是使用局域网技术将多台计算机连接成一个专用网络，由集群软件管理该网络中的各节点，节点的加入和删除对用户完全透明；二是使用对称多处理器（SMP）技术构成多处理机系统，如刀片式服务器等，各处理机之间通过高速I/O通道进行通信，数据交换速度较快，但可伸缩性较差。不论哪种组成方式，对于客户应用来说，集群系统都是单一的计算机系统。

3. 服务器集群的特点

高可用性和高容灾性是服务器集群的主要特点。

（1）高可用性

可用性是指一个计算机系统在使用过程中所能提供的可用能力，通常用总的运行时间与平均无故障时间的百分比来表示。高可用性是指系统能够提供99%以上的可用性，高可用性一般采用硬件冗余和软件容错方法来实现，集群系统是一种将硬件冗余和软件容错有机结合的解决方案。一般的集群系统可以达到99%~99.9%的可用性，有些集群系统甚至可以达到99.99%~99.9999%的可用性。

（2）高容灾性

高容灾性是在高可用性的基础上提供更高的可用性和抗灾能力。高可用性系统一般将集群系统的计算机放置在同一个地理位置上或一个机房里，计算机之间的分布距离有限。高容灾系统将计算机放置在不同的地理位置上或至少两个机房里，计算机之间分布距离较远，如两个机房之间的距离可以达到几百或者上千千米。一旦出现灾难事故，处于不同地理位置的集群系统之间可以互为容灾，从而保证整个网络系统的正常运行。高可用性系统的投资比较适中，容易被用户接受。而高容灾性系统的投入非常大，立足于长远的战略目的，一些发达国家比较重视高容灾性系统。

目前，很多的网络服务系统，如Web服务器、E-mail服务器、数据库服务器等都广泛采用了集群技术，使这些网络服务系统的性能和可用性有了很大的提高。在网络安全领域中，集群技术可作为一种灾难恢复手段来应用。

7.4.2 集群系统的组成

高可用性的集群系统主要包括以下几方面的硬件组件。

1. 服务器组

在高可用性的集群系统中每个节点的服务器必须有自己的CPU、内存和磁盘。每个服务器节点的磁盘用于安装操作系统和集群软件程序。

2. 对外提供服务的网络

集群系统中的服务器一般采用TCP／IP网络协议与客户端相连。每个服务器上都有自己的应用服务，客户端必须通过集群服务器中的网络通路来得到自己的服务。心跳信号通路：在高可用性的集群系统中每个节点必须有心跳接口，用于服务器节点之间互相监视和通信，以取得备援服务器的工作状态。常见的心跳信号可分别通过串行通信线路（RS232）、TCP／IP网络和共享磁盘阵列互相传递信息。心跳线路最好使用两条不同的通信路径，达到监视线路冗余的效果。

3. 数据共享磁盘

由于在高可用性的集群系统中运行的都是关键业务，故使用的存储服务器都应是企业级的存储服务器，这些存储服务器应具有先进技术来保障其数据安全。一般数据放在企业级的存储服务器的共享磁盘的空间中，它是各服务器节点之间维持数据一致性的桥梁，各服务器节点在集群软件的控制下不会同时访问共享磁盘。

知识拓展

集群系统与容错系统的关系

容错系统在服务器内部的CPU主板上有单点故障，而集群系统是一个安全、稳定且可靠的系统，集群系统不光有集群软件，还有整个硬件平台的冗余，即整机备份。它是一个高可用、无单点故障的系统。集群系统对于客户端是一个整体，其内部的不同应用运行在不同的服务器中，每台服务器上有自己的CPU和内存来支持应用。而容错系统是一个具有冗余部件的计算机系统，所有的应用都运行在主板的不同CPU上，内存共享。

7.4.3 集群技术的分类及典型产品

集群技术本身有很多种分类，市场上的产品也很多，都没有很标准的定义。一般可以分为以下几种。

1. 基于冗余的集群

严格来讲，这种冗余系统并不能叫作真正的集群，因为它只能够提高系统的可用性，但无法提高系统的整体性能。基于冗余的集群有以下几种类型。

（1）容错机

容错机的特点是在一台机器内部对所有的硬件部件都进行冗余，包括硬盘、控制卡、总线、电源等。能够基本做到与软件系统无关，而且可实现无缝切换，但价格极其昂贵。典型市场产品有Compaq NonStop（Tandem）、Micron（NetFrame）、Straus等。

（2）基于系统镜像的双机系统

基于系统镜像的双机系统的特点是，利用双机将系统的数据和运行状态（包括内存中的数据）进行镜像，从而实现热备份的目的，能够做到无缝切换。但因为采用软件控制，占用系统资源较大，而且由于两台机器需要完全一样的配置，所以性价比太低。典型市场产品有Novell SFT Ⅲ、Marathon Endurance 4000 for NT等。

（3）基于系统切换的双机系统

基于系统切换的双机系统的特点是利用双机，将系统的数据（仅指硬盘数据）进行镜像，在主机失效的情况下从机将进行系统级的切换。性价比适中，但无法实现无缝切换。典型市场产品有Legato（Vinca） StandbyServer for NetWare、Savoir（WesternMicro）SavWareHA（Sentinel）、Compaq StandbyServer等。

2. 基于应用程序切换的集群

基于应用程序切换的集群的特点是当集群中的某个节点发生故障时，其他节点可以进行应用程序级的切换，所以所有节点在正常状态下都可以对外提供自己的服务，也被称为静态的负载均衡方式。性价比高，但也无法实现无缝切换，而且对单个应用程序本身无法做到负载均衡。典型市场产品有Legato（Vinca） Co-StandbyServer for NT、Novell HA Server、Microsoft Cluster Server、DEC Cluster for NT、Legato Octopus、Legato FullTime、NeoHigh Rose HA、Sun Clusters、Veritas Cluster Server （FirstWatch）、CA SurvivIT、1776等。

3. 基于并行计算的集群

基于并行计算的集群的主要应用于科学计算、大任务量的计算等环境。有并行编译、进程通信、任务分发等多种实现方法。典型市场产品有TurboLinux enFuzion、Beowulf、Supercomputer Architectures、Platform等。

4. 基于动态负载均衡的集群

基于动态负载均衡的集群的所有节点对外提供相同的服务，这样可以实现对单个应用程序的负载均衡，而且同时提供高可用性。性价比较高，但目前无法支持数据库。典型市场产品有TurboCluster Server、Linux Virtual Server、F5 BigIP、Microsoft Windows NT Load Balance Service等。

7.4.4　集群的数据转发方式

在集群服务器系统中，由管理器统一调度和管理客户请求。对于客户来说，集群服务器系统是一个单一的服务器，使用一个指定的IP地址就可以访问该服务器。对于集群服务器系统来说，管理器使用的是客户可见的实际IP地址，而内部服务器使用的是客户不可见的内部IP地址。客户发出的，首先由管理器接收，管理器根据负载分配算法选择一个服务器节点，然后再将请求包转发给所选择的服务器。管理器主要采用反向代理及直接路由两种方式转发请求包。

1. 反向代理

管理器接收到请求包后，首先选择一个可用的服务器节点，将请求包中的目的IP地址和端口号转换成该服务器节点的IP地址和端口号，并将这个连接记录在一个连接表中，然后将请求包转发给该服务器。对于服务器的应答包，管理器会将应答包中的源IP地址和端口号转换成管理器的IP地址和端口号，然后发给客户。终止该连接后，从连接表中删除相应的连接记录。这种转发方法的优点是服务器可以不受操作系统平台的限制，可以是任何支持TCP/IP的操作系统。由于数据包的输入和输出都要经过管理器转发，因而对管理器的性能和可靠性提出较高的要求，在数据流量较大的情况下，管理器可能成为通信瓶颈。

2. 直接路由

管理器接收到包含请求包的数据帧后，首先选择一个可用的服务器节点，将数据帧中的目的MAC地址转换成该服务器节点的MAC地址，并将这个连接记录在一个连接表中，然后将数据帧转发给该服务器。对于服务器的应答包，由服务器直接发送给客户，无须经过管理器。终止该连接后，从连接表中删除相应的连接记录。这种转发方法的优点是服务器直接响应客户，响应性能比较好，尤其在数据流量较大的情况下。

7.4.5 集群的负载分配算法

在集群服务器系统中，由管理器统一调度和分配客户请求，根据负载分配算法选择一个服务器节点，将请求包转发给所选择的服务器。管理器主要采用以下4种负载分配算法分配请求包。

1. 轮循调度算法

管理器以循环调度的方式将客户的请求包分配给各服务器节点，它平等对待集群系统内所有的服务器，而不考虑每个服务器的处理能力、响应时间和已有的负载（连接数目）。这种算法可能会引起服务器之间动态负载的不均衡。

2. 加权的轮循调度算法

在加权的轮循调度算法中，考虑了每个服务器的处理能力，为每个服务器设置一个权值，处理能力越强，权值就越高，并根据每个服务器的权值建立一个调度序列。管理器将根据这个调度序列来分配客户连接。例如，A、B、C三台服务器的权值分别设置为4、3、2，那么在一个调度周期内的调度序列就是ABCABCABC。轮循调度算法是该算法的一个特例，即所有服务器的权值均为1。这两种算法都属于静态调度算法，虽然加权的轮循调度算法考虑了服务器的处理能力，但仍然存在动态负载不平衡问题。例如在负载发生剧烈变化时，所有的重负载（连接时间长的客户请求）可能会分配到同一台服务器上，引起该服务器的超载。

3. 最少连接调度算法

最少连接调度算法是一种动态调度算法，它考虑了每个服务器的当前负载情况，动态地计算当前每个服务器上已有的连接数，并将客户请求分配给当前已有连接数最少的服务器。如果每个服务器具有相似的处理能力，即使在负载情况变化很大的情况下，这种算法也能很平滑地将负载分配到不同的服务器上。

4. 加权的最少连接调度算法

在最少连接调度算法的基础上，考虑每个服务器的处理能力，为每个服务器设置一个权值。管理器将根据每个服务器已有的连接数和权值的计算结果来选择服务器并分配负载。最少连接调度算法是该算法的一个特例，即所有服务器的权值均为1。

> **动态算法的特点**
> 动态调度算法提供负载动态平衡特性，但增加了计算时间，系统开销较大。

7.4.6　集群的容错

在集群服务器系统中，存在两类节点的容错问题，一类是管理器节点，另一类是服务器节点。

1. 管理器节点的容错

管理器节点的容错问题主要采用双机热备份方法来解决。系统设置两个管理器节点，一个是主管理器，另一个是备份管理器。两者之间通过检测对方的"心跳"来协同工作，实现系统容错。"心跳"检测的工作机制如下。

（1）通过"心跳"互测

主管理器和备份管理器之间每隔一定的时间间隔互相发送"心跳"信号，向对方报告自身的状态，从而实现彼此相互监测。

（2）异常的处理

当一个管理器发现对方状态异常时，将根据不同的情况进行相应的操作。

● 当主管理器检测到备份管理器出现故障且已不能正常工作时，会发出警告信息。
● 当备份管理器检测到主管理器出现故障且已不能正常工作时，除了发出警告信息外，还会立即接管主管理器的工作。接管过程对用户完全透明。
● 当原来的主管理器重新恢复正常工作状态时，备份管理器会自动放弃管理，主管理器重新进入管理状态，备份管理器则回到监控状态。

2. 服务器节点容错

服务器节点的容错问题主要通过管理器的节点失效管理功能来解决，在管理器中设置一个可用节点池，用于记录集群系统中可用的服务器节点。管理器以周期轮询的方式来实时监测服务节点的工作状态，如果被轮询的服务器节点没有响应，则说明该节点处于不可用状态，管理器将从可用节点池中删除失效的节点，避免向失效的节点分配负载。该节点恢复正常工作后，管理器将该节点重新添加到可用节点池中，从而实现一定程度的节点故障重构功能。

由此可见，集群服务器系统使服务器系统的可用性有了很大的提高。同时也提高了系统抗攻击和抗灾难能力，系统吞吐能力的提高可以增强抗DDoS攻击能力，系统容错能力的提高可以避免因单点失效而引起的系统崩溃。

7.5　数据备份技术

数据备份是保存数据副本的过程，以防源数据丢失或损坏。数据备份是IT领域非常重要的一部分，它能够保证在数据出现损坏、删除或被病毒感染等情况下的数据恢复。

7.5.1　认识数据备份技术

数据备份是把文件或数据库中的数据从原来存储的位置复制到其他位置的操作，其目的是在设备发生故障或发生其他威胁数据安全的灾害时保护数据，将数据遭受破坏的程度降到最低。数据备份通常在大型企业是必须完成的数据保护任务计划，也是中小型企业系统管理员每天必做的工作之一。取回原先备份的文件的过程称为恢复数据。

信息的存储会受到各种威胁，如网络攻击、病毒感染、磁盘失效、供电中断、火灾、水灾、黑客入侵、人为误操作，以及其他潜在的系统故障引起的数据丢失、数据损坏、数据被篡改、数据被非法使用等。这些原因会导致私人信件、重要的金融信息、通讯录、文档、程序等的损坏或丢失，而重新整理这些数据的代价是非常高的，有时甚至是不可能完成的任务，所以一定要将重要的数据进行备份。数据备份能够用一种增加数据存储代价的方法保护数据的安全，对于一些拥有重要数据的大公司来说尤为重要。很难想象银行的计算机中存放的数据在没有备份的情况下丢失将会造成什么样的混乱局面。数据备份能在较短的时间内用很小的代价，将有价值的数据存放到与初始创建的存储位置相异的地方，在数据被破坏时，再在较短的时间内花费非常小的代价将数据全部恢复或部分恢复。

7.5.2　数据备份技术的类型

数据备份技术根据备份方式和备份目标的不同，可以分为以下几类。

1. 本地备份

本地备份是指将数据备份到同一台计算机的不同磁盘或同一磁盘的不同分区，也可以是同一局域网内的其他计算机上。本地备份的优点是速度快、成本低，缺点是可靠性较低，容易受到自然灾害或人为破坏的影响。

2. 异地备份

异地备份是指将数据备份到位于不同地理位置的存储介质上。如网络上另一个位置的计算机、服务器或其他的存储设备中。异地备份的优点是可靠性高，可以有效地抵御自然灾害或人为破坏的影响，缺点是速度慢、成本高。

3. 冷备份

冷备份是指将数据备份到不易发生变化的存储介质上，例如光盘等。冷备份的优点是长期保存成本低，缺点是备份介质的容量较小，备份及恢复速度慢。

4. 热备份

热备份是指将数据备份到易于访问的存储介质上，例如硬盘、SSD等。热备份的优点是恢复速度快，缺点是长期保存成本高。

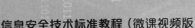

5. 云备份

可以利用大型互联网公司提供的网盘，将重要资料备份到网盘中。也可以使用自己的网络备份服务器进行云备份。

7.5.3 数据备份的策略

数据备份的策略主要指的是按照实际情况所采用的数据备份的方式和方法。常见的数据备份策略有很多种，其中最常用的是完全备份、增量备份和差异备份。

1. 完全备份

完全备份就是备份系统中的所有数据，包括系统、程序以及用户数据等，每个被备份的文件标记为已备份。这种备份方式数据最全，也能提供最完整的数据保护。备份存储介质上最后的文件是最新的。完全备份的优点是备份与恢复的操作比较简单，备份比较稳定，相对来说也最为可靠；其缺点在于需要备份的数据量最大，消耗的存储空间最多，备份过程也相对最慢。

知识拓展

复制备份

复制所有选定的文件，被备份的文件不做已备份标记。这种方式不会影响其他备份操作，用户可以在正常备份和增量备份之间使用复制备份来备份文件。

2. 增量备份

增量备份指对上一次的备份以来发生变化或新增的数据做备份。此种备份策略的优点是每次需要备份的数据量小，消耗存储空间小，备份所需时间短；其缺点是备份与恢复的操作较为复杂，备份时需要区分哪些数据被修改过，恢复时首先需要一次完全备份作为基础，然后依照顺序恢复历次的增量备份。如果完全备份损坏，则无法进行任何恢复。

3. 差异备份

差异备份只备份自上次完全备份以来所发生变化或新增的所有数据，被备份的文件不做已备份标记。差异备份的优点是备份时间和存储空间介于完整备份和增量备份之间，缺点是需要完整的备份作为基础。恢复时则比较简单，只要进行一次完全备份的恢复，再进行一次差异备份即可。

知识拓展

其他备份方式

镜像备份指备份整个硬盘或分区的镜像，创建数据的精确副本或照片，通常用于操作系统或整个磁盘的完整备份。

持续数据保护（Continuous Data Protection，CDP）是一种数据备份和恢复技术，能连续地、实时地监测和记录数据的变化。这种技术可以实时或几乎实时地备份数据，提供更高级别的数据保护。在数据发生变化时，系统会自动生成一个时间戳，并将变化的数据备份到备份设备，而不是在固定的时间点进行备份。这意味着，CDP可以根据时间戳回滚数据，恢复到任意时间点的状态，这极大地提高了数据恢复的灵活性。

7.5.4　数据备份的应用方案

完全备份、增量备份、差异备份3种备份策略常结合使用，常用的方法有独立的完全备份、完全备份+增量备份、完全备份+差异备份等多种。

1. 独立的完全备份

完全备份会产生大量数据移动，选择每天完全备份的客户经常直接把磁盘介质连接到每台计算机上进行备份。其结果是较差的经济效益和较高的人力花费。

2. 完全备份 + 增量备份

完全备份+增量备份方案源自完全备份，不过减少了数据移动，其思想是较少使用完全备份。例如，在周日晚上进行完全备份，在其他6天则进行增量备份。使用周一到周六的增量备份能保证只备份那些在最近24小时内改变了的文件，而不是所有文件。由于只有较少的数据移动和存储，增量备份减少了对存储介质的需求。对客户来讲则可以在一个自动系统中应用更加集中的磁盘阵列，以便允许多个客户机共享昂贵的资源。

采用这种方法恢复数据时，完整的恢复过程首先需要恢复上周日晚的完全备份，然后再覆盖自完全备份以来每天的增量备份。该过程最坏的情况是要设置7个磁盘集（每天1个）。如果文件每天都改，则需要恢复7次才能得到最新状态。

3. 完全备份 + 差异备份

完全备份+差异备份方案主要考虑完全备份+增量备份方法中恢复很困难，增量备份考虑的问题是自昨天以来哪些文件改变了，而差异备份方法考虑的问题是自完全备份以来哪些文件发生了变化。在完全备份后进行的第一次备份后，采用增量备份和差异备份两种备份方法所得到的结果是相同的。但到了以后的备份结果就不一样了，增量备份进行每次备份后的数据只能恢复24小时内改变的文件，而差异备份可以在每次备份后恢复每天变化的文件。尽管差异备份比增量备份移动和存储更多的数据，但恢复操作比采用增量备份就简单多了。

7.5.5　数据备份的优势和挑战

数据备份的优势如下。

- 提供数据的安全保障和灾难恢复能力，防止数据丢失和业务中断。
- 通过定期备份和多备份存储，提高数据的可靠性和可用性。
- 通过云备份等技术，提供灵活的远程备份和存储解决方案。

数据备份的挑战如下。

- 需要投入一定的成本和资源，包括备份软件、存储介质和管理人员等。
- 需要制定合理的备份策略和周期，以确保备份数据的完整性和及时性。
- 数据备份可能会占用大量的存储空间，需要合理管理和优化备份数据的存储成本。

知识拓展

数据备份的3-2-1原则

至少保留3份备份，存储在2种不同的介质上，其中1份备份存储在远程位置以防止灾难性数据丢失。

7.5.6 数据备份的实施和管理

数据备份的实施和管理包括以下基本步骤。

步骤01 需求分析，确定数据备份的需求，包括需要备份的数据类型、备份频率、备份目标等。

步骤02 方案设计，根据需求分析的结果设计数据备份方案，包括备份方式、备份方法、备份工具等。选择适合自己需求的备份软件时，确保支持所需的备份类型和存储介质。

步骤03 方案实施，按照方案实施数据备份，包括安装备份软件、配置备份任务等。

步骤04 方案测试，测试备份方案是否有效，是否能够满足需求。

步骤05 方案维护，定期维护备份方案，定期测试备份数据的恢复性能，确保备份数据的完整性和可用性。定期监控备份任务的执行情况，及时处理备份失败或错误。

7.6 数据容灾技术

数据容灾技术是一种预防灾难的措施，旨在保证在发生灾难或失败时，业务能够尽快恢复，并减少数据丢失。

7.6.1 认识数据容灾技术

数据容灾系统就是为计算机信息系统提供一个能应对各种灾难的环境。当计算机系统在遭受如火灾、水灾、地震、战争等不可抗拒的自然灾难，以及计算机犯罪、计算机病毒、掉电、网络或通信失败、硬件或软件错误和人为操作错误等人为灾难时，容灾系统将保证用户数据的安全性（数据容灾），一个更加完善的容灾系统甚至还能提供不间断的应用服务（应用容灾）。可以说，容灾系统是数据存储备份的最高层次。

一般来说，为了保护数据安全和提高数据的持续可用性，企业要从RAID保护、冗余结构、数据备份、故障预警等多方面考虑。一套完整的容灾系统应该包括本地容灾和异地容灾。对于那些关键业务不能中断的用户和行业，如电信、海关、金融行业更应如此。

根据国际标准SHARE78的定义，确定灾难备份技术方案应主要考虑如下几方面。

- 备份/恢复的范围。
- 灾难恢复计划的状态。
- 应用站点与灾难备份站点之间的距离。
- 应用站点与灾难备份站点之间是如何相互连接的。
- 数据是怎样在两个站点之间传送的。
- 允许有多少数据被丢失。
- 怎样保证更新的数据在灾难备份站点被更新。
- 灾难备份站点可以开始灾难备份工作的能力。

1. 数据容灾技术的原理

数据容灾技术基于以下原理实现。

（1）备份和复原

定期备份关键数据、应用程序和系统，以便在灾难发生时能够快速恢复。

（2）数据复制

通过数据复制技术，在不同的地理位置或存储介质上保存数据的副本，以提供备份和灾难恢复的多样性和可靠性。

（3）灾难恢复计划

制订详细的灾难恢复计划（DRP），包括数据备份策略、灾难恢复流程和应急响应计划等，确保在灾难发生时能够迅速、有效地恢复业务。

2. 数据容灾技术常见方法

数据容灾技术的常见方法如下。

（1）站点复制

站点复制是指将本地数据中心的数据和应用系统实时复制到异地数据中心。站点复制的优点是数据丢失量小，恢复速度快，缺点是成本高。

（2）异地备份

异地备份是指定期将本地数据中心的数据备份到异地数据中心。异地备份的优点是成本低，缺点是数据丢失量可能较大，恢复速度较慢。

（3）日志备份

日志备份是指备份数据库的日志文件。日志备份的优点是恢复速度快，缺点是需要完整的备份作为基础。

（4）虚拟机复制

虚拟机复制是指将虚拟机及其数据复制到异地数据中心。虚拟机复制的优点是灵活性和可扩展性好，缺点是对网络带宽要求较高。

3. 数据容灾技术的实施步骤

数据容灾技术的实施步骤如下。

步骤 01 需求分析，确定数据容灾的需求，包括需要保护的数据类型、容灾目标、容灾时间等。

步骤 02 方案设计，根据需求分析的结果，设计数据容灾方案，包括容灾方法、容灾架构、容灾设备等。

步骤 03 方案实施，按照方案实施数据容灾，包括安装容灾软件、配置容灾任务等。

步骤 04 方案测试，测试容灾方案是否有效，是否能够满足需求。

步骤 05 方案维护，定期维护容灾方案，确保容灾数据的完整性和有效性。

▌7.6.2　数据容灾技术的分类

目前有很多种容灾技术，分类也比较复杂，总体上可以分为离线式容灾（冷容灾）和在线式容灾（热容灾）两种类型。

1. 离线式容灾

所谓的离线式容灾主要依靠备份技术实现。其重要步骤是将数据通过备份系统备份到存储介质中，而后将介质运送到异地保存管理。这种方式主要由备份软件来实现备份和介质的管理，除了介质的运送和存放外，其他步骤可实现自动化管理。整个方案的部署和管理比较简单，相应的投资也较少。但缺点也比较明显，由于采用介质存放数据，所以数据恢复较慢，而且备份窗口内的数据都会丢失，实时性比较差。对于资金受限、对数据恢复的要求较低的用户可以选择这种方式。

2. 在线式容灾

在线式容灾要求生产中心和灾备中心同时工作，生产中心和灾备中心之间有传输链路连接。数据自生产中心实时复制传送到灾备中心。在此基础上，可以在应用层进行集群管理，当生产中心遭受灾难、出现故障时，可由灾备中心自动接管并继续提供服务。应用层的管理一般由专门的软件实现，可以代替管理员实现自动管理。由上面的分析可见，实现在线容灾的关键是数据备份技术。数据的备份有多种实现方式，各有利弊。

由于在线容灾可以实现数据的实时复制，因此，数据恢复可以满足用户的高要求，数据重要性很高的用户都应选择这种方式，例如金融行业的用户。但要实现这种方式的容灾必须有很高的投入，一般中小型企业用户很难负担。在方案选择时一定要考虑多方面的因素。很多用户在初期规划时都过于追求完美，并不考虑自身的经济承受能力，导致最后的预算无法负担。所以，选择容灾方案一定要结合自己的实际情况，并不一定要求无数据丢失，只要能确保在业务的可承受范围内就可以。

7.6.3 数据容灾技术的等级划分

根据国际标准SHARE78将容灾系统定义并简化成如下4个层次。

1. 0级：没有备援中心

0级容灾备份实际上没有灾难恢复能力，它只在本地进行数据备份，并且被备份的数据只在本地保存，没有送往异地。

2. 1级：本地磁盘备份，异地保存

在本地将关键数据备份，然后送到异地保存。灾难发生后，按预定数据恢复程序恢复系统和数据。这种方案成本低、易于配置。但当数据量增大时，存在存储介质难管理的问题，并且当灾难发生时存在大量数据难以及时恢复的问题。为了解决此问题，灾难发生时，先恢复关键数据，后恢复非关键数据。

3. 2级：热备份站点备份

在异地建立一个热备份点，通过网络进行数据备份。也就是通过网络，以同步或异步方式把主站点的数据备份到备份站点，备份站点一般只备份数据，不承担业务。当出现灾难时，备份站点接替主站点的业务，从而维护业务运行连续性。

4. 3级：活动备援中心

在相隔较远的地方分别建立两个数据中心，它们都处于工作状态，并进行相互数据备份。

当某个数据中心发生灾难时，另一个数据中心接替其工作任务。这种级别的备份根据实际要求和投入资金的多少，又可分为两种。

- 两个数据中心只限于关键数据的相互备份。
- 两个数据中心互为镜像，即零数据丢失等。

零数据丢失是目前要求最高的一种容灾备份方式，它要求不管发生什么灾难，系统都能保证数据的安全。所以需要配置复杂的管理软件和专用的硬件设备，需要的投资相对而言是最大的，但恢复速度也是最快的。

等级与技术

0、1两级属于冷备份，2、3两级属于热备份。一般把0级的容灾称为备份，把1、2、3级称为容灾工程。

7.6.4 数据容灾的检测及迁移

对于一个容灾系统，在灾难发生时，尽早地发现生产系统端的灾难，尽快地恢复生产系统的正常运行，或者尽快地将业务迁移到备用系统上，都可以将灾难造成的损失降到最低。除了依靠人力来对灾难进行确定之外，对于系统意外停机等灾难还需要容灾系统能够自动地检测灾难的发生，目前容灾系统的检测技术一般采用心跳技术。

心跳技术的实现是，生产系统在空闲时每隔一段时间向外广播一下自身的状态。

检测系统在收到这些"心跳信号"之后，便认为生产系统是正常的。若在给定的一段时间内没有收到"心跳信号"，检测系统便认为生产系统出现了非正常的灾难。心跳技术的另外一个实现是，每隔一段时间，检测系统就对生产系统进行一次检测，如果在给定的时间内，被检测的系统没有响应，则认为被检测的系统出现了非正常的灾难。心跳技术中的关键点是心跳检测的时间和时间间隔周期。如果间隔周期短，会给系统带来很大的开销；如果间隔周期长，则无法及时地发现故障。

灾难发生后，为了保持生产系统的业务连续性，需要实现系统的透明性迁移，利用备用系统透明地代替生产系统进行运作。一般对实时性要求不高的容灾系统，例如Web服务、邮件服务器等，可以通过修改DNS或者IP来实现，对实时性要求高的容灾系统，则需要将生产系统的应用透明地迁移到备用系统上。目前基于本地集群的进程迁移的算法可以应用在远程容灾系统中，但是需要对迁移算法进行改进，使其适应复杂的网络环境。

数据容灾的应用

保护企业关键业务系统和数据，确保业务连续性和可用性。为云服务用户提供高可用性和可靠性的数据存储和备份服务。保护金融机构的交易数据和客户信息，确保金融交易的安全性和可靠性。保护医疗机构的患者数据和医疗记录，确保医疗服务的连续性和安全性。

7.7 知识延伸：系统的备份/还原

在此以Windows系统和Linux系统为例，分别对这两种系统的备份/还原操作展开介绍。

1. Windows 系统备份 / 还原

Windows系统提供多种系统及数据备份工具，在PC及服务器上都可以使用。

（1）还原点备份/还原

还原点存储了当前系统的主要工作状态、系统的设置等系统信息。可以在不影响用户文件的情况下，撤销对计算机系统的各种更改操作，包括安装程序、驱动、注册表设置和其他Windows信息。但还原点并不会备份用户文件，也无法恢复已经删除或损坏的个人文件。使用还原点功能时，需要先进行还原点的创建，如图7-10所示。

（2）使用文件历史记录备份/还原

Windows自带的文件历史记录备份/还原功能，可以备份包括数据文件、库文件、系统文件等，如图7-11所示。

图 7-10   图 7-11

（3）使用备份和还原（Windows 7）

使用备份和还原功能从Windows 7发展而来，而且非常好用。该功能也需要先启动，然后进行备份操作。可以备份及还原库文件、用户文件、系统映像、EFI分区内容等，如图7-12所示。

（4）系统映像创建与还原

用户可以使用系统创建系统分区或其他分区的映像，还原时可以还原整个系统分区的文件和程序，如图7-13所示。

图 7-12   图 7-13

其他还可以使用系统重置来还原系统，也可以使用第三方工具，如DISM++来备份及还原系统，还可以进行增量备份。

2. Linux 系统备份 / 还原

Linux系统提供多种备份/还原方法，可满足不同用户和场景的需求。选择合适的备份策略和工具，并定期进行备份，可以有效地保护用户的数据免受丢失或损坏。在Linux中，一般备份如下内容。

- **系统配置文件**：如"/etc""/boot""/var/lib"目录。
- **用户数据文件**：一般在"/home"下的用户同名目录中。
- **数据库文件**：如MySQL所在的"/var/lib/mysql"、PostgreSQL数据库所在的"/var/lib/postgresql"。
- **应用程序日志**：如Apache的"/var/log/apache2"、Nginx Web的"/var/log/nginx"。
- **其他重要数据**：其他用户所需要的、重要的文件、目录、分区都可以进行备份。

用户可以通过以下命令或工具执行备份/还原操作。

（1）cp命令

在Linux系统中，cp是一个用于复制文件或目录的基本命令。在修改配置文件前，一般先备份配置文件，可以备份到当前目录，也可以备份到其他目录。当使用cp命令备份目录时，需要加上"-r"选项，以递归方式复制该目录及其所有子目录和文件。这样可以确保整个目录结构及其内容被完整备份。恢复数据时，使用cp命令，将备份的数据复制回原来的位置。对于一些小文件，特别是配置文件这样的小文件，可以使用这种方法，恢复时更加方便。对于大的文件，不建议使用该方法备份，占用空间比较大。

（2）tar命令

tar命令是Linux系统中一个非常常用的打包命令，可以将多个文件和目录打包成一个单独的文件。适合用来制作备份文件，特别是在需要手动管理或更新代码时，其稳定性和可靠性使其成为用户的理想选择。如果需要恢复数据，只需要在对应的目录，使用tar命令的"-x"选项解压。

（3）rsync工具

rsync是一款开源的、快速的、多功能的、可实现全量及增量的本地或远程数据同步备份的工具。把文件复制到本机的其他目录，它可以只复制有变动的文件，从而节省时间和带宽。这种方法属于本地备份，恢复数据时，还是使用rsync工具，确保数据完整的情况下，将文件复制到原来的位置。这个工具特别强大，还可以将本地的文件备份到其他服务器。可以设置免密码登录，简化备份流程。

（4）dump和restore命令

dump和restore命令用于备份和恢复系统状态。dump命令可以将文件系统转储为可移植的格式，而restore命令可以将转储文件恢复到原始状态。dump为备份工具程序，可将目录或整个文件系统备份至指定的设备，同时支持对整个分区进行增量备份。restore命令用来恢复已备份的文件，可以从dump生成的备份文件中恢复原文件。

（5）dd命令

dd命令用于逐字节复制文件或设备，可以用于创建整个分区的映像，以便在发生硬件故障时进行恢复。

第8章

无线局域网安全技术

局域网是使用最广的一种网络，无线局域网是在有线局域网的基础上增加了无线功能。大多数智能终端支持无线技术，例如手机、智能家电、安防产品等。随着无线技术的发展，应用也越来越广，针对无线局域网的攻击、窃听也越来越多。本章将着重介绍无线局域网的安全技术和防御措施。

重点难点

- ☑ 常见的无线技术
- ☑ 无线局域网的结构
- ☑ 无线局域网的安全管理
- ☑ 无线局域网的入侵与防范技术

8.1 局域网与无线局域网

在学习无线局域网的安全技术之前，需要先了解关于局域网与无线局域网的一些基础知识。

8.1.1 认识局域网

局域网（Local Area Network，LAN）指在小范围内，一般不超过10km，将各种计算机终端及网络终端设备，通过有线或者无线的传输介质组合成的网络，用来实现文件共享、远程控制、打印共享、电子邮件服务等功能。局域网相对来说私有性较强。因为范围较小，所以传输速度更快，性能也更稳定，组建成本相对较低，技术难度不高。局域网从逻辑拓扑上可以分为以下几种结构。

1. 总线型拓扑

采用一根信号线（通常为同轴电缆）进行连接，所有的站点直接连接到该总线上。总线型拓扑所有设备都使用广播进行通信，每个时间点只有一台设备可以发送数据，其他节点都可以收到该数据，接收后发现不是自己的数据就丢弃。

2. 环状拓扑

整个局域网呈环状，在同一时间，只有持有"令牌"的设备可以发送数据，发送完毕后，将"令牌"发给下一台设备。环状拓扑的特点是不需要额外的网络设备仅有主机即可实现、实现较容易，投资小。在环状网络中，数据流是单方向传递的，每个收到数据包的站点都会向其下游传递数据包。和总线型结构类似，任何一个节点出现了故障，整个网络就处于瘫痪状态。维护起来也非常困难，排查故障难度较高。如果要添加设备，势必要造成网络的中断。

3. 星状拓扑

由中心节点的网络设备（一般是交换机）和周围节点的各种终端设备组成。终端设备之间通信需要通过中心节点的网络设备进行数据转发。星状拓扑的特点是容易实现，传输介质通常为双绞线（网线），较便宜。节点容易扩充，用网线连接新设备即可。如果某个节点出现故障，可以随时将该节点拆除。但星状拓扑对中心节点的依赖程度较高，中心节点的网络设备发生故障，整个网络就会瘫痪。

星状拓扑的应用

星状拓扑是现在主流的局域网拓扑结构，广泛应用在家庭、公司中。如果使用的是无线路由器，那么各无线终端与无线路由器之间的逻辑关系也类似于星状拓扑。

4. 树状拓扑

树状拓扑结构从本质上是一种多层次的星状结构，常见于一些大中型局域网中，设备较多，网络需求较高，多业务，多用户，需要进行分层管理。树状拓扑结构组建成本较低，非常容易扩充，采用一些交换机技术后，可以进行线路的备份冗余，稳定性和安全性都非常高。节点坏掉或者某网络设备出现故障后，可以快速定位故障点，排除故障较容易。相对于小型局域网环境，设备选择方面都需要企业级别，且需要对设备进行专业设置、部署、调试，需要专业的网络维护人员进行维护，会增加一定的企业成本。

局域网使用的主要技术

包括以太网技术、令牌环网技术、FDDI技术、ATM网技术以及无线局域网技术等。

8.1.2　认识无线局域网

无线局域网（Wireless Local Area Network，WLAN）指应用无线通信技术将计算机设备互联起来，构成可以互相通信和实现资源共享的网络体系。无线局域网本质的特点是不再使用通信电缆将计算机与网络连接起来，而是通过无线的方式连接，从而使网络的构建和终端的移动更加灵活。无线局域网负责在短距离范围之内无线通信接入功能的网络。目前无线局域网是以IEEE 802.11技术标准为基础，也就是所谓的WiFi网络。

完整的家庭或小型公司的无线局域网的拓扑图如图8-1所示，而大中型企业的局域网技术相对更复杂。

目前无线局域网已经遍及生活的角落，家庭、学校、办公楼、体育场、图书馆、公司、大型企业等都有无线技术的身影。另外无线技

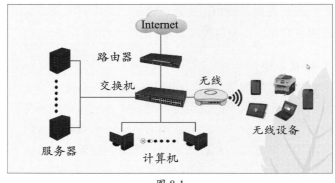

图 8-1

术还可以解决一些有线技术难以覆盖或者布置有线线路成本过高的地方，如山区、河流、湖泊以及一些危险区域。

1. 无线局域网的分类

按照覆盖范围、传输速率和用途的不同，无线网络又可以分为无线广域网、无线城域网、无线局域网和无线个人区域网。

（1）无线广域网（Wireless Wide Area Network，WWAN）

无线广域网主要指覆盖区域较大的蜂窝通信网络或卫星通信网络，可以实现远距离通信。代表技术有传统的GSM网络、GPRS网络、3G网络、4G网络以及5G网络。

（2）无线城域网（Wireless Metropolitan Area Network，WMAN）

无线城域网指在城市中通过移动电话或车载电台进行通信的无线网络。它的服务区范围高达50km。IEEE为无线城域网推出了802.16标准。

（3）无线局域网（Wireless Local Area Networks，WLAN）

无线局域网是相当便利的数据传输系统，利用射频（Radio Frequency，RF）技术取代双绞铜线构成局域网络。

（4）无线个人区域网（Wireless Personal Area Network，WPAN）

无线个人区域网是一种小范围无线网，主要技术有IEEE 802.11和蓝牙，最大传输距离为

10cm ~ 10m，最大数据传输速率为10Mb/s。

2. 无线局域网的优缺点

与有线局域网相比，无线局域网有以下优点。

（1）灵活性和移动性

在有线网络中，网络设备的安放位置受物理位置的限制，而无线局域网只要在无线信号覆盖区域内的任何一个位置都可以接入网络。另外连接到无线局域网的用户可以移动且能同时与网络保持连接。

（2）安装便捷

无线局域网可以免去或最大程度地减少网络布线的工作量，一般只要使用有线技术安装一个或多个接入点设备，就可建立覆盖整个接入区域。

（3）易于进行网络规划和调整

对于有线网络来说，办公地点或网络拓扑的改变通常意味着重新组网。重新布线是一个昂贵、费时和琐碎的过程，无线局域网可以避免或减少以上情况的发生。

（4）故障定位容易

有线网络一旦出现物理故障，尤其是由于线路连接不良而造成的网络中断，往往很难查明，而且检修线路需要付出很大的代价。无线网络则很容易定位故障，只需更换故障设备即可恢复网络连接。

（5）易于扩展

无线局域网有多种接入方式，只要配置关键设备，就可以很快从只有几个用户的小型局域网扩展到上千用户的大型网络。

无线局域网有以上诸多优点，因此其发展十分迅速。但无线技术也有其固有的缺点。

（1）性能

无线局域网是依靠无线电波进行传输的。这些电波通过无线发射装置进行发射，而建筑物、车辆、树木和其他障碍物都可能阻碍电磁波的传输，会影响网络的性能。

（2）速率

无线信道的传输速率受很多因素影响，与有线信道相比要稍低，另外延时和丢包问题一直是困扰无线网络的重要因素。

（3）安全性

本质上无线电波不要求建立物理的连接通道，无线信号是发散的。从理论上讲，很容易监听到无线电波广播范围内的任何信号，造成通信信息泄露。

3. 常见的无线局域网设备

常见的无线局域网设备包括无线路由器、无线控制器和无线中继器等。

无线路由器属于无线局域网的核心设备，如图8-2所示，提供拨号、无线接入功能，分配IP地址，NAT共享上网。无线AP如图8-3所示，提供无线接入功能。

图 8-2

图 8-3

无线控制器如图8-4所示，也叫作AC，用来集中控制AP。无线网桥如图8-5所示，远距离传输无线信号使用。

无线中继器如图8-6所示，用来扩展无线网络覆盖的空间。无线网卡如图8-7所示，用于没有无线功能的计算机连接无线网络使用。

图 8-4

图 8-5

图 8-6

图 8-7

8.1.3 无线局域网的结构

无线局域网按照逻辑结构分为以下几种。

（1）对等网络

对等网络由一组有无线网卡的计算机或无线终端设备组成，如图8-8所示，这些计算机以相同的工作组名、ESSID和密码等，以对等的方式直接连接，在WLAN的覆盖范围内，进行点对点或点对多点的通信。

这种组网模式不需要固定的设施，只需要在每台计算机中安装无线网卡就可以，因此非常适于一些临时网络的组建以及终端数量不多的网络。

图 8-8

（2）基础结构网络

在基础结构网络中，具有无线网卡的无线终端以无线接入点（Access Point，AP）为中心，通过无线接入点联网及接入Internet，如图8-9所示。无线接入点可以将无线局域网与有线网络连接起来，构建多种复杂的无线局域网接入模式，实现无线移动办公的接入。任意站点之间的通信都需要使用无线接入点转发，终端也使用无线接入点接入Internet。

知识拓展

常见的基础结构网络

家庭或公司的小型局域网结构一般是基础结构网络，中间的无线AP是日常使用的无线路由器。所有设备通过无线接入点共享上网。

图 8-9

（3）桥接网络

桥接网络也叫混合模式，如图8-10所示，在该种模式中，无线接入点和节点1之间使用了基础结构的网络。而节点2通过节点1连接无线接入点。

图 8-10

（4）Mesh网络

Mesh网络即"无线网格网络"，是一种"多跳"网络，也属于蜂窝网络的一种。由对等网发展而来。Mesh网络中的每一个节点都是可移动的，并且能以任意方式动态地保持与其他节点的连接。在网络演进的过程中，无线网络是一个不可或缺的技术，无线Mesh能够与其他网络协同通信，形成一个动态的可不断扩展的网络架构，并且在任意两个设备之间均可保持无线互联。

Mesh网如图8-11所示，包括无线控制器（Access Controller，AC），控制和管理WLAN内所有的AP；Mesh入口节点（Mesh Portal Point，MPP），通过有线与AC连接的无线接入点；Mesh接入点（Mesh Access Point，MAP），同时提供Mesh服务和接入服务的无线接入点；Mesh点（Mesh Point，MP），通过无线与MPP连接，但是不接入无线终端的无线接入点。

多频段复用

Mesh路由器通常配置2.4GHz和5GHz两个频段，其中5GHz频段可进一步分为80MHz和160MHz带宽。在Mesh组网中，系统会根据网络负载和设备支持情况动态分配频段：一般将5GHz的160MHz频段用于Mesh节点之间的高速数据传输，以实现更稳定的回程链路；而5GHz的80MHz频段和2.4GHz频段则主要用于终端设备的接入，提供更广的覆盖范围。

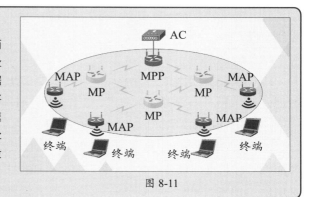

图 8-11

8.1.4 无线局域网技术标准

在无线局域网中，主要使用以下几种技术标准。

（1）802.11标准

IEEE 802.11无线局域网标准的制定是无线网络技术发展的一个里程碑。802.11标准的颁布，使得无线局域网在各种有移动要求的环境中被广泛接受。它是无线局域网目前最常用的传输协议，各公司都有基于该标准的无线产品。

802.11标准

802.11标准是1997年IEEE最初制定的一个WLAN标准，工作在2.4GHz开放频段，支持1Mb/s和2Mb/s的数据传输速率，定义了物理层和MAC层规范。

基于IEEE 802.11系列的WLAN标准共有21个，其中802.11a、802.11b、802.11g、802.11n、802.11ac和802.11ax最具代表性。各标准的有关数据如表8-1所示。

表 8-1

协议	使用频率	兼容性	理论最高速率	实际速率
802.11a	5GHz		54Mb/s	22Mb/s
802.11b	2.4GHz		11Mb/s	5Mb/s
802.11g	2.4GHz	兼容 b	54Mb/s	22Mb/s
802.11n	2.4GHz/5GHz	兼容 a/b/g	600Mb/s	100Mb/s
802.11ac W1	5GHz	兼容 a/n	1.3Gb/s	800Mb/s
802.11ac W2	5GHz	兼容802.11 a/b/g/n	3.47Gb/s	2.2Gb/s
802.11ax	2.4GHz/5GHz		9.6Gb/s	

（2）蓝牙

蓝牙是一种近距离无线数字通信的技术标准，传输距离为10cm～10m，通过增加发射功率可达到100m。蓝牙比802.11更具移动性，例如，802.11限制在办公室和校园内，蓝牙却能把一个设备连接到局域网和广域网，甚至支持全球漫游。此外，蓝牙成本低、体积小，可用于更多的设备。蓝牙最大的优势在于，在更新网络骨干时，如果搭配蓝牙架构，整体网络的成本比铺设线缆低。

（3）HomeRF

HomeRF主要为家庭网络设计，是IEEE 802.11与数字无绳电话标准的结合，旨在降低语音数据成本。HomeRF采用扩频技术，工作在2.1GHz频带，能同步支持4条高质量语音信道。

（4）HiperLAN

HiperLAN 1推出时，数据速率较低，没有被人们重视，2000年，HiperLAN 2标准制定完成，HiperLAN 2标准的最高数据速率为54Mb/s，HiperLAN 2标准详细定义了WLAN的检测功能和转换信令，用以支持更多无线网络，支持动态频率选择、无线信元转换、链路自适应、多束天线和功率控制等。该标准在WLAN性能、安全性、服务质量QoS等方面也给出了定义。

WiFi 6

WiFi 6是第6代无线技术。IEEE 802.11工作组从2014年开始研发新的无线接入标准802.11ax，并于2019年年中正式发布，是IEEE 802.11无线局域网标准的最新版本，提供了对之前的网络标准的兼容。电气电子工程师学会为其定义的名称为IEEE 802.11ax，负责商业认证的WiFi联盟为方便宣传而称其为WiFi 6。特点如下。

- **速度：** WiFi 6在160MHz信道宽度下，单流最快速率为1201Mb/s，理论上最大数据吞吐量为9.6Gb/s。
- **续航：** 这里的续航针对连接上WiFi 6路由器的终端。WiFi 6采用TWT（目标唤醒时间），路由器可以统一调度无线终端休眠和数据传输的时间，不仅可以唤醒协调无线终端发送、接收数据的时机，减少多设备无序竞争信道的情况，还可以将无线终端分组到不同的TWT周期，增加睡眠时间，提高设备电池寿命。
- **延迟：** WiFi 6平均延迟降低为20ms，WiFi 5平均延迟是30ms。

8.2 无线局域网的安全管理

随着无线局域网的使用越来越广，无线局域网的安全隐患也日益突出。下面介绍无线局域网面临的一些安全隐患及其原理，以及无线局域网使用的一些安全技术。

8.2.1 面临的安全隐患

无线局域网的安全隐患主要表现在以下几方面。

1. 信号易被窃取

由于无线的特性，使得无线信号可以被任意设备接收到，如果在未加密的无线网络中，并且数据传输是以明文形式进行的，无线传输的信息就很容易被黑客窃取和窃听。而后攻击者可以进行嗅探、分析及解密，敏感信息（如登录凭据、信用卡信息等）泄露可能导致隐私泄露和身份被盗。

2. 无线网络的入侵

未经授权的用户可能通过各种手段（如破解密码、欺骗访问控制等）进入企业或家庭无线网络。黑客可能进行恶意活动，如网络窃听、数据篡改、病毒传播等，造成网络服务中断和数据损失。尤其是现在很多的万能钥匙其实采用的就是密码的共享，对黑客的入侵来说就像打开了大门，无线路由器的各种加密和验证技术形同虚设，黑客可以方便地入侵到内网之中。然后黑客可以使用前面介绍的欺骗技术来嗅探网络中的数据或入侵主机。

3. 社工工具攻击

黑客可以通过社工工具获取网络访问权限，如伪装成IT管理员或客户服务人员进行网络欺骗。未经授权的用户可能获取网络访问权限，从而进一步进行攻击或数据窃取。很多社工工具提供钓鱼技术，黑客可以通过伪装、欺骗攻击手段，如钓鱼网站、伪造SSID等，诱使用户连接到恶意网络。用户可能泄露个人信息或敏感信息，导致身份盗窃和金融损失。

4. 软硬件漏洞

无线网络设备（如路由器、接入点）和无线设备（如笔记本电脑、智能手机）可能存在安全漏洞。黑客可能利用这些漏洞进行攻击，如远程代码执行、拒绝服务攻击等，导致网络系统崩溃或数据泄露。

5. 暴力破解

路由器没有网站的安全机制，如验证码技术，很容易受到暴力破解技术的威胁，尤其用户可能使用弱密码或保留默认的无线网络配置，容易受到密码破解和攻击。黑客可以通过暴力破解或字典攻击等手段获取网络访问权限，进而进行恶意活动。

6. 安全策略不足

缺乏有效的网络监控和安全策略，无法及时发现和应对网络安全事件，如网络攻击、黑客入侵、网络流量异常等。有些路由器具有安全策略设置，但用户未启动或配置错误，也会造成安全隐患。黑客可能长时间潜伏于网络中，持续进行攻击或窃取数据，造成严重的数据泄露和

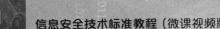

安全威胁。或者通过外部攻击致使用户网络断开或性能严重下降。

8.2.2　加密和身份验证技术

加密技术是无线局域网的安全核心，普通用户开启并使用最新的加密技术可以最大程度上保证无线局域网的安全性。使用比较多的无线加密技术有WEP、WPA/WPA2、WPA3、WAPI等。

1. WEP

WEP使用64位或128位密钥，使用RC4对称加密算法对链路层数据进行加密，从而防止非授权用户的监听和非法用户的访问。WEP加密启用后，客户端要连接到AP时，AP会发出一个Challenge Packet给客户端，客户端再利用共享密钥将此值加密，然后送回存取点以进行认证比对，只有正确无误才能获准存取网络的资源。虽然WEP提供了64位或128位密钥，但是它仍然具有很多漏洞，因为用户共享密钥，当有一个用户泄露密钥，将对整个网络的安全性构成很大的威胁。而且一旦WEP加密被发现有安全缺陷，可以在几分钟内被破解，因此现在的WEP已经基本不使用了。

2. WPA/WPA2

WiFi保护性接入（WiFi Protected Access，WPA）是继承了WEP基本原理而又克服了WEP缺点的一种技术。WPA的核心是IEEE 802.1x和TKIP，它属于IEEE 802.11i的一个子集。WPA协议使用新的加密算法和用户认证机制，强化了生成密钥的算法，即使有不法分子对采集到的分组信息深入分析也于事无补，WPA协议在一定程度上解决了WEP破解容易的缺陷。

WPA2是WiFi联盟发布的第2代WPA标准。WPA2与后来发布的802.11i且有类似的特性，它们最重要的共性是预验证，即在用户对延迟毫无察觉的情况下实现安全快速漫游。同时采用CCMP加密包代替TKIP，WPA2实现了完整的标准，但不能用在某些古老的网卡上。

> **注意事项** WPA与WPA2的主要问题
>
> 这两个协议都提供优良的安全能力，但也有以下两个明显的问题。
> - WPA或WPA2一定要启动并且被选中来代替WEP才可用，但是大部分的安装指引都把WEP列为第一选择。
> - 在家中和小型办公室中选用"个人"模式时，为了安全的完整性，密钥一定要比8个字符的密码长。

WPA加密方式目前有4种认证方式：WPA、WPA-PSK、WPA2和WPA2-PSK。采用的加密算法有两种：AES和TKIP。

- **WPA**：WPA加强了生成加密密钥的算法，因此即便收集到分组信息并对其进行解析，也几乎无法计算出通用密钥。WPA还增加了防止数据中途被篡改的功能和认证功能。
- **WPA-PSK**：WPA-PSK适用于个人或普通家庭网络，使用预先共享密钥，密钥设置的密码越长，安全性越高。WPA-PSK只能使用TKIP加密方式。
- **WPA2**：WPA2是WPA的增强型版本，与WPA相比，WPA2新增了支持AES的加密方式，取代了以往的RC4算法。
- **WPA2-PSK**：与WPA-PSK类似，适用于个人或普通家庭网络，使用预先共享密钥，支

持TKIP和AES两种加密方式。

一般在家庭无线路由器设置页面上选择使用WPA-PSK或WPA2-PSK认证类型即可，对应设置的共享密码尽可能长，并且在使用一段时间之后更换共享密码，确保家庭无线网络的安全。

3. WPA3

WPA3全名为WiFi Protected Access 3，是WiFi联盟组织于2018年1月8日在美国拉斯维加斯的国际消费电子展（CES）上发布的WiFi加密协议，是WiFi身份验证标准WPA2技术的后续版本。

WPA3标准将加密公共WiFi网络上的所有数据，可以进一步保护不安全的WiFi网络。特别是用户使用酒店和旅游WiFi热点等公共网络时，可以借助WPA3创建更安全的连接，让黑客无法窥探用户的流量，难以获得私人信息。尽管如此，黑客仍然可以通过专门的、主动的攻击来窃取数据。但是，WPA3至少可以阻止强力攻击。

WPA3主要有4项新功能。

① 对使用弱密码的人采取"强有力的保护"，如果密码多次输入错误，将锁定攻击行为，屏蔽WiFi身份验证过程来防止暴力攻击。

② WPA3将简化显示接口受限，甚至包括不具备显示接口的设备的安全配置流程。能够使用附近的WiFi设备作为其他设备的配置面板，为物联网设备提供更好的安全性。

③ 在接入开放性网络时，通过个性化数据加密增强用户隐私的安全性，它是对每个设备与路由器或接入点之间的连接进行加密的一个特征。

④ WPA3的密码算法提升至192位的CNSA等级算法，与之前的128位加密算法相比，增加了字典法暴力破解密码的难度，并使用新的握手重传方法取代WPA2的四次握手，WiFi联盟将其描述为"192位安全套件"。

4. WAPI

无线局域网鉴别与保密基础结构（Wireless Authentication and Privacy Infrastructure，WAPD）是于2003年在我国WLAN国家标准GB 15629.11—2003中提出的针对有线等效保密协议安全问题的无线局域网安全处理方案。这个方案已经经过IEEE严格审核，并最终取得IEEE的认可，分配了用于WAPI协议的以太类型字段，这也是我国目前在该领域唯一获得批准的协议，同时也是我国无线局域网的安全强制性标准。

与WiFi的单向加密认证不同，WAPI双向均认证，从而保证传输的安全性。WAPI安全系统采用公钥密码技术，鉴权服务器负责证书的颁发、验证与吊销等，无线客户端与无线接入点上都安装了AS颁发的公钥证书作为自己的数字身份凭证。当无线客户端登录至无线接入点时，在访问网络之前必须通过AS对双方进行身份验证。根据验证的结果，持有合法证书的移动终端才能接入持有合法证书的无线接入点。

▌8.2.3　接入控制技术

无线局域网的接入控制旨在确保无线网络只允许授权用户和设备连接，并对未经授权的访问进行限制。以下是几种常见的无线局域网接入控制技术。

1. MAC 地址过滤

MAC地址过滤是一种简单且常见的无线局域网接入控制技术。通过在接入点或无线局域网控制器上配置允许连接的设备的MAC地址列表，只有列表中的设备才能连接到网络，其他设备将被拒绝连接。这种方法可以防止未授权的设备访问网络，但MAC地址可以被伪造，因此安全性较低。

2. 802.1x 认证

802.1x认证是一种更安全和灵活的无线局域网接入控制技术，它使用基于端口的访问控制（Port-Based Access Control），要求用户在连接到网络之前进行身份验证。具体过程如下。

- 无线用户尝试连接到接入点时，接入点将用户重定向到认证服务器。
- 用户在认证服务器上输入用户名和密码等凭据进行身份验证。
- 认证服务器验证凭据，并向接入点提供访问控制策略。
- 如果验证成功，接入点允许用户连接到网络；否则，用户被拒绝连接。

802.1x认证提供了更严格的访问控制，能够防止未经授权的用户和设备访问网络，适用于企业和机构等需要高安全性的环境。

3. 隔离网络

隔离网络是一种将无线用户隔离到独立的虚拟网络中的接入控制技术。通过配置虚拟局域网（VLAN）或虚拟专用网络（VPN），将无线用户从其他用户和网络分离开来，防止未经授权的用户访问敏感信息和资源。隔离网络可以提高网络的安全性和隐私保护能力，适用于需要分隔访问权限的场景，如客户WiFi和员工WiFi。

4. 证书认证

客户端证书认证是一种在无线局域网中使用数字证书进行客户端身份验证的接入控制技术。通过为每个用户和设备颁发唯一的数字证书，要求用户在连接网络时使用证书进行身份验证，确保只有具有有效证书的用户才能访问网络。这种技术提供更强的身份验证和访问控制，但需要复杂的证书管理和密钥分发机制。

Portal认证

Portal认证是一种简单易用的接入控制技术，但其安全性依赖于用户输入的认证信息是否正确。

🔒 8.3　无线局域网的入侵与防范技术

要进行无线局域网的安全防范，首先需要了解一些无线局域网的入侵技术，包括常见的无线密码破解以及钓鱼技术。

▌8.3.1　无线局域网的密码破解

无线接入密码是允许客户端连接无线接入点的凭证，关乎无线局域网的安全，现在主流的破译无线密码的方法就是暴力破解以及钓鱼技术。WEP加密方式使用明文密码，很容易被截获和读取到，所以已经被淘汰了。WPA-PSK/WPA2-PSK加密方式传输的密码是经过加密的，只能通过暴力破解。而暴力破解一般基于密码字典。

1. 无线密码破解原理

大部分的无线密码破解是基于无线握手包的爆力破解，所谓握手包是终端与无线设备（无线路由器）之间进行连接及验证所使用的数据包。黑客在使用工具侦听整个过程后，可以捕获双方的数据，再通过暴力破解计算出PSK，也就是密码。

破解的过程并不是单纯地使用密码去尝试连接，而是在本地对整个握手过程中需要的PSK进行运算。前提是终端在侦听过程中有客户端进行连接，也就是有握手的过程才能捕获握手包。如果此时没有突发的连接，破解工具还可以强制连接的某终端断开连接，然后待其重新连接，这样就能抓到数据包。

将握手包抓取后在本地破解有很多优势。虽然现在路由器没有验证码。但是考虑到路由器策略，例如有些路由器可以设置拒绝这种高频连接。最重要的其实是效率问题，在本地进行模拟破解，只要硬件够强，每秒可以对比相当多的字典条目，这是在线破解远远不能比拟的。

2. 无线密码破解过程

暴力破解经常使用的工具是Aircrack-ng，一款用于破解无线802.11WEP及WPA-PSK加密的工具，包含多款工具的无线攻击审计套装。破解的基本步骤如下。

（1）侦听无线信号

启动网卡的侦听模式后可以对无线信号进行扫描，获取无线路由器的MAC地址、信道、验证方式等，如图8-12所示。

（2）抓取握手包

通过命令让网卡侦听正常使用密码连接到该网络的设备，从连接过程中抓取握手包并保存下来，如图8-13所示。

图 8-12

图 8-13

知识拓展

强制获取握手包

如果此时没有新加入设备，可以通过命令查看该路由器接入的设备，如图8-14所示，并可以从中挤掉某个设备，让其重新连接从而获取握手包。使用该功能也可以让某些无线终端无法正常联网。如果读者有时莫名掉线，并经常反复连接路由器，就需要小心是否是有人恶意攻击了。

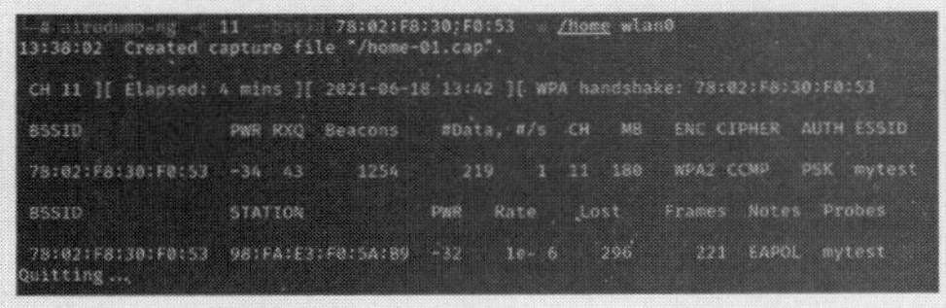

图 8-14

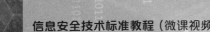

（3）暴力破解

握手包被抓取并保存到本地后，就可以使用暴力破解工具和有效字典的组合来破解密码。因为没有验证码，也不存在在线破解的相应问题，所以破解效率极高。如果密码字典正好有该密码，则会显示出来，如图8-15所示。

理论上只要有足够的时间，就可以通过对比握手包和字典中的密码破译无线密码。所以作为防范，要为无线路由器设置复杂的连接密码，并采用最新的WAP3协议。

图 8-15

知识拓展

其他暴力破解工具

图形界面破解工具Fern WiFi Cracker如图8-16所示。集成了针对多种加密协议，并自带了多种破解方式的Wifite工具如图8-17所示。

图 8-16　　　　　　　　　　　　　　　图 8-17

8.3.2　无线局域网的钓鱼技术

前面介绍了钓鱼攻击的原理以及使用钓鱼网站获取用户的用户名及密码的操作。对于无线网络来说，除了破解握手包外，使用钓鱼攻击获取密码的方法也非常常见。

1. 无线钓鱼攻击简介

无线网络钓鱼是指诱使用户使用伪造的钓鱼无线接入点连接，并通过各种钓鱼页面诱使用户填写正常接入点的无线接入密码，从而获取该接入点的连接密码并连接该网络。此类技术还称为AP钓鱼、WiFi钓鱼、热点寻找器或蜜罐AP等。其共同点在于，利用虚假访问点，伪造虚假登录页面以捕获用户的WiFi口令、银行卡号、发动中间人攻击或感染无线主机。该技术属于破解技术和社会工程技术的综合，获取的成功率和效率都非常高。

2. Fluxion 攻击原理分析

无线钓鱼攻击也有多种工具可以选择，例如常见的Fluxion。该软件是一种安全审计和社会工程研究工具，可以通过社会工程（网络钓鱼）攻击从目标接入点检索WPA/WPA2密钥。

该工具首先通过监听抓取握手包，接下来伪造一个和对方名称完全相同的WiFi信号，这个伪造的信号没有密码。然后发起持续攻击，强制让连接到该热点的所有终端掉线，此时这些终端打开WiFi连接设置，就会发现两个一模一样的WiFi名字，一个是真正的接入点，但连接时无反应，还有一个不用密码就可以连接。连接后会打开一个页面，上面通常会以官方的口吻提示网络遇到问题，或者路由器需要修复、需要升级之类，让用户重新输入WiFi密码去修复，当对方输入的密码不正确，就会提示错误，需要重新输入，因为之前抓取了握手包，所以会将对方提交的密码去和握手包校验，校验不过就是密码输错了，直到对方输入了正确的密码，这时攻击会自动停止，伪造的WiFi关闭，终端会连接真正的无线信号。这种方法的优点在于，不管对方设置的密码多么复杂，密码都是对方主动提供的。如果没输入正确的密码，该无线信号被持续攻击，是无法连接的。

3. 无线钓鱼攻击的操作步骤

（1）抓取握手包

安装并启动软件后，根据提示进行初始化配置，完成后根据向导提示设置攻击参数，如图8-18所示。通过攻击就可以抓取到握手包。

图 8-18

（2）伪造接入点

接下来再次进入向导进行设置，选择伪造的WiFi接入点名称，如图8-19所示。

最后选择伪造的认证界面，如图8-20所示。

图 8-19

注意事项 卡在创建钓鱼热点

有些网卡会卡在创建钓鱼热点，说明该网卡与软件或系统不兼容，用户可以购买兼容的网卡再进行测试。

图 8-20

（3）欺骗验证

接下来软件就会开启伪造热点，并将所有连接正常信号的终端设备踢掉，当其再次联网时，如果选择了钓鱼热点，会弹出伪造窗口，让用户输入无线密码，如图8-21和图8-22所示。如果密码正确则关闭所有伪造界面，并将密码保存到本地。打开该文件就可以查看该无线设备的密码。

图 8-21

图 8-22

握手包的使用

在使用Fluxion时，通过攻击获取的握手包和前面介绍的握手包是一样的，都可以用来进行WiFi连接密码的破解。握手包的密码还可以使用Cowpatty、Airgeddon等握手包破解工具进行破解。

8.3.3 无线局域网的嗅探

前面介绍了网络嗅探的相关知识，无线网络的嗅探则主要针对无线网络。

1. 无线嗅探原理

WLAN中无线信道的开放性给网络嗅探带来了极大的方便。在WLAN中网络嗅探对信息安全的威胁来自其被动性和非干扰性，运行监听程序的主机在窃听的过程中只是被动地接收网络中传输的信息，它不会和其他的主机交换信息，也不修改在网络中传输的信息包，使得网络嗅探具有很强的隐蔽性，往往让网络信息泄露变得不容易被发现。在进行无线网络渗透前，必须先扫描所有有效的无线接入点。

2. 无线嗅探的内容

常用的嗅探工具是Kismet。该工具是一个无线扫描、嗅探和监视工具，该工具通过测量周围的无线信号，可以扫描到附近所用可用的AP以及信道等信息。同时还可以捕获网络中的数据包到一个文件中。这样可以方便地分析数据包。该工具现在支持网页形式，方便使用者使用。启动软件并进行初始化配置后，启动网卡的侦听模式就可以进行嗅探。

（1）查看基础网络信息

进入主界面并刷新网页后，可以查看当前所能检测到的所有无线信号信息，包括名称、类型、协议、加密方式、信号强度、通道、数据流量、活动状态、客户端数量以及该AP的MAC地址信息，如图8-23所示。

图 8-23

（2）嗅探无线参数

选中某个无线设备后，可以从中查看更加详细的无线设备信息，以及其中的主机信息，如图8-24和图8-25所示。

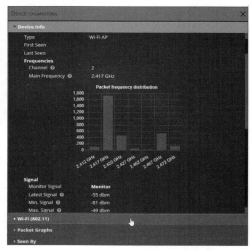

图 8-24

图 8-25

8.3.4　无线局域网的安全防范

无线局域网的安全防范技术包括在无线网络中布置无线入侵检测系统（WIDS）、无线入侵防御系统（WIPS）以及一些其他的安全防范设置等。无线入侵检测系统和无线入侵防御系统是用于监控、检测和防御无线网络中可能发生的安全威胁和攻击的关键工具。它们可以帮助组织及时发现并应对潜在的安全威胁，保护无线网络的安全和稳定。

1. WIDS

WIDS是一种被动式的安全技术，其主要功能是监控并分析无线网络中的活动，并检测可疑行为，例如未经授权的设备连接、恶意流量、DoS攻击、重放攻击、伪造AP等。WIDS通常部署在AP或网关等位置，可以收集无线网络中的数据包并进行分析。一旦发现异常活动或潜在的安全威胁，WIDS会立即发出警报和通知，通知网络管理员或安全团队采取相应措施应对威胁。另外WIDS会记录和分析网络中的安全事件和活动，生成详细的日志和报告，帮助管理员了解网络的安全状况和事件发生情况。WIDS的优点是部署简单、成本低廉，其缺点是只能检测攻击行为，无法主动阻止攻击。

2. WIPS

WIPS是一种主动式的安全技术，其主要功能是检测和阻止无线网络中的攻击行为。WIPS除了具备WIDS的监控和检测功能外，还可以采取主动措施应对安全威胁，如断开恶意连接、阻止未经授权的访问等。WIPS通常部署在AP或网关等位置，可以收集无线网络中的数据包并进行分析。当WIPS检测到安全威胁时，可以自动触发预先定义的响应动作，如阻止攻击流量、隔离受感染的设备、修改网络配置等。WIPS可以根据预先定义的安全策略和规则，实时执行访问控制、身份验证和数据加密等安全措施，保护无线网络的安全和稳定。WIPS的优点是可以主动阻止攻击，提供更强的安全性，其缺点是部署复杂、成本较高。

知识拓展

WIDS与WIPS的应用

WIDS和WIPS可以应用于各种无线网络环境，例如企业无线网络、校园无线网络、公共无线网络等。

- **企业无线网络**：通常存储大量敏感数据，需要采用WIDS/WIPS来提高安全性。
- **校园无线网络**：连接的学生和教职工较多，需要采用WIDS/WIPS来防止非法接入和攻击。
- **公共无线网络**：安全性较低，容易受到攻击，需要采用WIDS/WIPS来提高安全性。

3. 提高无线局域网安全性的常见措施

提高无线网络安全性的方法有多种，针对不同的情况采用不同的方法，也可以多种方法相结合。

（1）使用高级的无线加密协议

不要使用WEP，大多数没有经验的黑客也能迅速和轻松地突破WEP的加密。建议使用具有802.1x身份识别功能的802.11i的WPA2协议，如图8-26所示。有条件的用户也可以使用更高级的WPA3协议。要破解WPA2协议

图 8-26

需要很长的时间和复杂的配置，成功率也低很多。另外一定要使用强密码，再结合其他的安全设置，可以提高网络的安全性。在设置加密方式时，可以使用WPA2-PSK加密。设置PSK可以降低拒绝服务攻击和防止外部探测。

（2）禁止非授权的用户联网

无线网络和有线网络虽然都是计算机网络，但有很大的区别。无线网络是放射状的，不存在专有线路连接，比有线网络更容易识别和连接。因此，保障无线网络的安全比有线网络更加困难。保障无线连接安全的关键是禁止非授权用户访问无线网络，即安全的接入点对非授权用户是关闭的，非授权用户将无法接入网络。

（3）禁用动态主机配置协议

动态主机配置协议（DHCP）在很多网络中被普遍使用，给网络管理提供了便利条件，为提高网络的安全性，有条件的用户可以禁用该协议。这样普通的非授权接入者获取不到IP地址的信息，在一定程度上增加了局域网安全性。

（4）禁止使用或修改SNMP的默认设置

SNMP是简单网络管理协议，如果无线接入点支持这个协议，那么应该禁用这个协议或修改初始配置，否则黑客可以利用这个协议获取无线网络的重要信息并进行攻击。

（5）使用访问控制列表

为了更好地保护无线网络，可以设置一个访问列表，无线路由器只允许在规则内的MAC地址的设备进行通信，或者禁止黑名单中的MAC地址的设备访问，如图8-27所示。启用MAC地址过滤，无线路由器会拦截禁止访问的设备所发送的数据包，将这些数据包丢弃。因此，对于恶意攻击的主机，即

图 8-27

使变换IP地址也无法进行访问。但这项功能并不是所有无线接入点都会支持，并且需要手动输入禁止的MAC地址，工作量很大。支持访问列表功能的接入点设备可以利用简单文件传输协议（TFTP）定期自动下载更新访问列表，从而减少管理人员的工作量。

（6）改变SSID号并禁止SSID广播

无线接入点的服务集标识符（SSID）是无线接入点的身份标识，用户通过它识别不同的无线网络。默认SSID号通常带有设备厂商的信息，容易被黑客使用针对的漏洞扫描工具进行探测。此时可以通过更换默认SSID号来隐藏默认信息。也可以禁止SSID广

图 8-28

播，如图8-28所示，使其无法通过搜索看到，只有知道该SSID的用户才能进行连接，在一定程度上提高了安全性。

（7）修改无线网络的管理账户和密码

有很多用户在配置无线网络时只配置了上网信息和无线参数，但忽略了管理账户和密码的修改，给网络安全带来了隐患。因此，在对无线网络进行安全设置时，首先要对管理账号和密

码进行修改，如图8-29所示。

（8）将IP地址和MAC地址绑定

在设置安全策略时可以使用静态IP，并给MAC地址指定可用的IP值，将两者进行绑定，如果IP地址和MAC地址不完全相同，设备会禁止访问，可以降低安全风险。

（9）修改地址池

很多设备接入时使用的是192.168.1.0或192.168.0.0，这是两个最常用的地址池。这样的网络地址容易被初级攻击者利用，通过嗅探和扫描很容易发现网络的漏洞。因此，在设置DHCP时，可以将地址池修改为其他值，如192.168.50.1。

（10）关闭端口转发

技术型网络管理员常应用端口转发和DMZ设置，将内网的设备发布到外网，或者实现外网向内网的便捷访问。黑客也经常使用这个功能来创建后门程序的连接口，所以要经常观察路由器的端口是否被恶意打开，如果有就马上关闭，如图8-30所示。

图 8-29

图 8-30

8.4 知识延伸：智能手机的安全管理

智能手机已经成为人们日常生活中不可或缺的一部分，它们存储了大量个人信息，例如联系人、短信、银行账户信息、照片等。因此，保护智能手机安全至关重要。智能手机的安全主要考虑以下几方面内容。

1. 设备安全

设备安全主要指手机本身以及手机系统的安全。

- 保持设备的安全性，如设置强密码或使用生物识别技术：强密码应至少包含8个字符，并包含大小写字母、数字和符号。指纹和面部识别是更安全的替代方案，但需要确保用户的设备具有防伪功能。
- 启用设备加密，加密将在用户的设备丢失或被盗时保护用户的数据。
- 使用手机定位功能，可以在手机丢失或被盗时对其进行跟踪并远程擦除数据。
- 安装并更新移动安全软件，移动安全软件可以帮助用户防御病毒、恶意软件和其他网络威胁。

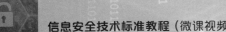

- 仅从官方应用商店下载应用，官方应用商店通常提供更安全的应用。
- 仔细阅读应用权限，仅授予应用所需的权限。

2. 支付安全

提高支付安全可以使用户的资产免受损失，主要考虑以下内容。

- 仅在安全网站上输入支付信息，确保网站地址栏中显示HTTPS并带有锁图标。
- 使用强密码和双重身份验证来保护用户的支付账户。双重身份验证需要用户在登录时提供两个信息，例如密码和验证码。
- 定期查看银行和信用卡对账单，发现任何可疑活动立即报告。
- 警惕网络钓鱼诈骗，网络钓鱼诈骗电子邮件或网站会试图欺骗用户，泄露用户的个人信息或支付信息。

3. 信息安全

保护智能手机的信息安全，需要关注以下问题。

- 不要点击可疑链接或打开可疑附件，这些链接或附件可能包含恶意软件或间谍软件。
- 避免在公共 WiFi 网络上输入敏感信息，公共WiFi网络可能不安全。
- 使用VPN加密互联网流量，VPN可以帮助保护用户的隐私和安全。
- 定期备份手机数据，这样可以在手机丢失或损坏时恢复数据。

4. 换机安全

更换智能手机也需要考虑各种安全因素。

- 在出售或转让手机之前，要彻底擦除手机上的所有数据，确保内部存储和外部存储（例如SD卡）不会被第三方人员恶意恢复。
- 不要将旧手机作为普通垃圾丢弃，请安全回收或处置旧手机。

5. 提高安全意识

在使用智能手机时，用户需要了解必要的安全防范知识，增强安全意识。

- 了解最新的移动安全威胁，定期阅读安全新闻和提高安全技巧的文章。
- 保持软件及系统更新，包括操作系统、应用和安全软件。
- 报告任何可疑活动给有关部门，包括网络钓鱼诈骗、恶意软件攻击和身份盗窃。

6. 其他注意事项

除了以上比较重要的因素外，在使用智能手机时还需要注意以下几点。

- 避免在公共场所使用手机进入手机银行界面或购物。
- 使用不同的密码保护不同账户。
- 定期更改手机及应用密码。
- 当手机丢失或被盗时，请立即采取措施，降低可能造成的损失，如及时到运营商处补卡，并与银行等支付机构联系，暂时冻结手机账户等。

遵循这些提示可以帮助用户保护智能手机安全并降低其被盗或被黑的风险。请记住，安全是一个持续的过程，用户需要定期采取措施保护智能手机及其中的重要信息。

第 9 章
操作系统的安全

　　操作系统是计算机系统的核心，负责管理和协调计算机硬件与软件资源，它通过一系列功能和特性来提高系统资源的利用率并为用户提供友好的工作环境。操作系统本身的安全性直接影响着系统中存储的各种数据信息的安全。所以用户在使用操作系统时，需要注意提高系统的安全性来抵御各种网络威胁。本章将着重介绍操作系统的安全性及常见安全操作。

重点难点

☑ 认识操作系统

☑ Windows系统中的安全功能组件

☑ Windows系统的常见安全设置

☑ Linux系统的安全性

☑ 提高Linux系统的安全性

9.1 操作系统简介

日常使用计算机或其他设备，所使用或接触最多的就是操作系统。安全功能组件、重要文件、信息等都在操作系统中运行及保存。操作系统的安全性直接关系到数据信息的安全，所以我们首先需要了解操作系统。

9.1.1 认识操作系统

操作系统（Operating System，OS）是计算机系统中管理硬件资源和软件资源，并向应用程序和用户提供服务的一套程序。操作系统是计算机系统中最重要的软件之一，它为计算机系统提供基础性的功能和服务。

操作系统位于用户和硬件之间，用户使用的所有软件都是运行在操作系统之上的。操作系统向上为用户提供管理控制接口，从用户处获取指令、数据等需要处理的内容。向下控制并协调硬件的正常工作，完成用户的各种任务。可以说操作系统是计算机等硬件的灵魂，没有操作系统硬件就无法工作。操作系统的主要功能如下。

- **进程管理**：管理进程的创建、调度、同步、通信等。
- **内存管理**：管理内存的分配、回收、共享等。
- **设备管理**：管理设备的分配、使用、共享等。
- **文件管理**：管理文件的创建、读写、删除等。
- **安全管理**：保护计算机系统免受非法访问、使用和破坏。
- **用户界面**：为用户提供人机交互界面。

9.1.2 操作系统的分类

操作系统按照不同的平台、不同的应用分为不同的种类。比较常见的分类如下。

1. 桌面级操作系统

桌面级操作系统就是台式机、笔记本电脑使用的操作系统，包括常见Windows系列的Windows 10、Windows 11等，如图9-1所示。

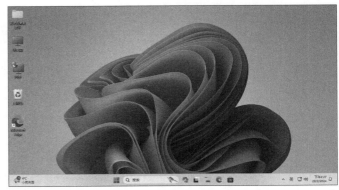

图 9-1

另外还有Linux操作系统发行版本中的桌面版系列，常见的发行版本如Fedora、Debian、CentOS、Ubuntu等，如图9-2所示。以及macOS系统，如图9-3所示。

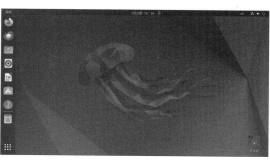

图 9-2

图 9-3

2. 服务器操作系统

服务器操作系统是专门为服务器打造的专业级操作系统。在软件、功能和界面的美观度方面或许比不上桌面级操作系统，但在稳定性、网络响应速度和服务器功能组建方面，是桌面操作系统所不能比拟的。常见的服务器操作系统有Windows Server 2022系列（图9-4），以及Linux发行版中的服务器系统，如常见的RHEL（图9-5）。

图 9-4

图 9-5

3. 移动端的操作系统

移动端的操作系统指网络移动终端，如苹果手机使用的iOS系统（图9-6），以及常见的安卓手机使用的Android系统（图9-7）。

图 9-6

图 9-7

知识拓展

服务器操作系统的功能

服务器操作系统可以用来搭建一些网络服务，如Web服务器、DHCP服务器、文件服务器、域环境等，比桌面级操作系统更加稳定，兼容性更好。

9.1.3 操作系统面临的挑战

操作系统面临的挑战及威胁的主要形式如下。

1. 账户密码的破解

登录系统时主要的安全保护措施是登录密码，通过字典密码猜测和认证欺骗的方法都可以实现对系统的攻击，从而获取管理员权限。

2. 漏洞攻击

不仅操作系统有漏洞，各应用软件以及Windows开启的各种功能本身也有漏洞，有些操作系统还有一些固有的漏洞。攻击者会扫描并密切监视目标，攻击者发现其中的漏洞，并伺机直接访问用户数据。

3. 病毒木马

前面介绍的病毒木马的威胁主要发生在操作系统中，通过病毒和木马，威胁及破坏用户的操作系统及其中的文件，并通过木马反向连接到被攻击者的设备，使其成为攻击者的"肉鸡"。

4. 网络攻击

前面介绍了网络的多种攻击方式、局域网的各种网络欺骗，如ARP欺骗、DHCP欺骗、DNS欺骗等，都会对操作系统造成影响。通过网络攻击除了获取用户信息外，还为入侵用户的系统做好准备。

9.2 Windows系统中的账户安全

用户账户也叫计算机用户账户，是将用户定义到某一系统的所有信息组成的记录。账户为用户或计算机提供安全凭证，包括用户名和用户登录所需要的密码，以便用户和计算机能够登录到网络并访问域资源的权利和权限。

Windows的用户账户也是一组权限和标记的组合体，以用户ID号的形式存在于系统中，每个用户都有不同的账户名。Windows系统会根据不同的账号创建不同的使用环境、登录界面、桌面环境等，并根据权限规定，允许或限制用户运行程序、查看文件、编辑文档等操作。

9.2.1 Windows操作系统中账户的种类

Windows操作系统中的账户是用于识别和管理用户身份的重要组成部分。它们允许用户登录系统并访问其权限范围内的资源。以下是Windows系统中常见的账户种类。

1. 本地用户账户

本地用户账户指账户的信息存储在计算机的本地安全数据库中，只能在该计算机上登录和访问资源。在重装系统或删除账户时会完全消失。本地账户在创建时也不需要联网。根据用户创建形式的不同，本地用户账户可以分为内置用户账户与自定义用户账户两类。

（1）内置用户账户

内置用户账户在系统安装完毕后即存在于用户的系统中，用于完成特定任务，常见的有Administrator和Guest账户等。

- **Administrator**：系统默认的超级管理员账户。具有系统中最高的权限，用于执行计算机的管理工作。此账户无法被删除，默认是锁定状态，也无法登录系统，为了保证系统安全，建议将其改名。
- **Guest**：来宾账户。主要为偶尔访问计算机或网络，但又没有自己的用户账户的用户使用。没有初始密码，仅有最低的权限。
- **DefaultAccount**：也称为默认系统托管账户，是一种已知的用户账户类型。DefaultAccount 可用于运行多用户感知或用户不可知的进程。
- **WDAGUtilityAccount**：该账户是Windows系统为Windows Defender应用程序防护方案管理和使用的用户账户。

注意事项 内置账户的状态

默认情况下，这4种账户是禁用状态，如果发现账户启用，尤其是Administrator账户，有可能系统本身的安装映像被修改过，或者系统本身出现了安全问题，要特别留意。

（2）自定义用户账户

自定义用户账户包括管理员账户和标准用户账户两类，在桌面版操作系统的安装过程中创建的本地用户账户就属于管理员账户。

- **管理员账户**：计算机的管理员账户拥有对全系统的控制权，能改变系统设置，可以安装和删除程序，能访问计算机上的所有文件。除此之外，它还拥有控制其他用户的权限。操作系统中至少要有一个计算机管理员账户。
- **标准用户账户**：标准用户账户是受到一定限制的账户，该账户可以访问已经安装在计算机上的程序，可以设置自己账户的图片、密码等，但无权更改大多数计算机的设置。

注意事项 必须要有管理员账户

无论什么情况下，系统中必须要有一个管理员账户。否则只能启用Administrator账户来调整其他账户的类型。

2. 微软账户

以前的微软账户只在微软的网站和微软的一些软件使用。从Windows 8开始支持使用微软账户登录Windows系统。登录微软账户后，可以同步Windows旗下的所有的消费者服务，包括Windows桌面、日历、密码、电子邮件、联系人、使用环境、设置、音乐、文档、微软商店的应用、Office、Xbox、OneDrive等。

知识拓展

必须使用微软账户登录

随着Windows系统的发展，现在除了Windows Server系统外，普通的桌面级Windows系统，在安装系统时都必须登录微软账户才允许继续安装及进入系统。

Windows 组

组是账号的存放容器，一个组可以包含多个账户。组是一些特定权限的集合，为组赋予某些权限，只要把用户账户加入到不同的组中，该用户账户就会有对应的权限。例如创建管理员账户时，就默认加入到管理员组（Administrators）中，而标准用户默认加入普通用户组（Users）中，所以创建的账户本身的权限是相同的，之所以会有不同权限是加入了不同的管理组中。

9.2.2　Windows认证机制

Windows操作系统采用多种认证机制来验证用户的身份，确保只有经过授权的用户可以访问系统资源。以下是Windows系统中常见的认证机制。

（1）密码认证

密码认证是基本的认证方法，包括使用哈希存储密码而不是明文密码，增加了密码的安全性。通过密码策略来管理密码的复杂度要求、密码历史记录、密码最短长度等。

（2）双因素认证

使用智能卡作为身份验证的因素之一，用户需要提供智能卡和密码。支持使用指纹、面部识别等生物特征作为身份验证的因素之一。

（3）Windows Hello

使用Windows Hello支持的摄像头进行面部识别，代替传统的密码认证。支持使用指纹识别器进行指纹识别，以验证用户的身份。

（4）Kerberos认证

在Windows域环境中使用Kerberos协议进行身份验证，客户端向Kerberos服务器请求票据，以获取对资源的访问权限。一次登录即可访问域中的多个资源，提高用户的操作效率。

（5）NTLM认证

NTLM认证是传统的Windows认证协议，是早期在Windows环境中广泛使用的一种认证协议，使用挑战-响应机制进行身份验证。

（6）Azure Active Directory认证

云身份验证通过Azure Active Directory（AAD）进行身份验证，支持在云端进行身份验证和授权。

（7）访问令牌（Access Tokens）

一旦用户通过身份验证，系统会分配一个访问令牌，用于在会话期间验证用户的身份和权限。系统使用访问令牌来决定用户是否有权访问特定资源。

Windows Passport

Windows Passport是一种密码替代方案，通过使用设备或生物特征进行身份验证，而不是传统的用户名和密码。

9.2.3 Windows账户的安全管理

Windows账户的安全性直接关系到系统的安全性，下面介绍账户安全的一些安全策略及配置。

1. 密码的安全性

Windows账户主要依赖密码进行身份验证，强密码可以帮助用户抵抗网络的入侵。需要注意以下几点。

● **使用强密码**：密码是账户安全的第一道防线，应使用强密码来降低被破解的风险。强密码的特征包括长度至少8个字符，包含大小写字母、数字和特殊符号，避免使用个人信息或常用单词。

● **定期更改密码**：定期更改账户密码可以进一步降低被破解的风险。建议3～6个月更改一次密码。

● **启用双重身份验证**：双重身份验证需要用户提供两个验证凭据才能登录账户，例如密码和指纹、短信验证码等。启用双重身份验证可以显著提高账户安全性。

● **禁用不使用的账户**：禁用不使用的账户可以减少被攻击的潜在目标。定期检查账户列表，并禁用不再使用的账户。

● **限制管理员权限**：尽量避免使用管理员账户进行日常工作，将管理员权限授予需要执行管理操作的用户，并定期审查管理员权限。

2. 配置账户密码策略

用户可以在组策略中配置密码策略和账户锁定策略来提高系统账户的安全性，如图9-8和图9-9所示。

3. 提高用户账户控制级别

在用户账户控制设置中，提高用户账户控制的安全级别，可以预防一些未授权的操作，如图9-10所示。

4. 使用更安全的登录方式

在Windows系统中除了使用账户密码登录外，Windows还支持使用面部识别、指纹识别、PIN码以及安全密钥登录，如图9-11所示。使用这些登录方式可以在一定程度上提高系统的安全性。

图 9-8

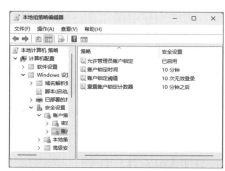

图 9-9

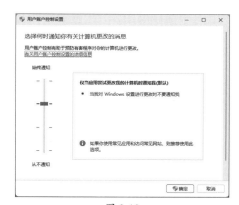

图 9-10

图 9-11

9.3 Windows系统中的安全功能

Windows系统自带一些安全管理工具，如安全中心、组策略、防火墙等，用来提高系统的安全性。

9.3.1 Windows安全中心

Windows系统中的各种安全组件互相配合，成为保障Windows系统安全性的重要一环。Windows 11将各种安全管理功能放置在了安全中心，如图9-12所示。安全中心是查看和管理设备安全性和运行状况的页面。

图 9-12

1. Windows 病毒和威胁防护

Windows病毒和威胁防护是Windows系统自带的，集合了病毒查杀、实时监控、勒索软件防护等常见功能，如图9-13所示。

2. Windows 账户保护

Windows账户保护用来对当前登录的账号进行保护，包括可以查看账户信息、设置同步的内容、设置登录选项、设置动态锁定等内容，如图9-14所示。

图 9-13

图 9-14

知识拓展

安全中心的接管

如果下载了其他杀毒软件，如电脑管家、360安全软件、火绒软件等，Windows病毒和威胁保护会自动关闭，由这些应用接管系统的病毒查杀工作。

3. 防火墙和网络保护

默认防火墙开启了域、专用、公用网络三处防火墙，可以在这里启用和禁用防火墙，如图9-15所示。另外，可以设置禁用某些应用通过防火墙，如图9-16所示。

图 9-15

图 9-16

其他功能

Windows安全中心还提供"应用和浏览器控制""设备安全性""设备性能和运行状况""家庭选项""保护历史记录"等功能。

9.3.2 Windows安全策略

Windows通过本地安全策略和组策略来增强系统安全性。除了可以进行账户和口令的检测与认证外，还可以限制用户的上网时间、非法使用者锁定和密码更改等。验证之后还会涉及资源的访问与控制、本地登录还是交互式登录、登录用户在本地计算机中的操作权利与访问权限等。前面介绍的用户账户策略的密码策略和账户锁定策略就是使用了Windows的安全策略。通过安全策略可以设置从网络上访问的此计算机的账户（图9-17）和拒绝本地登录的用户（图9-18）。

图 9-17

图 9-18

拒绝空密码进行远程桌面登录如图9-19所示，禁止关闭实时防护如图9-20所示。

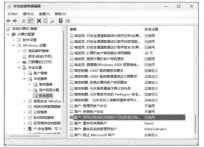

图 9-19

图 9-20

9.3.3　文件系统安全

文件系统安全是操作系统安全，也是保障系统信息安全的核心。Windows文件系统控制谁能访问信息以及能做什么。即使外层账号安全被突破，攻击者还必须获取文件系统的安全控制权限，才能对文件进行各种操作。现在比较常见的Windows文件系统使用的格式为NTFS（New Technology File System，新技术文件系统）。

1. NTFS 权限及使用原则

NTFS权限及使用有以下几个原则。

（1）权限最大原则

当一个用户同时属于多个组，而这些组又有可能被赋予对某种资源的不同访问权限时，则用户对该资源的最终有效权限是在这些组中最宽松的权限，即加权权限，将所有的权限加在一起即为该用户的权限（"完全控制"权限为所有权限的总和）。

（2）文件权限超越文件夹权限原则

当用户或组对某个文件夹及该文件夹下的文件有不同的访问权限时，用户对文件的最终权限是访问该文件的权限，即文件权限超越文件的上级文件夹的权限，用户访问该文件夹下的文件不受文件夹权限的限制，只受被赋予的文件权限的限制。

（3）拒绝权限超越其他权限原则

当用户对某个资源有拒绝权限时，该权限覆盖其他任何权限，即在访问该资源时只有拒绝权限是有效的。当有拒绝权限时权限最大法则无效，因此对于拒绝权限的授予应该慎重考虑。

2. NTFS 权限继承原则

在同一个NTFS分区内或不同的NTFS分区之间移动或复制一个文件或文件夹时，该文件或文件夹的NTFS权限会发生不同的变化。这时NTFS权限的继承性就会起作用，关于NTFS权限的继承性有以下几方面。

（1）同分区移动

在同一个NTFS分区内移动文件或文件夹。在同一分区内移动的实质就是在目的位置将原位置上的文件或文件夹"搬"过来，因此文件和文件夹仍然保留在原位置的一切NTFS权限，准确地讲，就是该文件或文件夹的权限不变。

（2）不同分区移动

在不同NTFS分区之间移动文件或文件夹。在这种情况下文件和文件夹会继承目的分区中文件夹的权限（ACL），实质就是在原位置删除该文件或文件夹，并且在目的位置新建该文件或文件夹。从NTFS分区中移动文件或文件夹，操作者必须具有相应的权限。在原位置上必须有"修改"的权限，在目的位置上必须有"写"的权限。

（3）同分区复制

在同一个NTFS分区内复制文件或文件夹。在这种情况下复制文件和文件夹将继承目的位置中文件夹的权限。

（4）不同分区复制

在不同NTFS分区之间复制文件或文件夹。在这种情况下复制文件和文件夹将继承目的位置中文件夹的权限。从NTFS分区向FAT分区复制或移动文件和文件夹时都将导致文件和文件夹的权限丢失，因为FAT分区不支持NTFS权限。

9.4 提高Windows系统的安全性

提高Windows系统安全性，除了使用系统和第三方的安全组件外，还需要对系统进行一些提高安全性的设置和管理。下面介绍一些常见的操作。

9.4.1 关闭可疑端口及对应进程

端口（Port）是计算机之间通信的接口，从广义上来说，只要该通信使用了服务，而这种服务使用了传输层的TCP/UDP协议，就必然有端口号。通过协商，双方均通过指定的端口号进行通信。端口可以理解成一扇门，只有通信双方的门都打开，才能进行通信。但系统如果受到入侵并被植入木马，则木马会在系统中启动并开启端口等待黑客连接，所以用户可以定期检查端口，如果遇到可疑的端口，可以结束对应的进程。

进程就是正在运行的程序或程序组，因为现在的操作系统都是多任务，可以同时运行多个相同或不同的程序，而程序需要使用一部分系统资源，所以以进程的方式存在，这也是计算机程序管理的基本单位。一个进程可以只有一个程序，也可以包含多个程序。一个程序可以只有一个进程，也可以有多个。

用户可以使用命令来查看当前的联网进程及其所使用的端口号，如图9-21所示。通过PID号可以找到该进程。通过命令或任务管理器可以结束对应的进程，如图9-22所示。

图 9-21

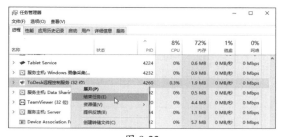

图 9-22

使用第三方工具管理进程

除了使用命令和任务管理器来管理进程外，还可以使用第三方工具，如Process Explorer来查看和管理进程。

9.4.2 系统漏洞扫描及修复

系统漏洞是系统安全的重大威胁之一，通过系统漏洞，黑客可以入侵系统、植入病毒或木马、提升管理权限、窃取数据文件等，所以应尽早发现系统漏洞并修复漏洞。经常采取的措施就是系统漏洞的扫描，该措施也是提高系统安全性的重要方法。

1. 开启系统的更新

通过系统更新可以迅速地修复系统开发商发现的系统漏洞，因为是官方发布的补丁，所以在安全性上是比较可靠的。同样，一些应用软件也通过软件更新来修复发现的漏洞，所以在条件允许的情况下，尽量不要关闭系统和软件的更新，一旦有漏洞被检测出来，要尽快更新系统和软件。

2. 通过第三方工具检测漏洞

很多专业的第三方工具可以全面检测系统，从而发现一些较为隐蔽的漏洞或者其他的安全隐患。用户可以根据提示手动修复漏洞或者查找修复漏洞的程序或补丁。比较常见的专业级扫描工具包括Nmap、Nikto、OpenVAS、Nessus等，如图9-23和图9-24所示。

图 9-23   图 9-24

知识拓展

查询最新的漏洞信息

一些专业的安全员和安全组织在发现了漏洞后，可以提交到漏洞共享平台中，供其他安全人员了解和学习，对于普通用户，可以到这些网站中了解包括系统漏洞、软件漏洞等信息，并查找修复的方法来提高系统的安全性。常见的漏洞统计、共享平台如国家信息安全漏洞共享平台（China National Vulnerability Database，CNVD）、中国国家信息安全漏洞库（China National Vulnerability Database of Information Security，CNNVD）等。

9.4.3 Windows Server系统的备份和还原

Windows Server备份为日常备份和恢复需求提供了完整的解决方案。可以使用该功能备份整个服务器所有卷、选定卷、系统状态或者特定文件或文件夹，并且可以创建用于进行裸机恢复的备份。可以恢复卷、文件夹、文件、某些应用程序和系统状态。另外在发生磁盘故障而又没有冗余阵列的情况下，还可以进行裸机恢复。在备份前，需要为系统添加一块新的磁盘，作为备份存储的介质。才能使用备份功能。用户可以在"服务器管理器"中添加"Windows Server备份"工具，如图9-25所示。安装完毕后，可以在所有程序中找到并启动该工具，按照向导提示进行配置即可启动系统备份，如图9-26所示。

图 9-25

图 9-26

完成备份配置和备份时间配置后，可以立即创建备份。如果系统出现故障，可以再次使用该工具启动恢复，如图9-27所示。

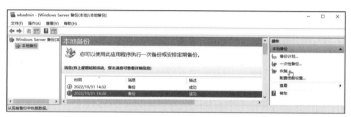
图 9-27

9.5　Linux系统的安全性

Linux系统是一种开源的、可定制的操作系统，广泛应用于服务器、嵌入式设备和个人计算机等领域。尤其是在服务器领域，很多服务器采用的是各类Linux服务器发行版。除了性能强劲外，易于管理配置、支持按需定制也是其特点。通过方便灵活的配置，可以实现一些更高级的功能。Linux另一大优势表现在其安全性上，由于其强大的安全功能，Linux系统在安全性方面一直有着良好的声誉。

知识拓展

Linux内核与Linux发行版

常说的Linux其实从专业角度来说，指的是Linux内核，而不是整个操作系统。Linux内核加上基于Linux内核运行的应用层生态共同组成Linux操作系统。很多组织或厂商通过将内核、桌面程序、管理程序、应用程序、服务程序等组合在一起，进行各种优化与测试后，发布给用户使用，这种建立在Linux内核基础上的不同类型的操作系统就叫Linux发行版，目前市面上约有几百种活跃的Linux发行版。有兴趣的读者也可以自己去下载Linux内核（图9-28），打造自己的系统。

图 9-28

9.5.1 Linux系统安全简介

Linux系统安全性表现在很多方面，下面进行简单介绍。

1. 开源特性

Linux系统是开源的，其源代码对任何人都是可见的。这种透明度使得安全专家能够审查和改进系统的安全性，及时修复漏洞和弱点。

2. 用户权限管理

Linux是一个多用户、多任务的分时操作系统，每一个用户都有自己的用户名和密码，支持多用户同时登录。Linux系统采用基于权限的访问控制，每个用户和进程都有自己的权限。Linux提供详细的文件权限管理机制，包括读、写和执行权限，并且这些权限可以分别对应文件的所有者、同组用户以及其他用户，极大地提高了系统的安全性。

Linux提供多种机制来确保用户账号的安全使用，包括密码策略、用户权限管理等，以防止未授权访问系统资源。

Linux内核安全性

Linux内核的安全措施包括防止缓冲区溢出攻击、内核提权漏洞等，许多网络安全公司基于Netfilter框架开发了入侵检测系统等安全产品。

3. 内建安全功能

Linux系统内建了许多安全功能，如SELinux（Security Enhanced Linux）、AppArmor、iptables等，提供强大的安全保护机制，可以有效防止恶意攻击和未经授权的访问。

Linux系统有各种安全工具，如弱口令检测和网络扫描工具，帮助管理员发现潜在的安全隐患，并采取相应的防护措施。

4. 更新和漏洞修复

Linux社区积极维护和更新Linux内核和软件包，及时发布安全更新和补丁，修复已知的漏洞和安全问题。系统管理员可以方便地通过包管理器进行更新和维护，保持系统的安全性。

5. 审计和日志

Linux系统提供完善的审计和日志功能，可以记录系统的关键事件和操作，如用户登录、文件访问、系统启动等。通过分析日志信息，管理员可以及时发现异常行为和安全事件。

6. 加密和认证

Linux系统支持文件系统加密（如LUKS）和网络通信加密（如SSL/TLS），可以保护数据在传输和存储过程中的安全性。此外，Linux系统支持多种认证方式，如SSH密钥对、双因素认证等，增强身份验证的安全性。

7. 社区支持和安全意识

Linux社区拥有庞大的开发者和用户群体，提供丰富的安全资源和文档，系统管理员和用户

可以通过社区支持和安全意识培训提高对系统安全的认识和保护能力。

8. 网络安全

Linux通过iptables等工具允许定制防火墙规则，关闭不必要的端口，以及实现网络访问控制，从而保护系统不受网络攻击。

9. 引导和登录控制

Linux允许对系统引导过程进行安全控制，如使用GRUB的加密功能，以及对登录过程进行监控和审计，确保系统的启动过程不被恶意软件干扰。

9.5.2 SELinux安全系统

SELinux是Linux内核的一个安全子系统，它可以提供强制访问控制（MAC）。与传统Linux系统的自主访问控制（DAC）不同，MAC强制执行系统的安全策略，即使root用户也无法绕过。这使得SELinux成为提高Linux系统安全性的有效工具。

1. SELinux 的工作原理

SELinux的核心是安全策略，安全策略定义了系统中主体（用户、进程等）和对象（文件、目录等）之间的访问规则。这些规则由策略文件（例如/etc/selinux/policy.conf）和SELinux布尔值（例如/etc/selinux/config）定义。

当一个进程尝试访问一个对象时，SELinux会根据安全策略进行检查。如果进程具有访问对象的权限，则访问被允许；否则访问将被拒绝。即使进程拥有root权限，也无法绕过SELinux的访问控制。SELinux使用多种安全机制来实现强制访问控制。

- **标签**：每个主体和对象都标记有安全标签，标签包含有关其安全属性的信息。
- **访问控制矩阵**：访问控制矩阵定义主体和对象之间的访问规则。
- **安全决策模块**：安全决策模块负责评估访问请求并做出允许或拒绝的决定。

> **SELinux的应用**
>
> SELinux与Linux系统集成紧密，可以与各种Linux发行版（如Red Hat Enterprise Linux、CentOS、Ubuntu等）无缝配合。管理员可以通过配置文件或管理工具（如semanage、setsebool等）对SELinux进行管理和配置。

2. SELinux 的特点

SELinux的主要特点如下。

（1）强制访问控制

SELinux采用强制访问控制模型，与传统的基于权限的访问控制模型不同。在MAC模型中，即使用户拥有访问文件的权限，也必须经过SELinux的授权才能访问。

（2）安全策略

SELinux通过安全策略定义了系统资源（如文件、进程、端口等）的安全标签和访问规则。安全策略使用安全上下文（Security Context）来描述对象的安全属性，包括对象的类型、所有者、组等信息。

（3）安全上下文

安全上下文是SELinux中用于标识和控制系统资源的关键概念。每个对象（如文件、进程、套接字等）都有一个唯一的安全上下文，包括类型（Type）、所有者（Owner）、组（Group）等信息。

（4）SELinux的策略模块

SELinux的策略以模块化的方式组织，每个策略模块包含一组相关的规则和安全上下文定义。管理员可以根据需求加载、启用或禁用特定的策略模块，以满足系统的安全需求。

（5）安全策略类型

SELinux支持多种安全策略类型，包括目标策略（Targeted Policy）、多级安全策略（MLS Policy）、严格策略（Strict Policy）等，每种类型适用于不同的安全需求和环境。

（6）角色和权限

SELinux通过角色和权限来管理用户和进程的访问权限。角色定义了用户或进程可以执行的操作，而权限定义了操作对系统资源的影响。

（7）审计和日志

SELinux提供审计功能，可以记录系统的安全事件和操作，如访问被拒绝、安全上下文的变更等。管理员可以通过分析审计日志，了解系统的安全状况并及时应对安全事件。

（8）增强系统的安全性

通过实施细粒度的访问控制、强制权限检查和安全审计，SELinux可以显著增强Linux系统的安全性，防止恶意软件和攻击者对系统进行破坏和入侵。

3. SELinux 的优势与局限性

SELinux具有以下优势。

- **强制访问控制**：SELinux可以强制执行系统的安全策略，root用户也无法绕过。
- **灵活性和可定制性**：SELinux的安全策略可以根据需要进行灵活配置。
- **细粒度的访问控制**：SELinux可以实现细粒度的访问控制，允许用户控制对每个文件、目录甚至每个进程的访问。
- **日志记录和审计**：SELinux可以记录安全相关的事件，以便进行审计和分析。

SELinux也有以下一些局限性。

- **复杂性**：SELinux的安全策略可能比较复杂，需要一定时间和精力来学习和理解。
- **性能开销**：SELinux可能会增加系统的性能开销，尤其是在启用了一些更严格的安全策略的情况下。
- **兼容性问题**：一些程序可能与SELinux不兼容，需要进行一些调整才能正常工作。

4. SELinux 的使用

SELinux的默认状态是启用，但处于宽容模式。这意味着即使访问请求违反了安全策略，SELinux也会允许访问，但会记录违规行为。要启用强制模式，需要修改/etc/selinux/config文件。

以下是一些基本的SELinux管理命令。

- **sestatus**：查看SELinux的状态。
- **setsebool**：设置SELinux的布尔值。
- **sepolicy**：管理SELinux的安全策略。
- **chcon**：更改对象的SELinux标签。

> **SELinux的使用建议**
>
> 建议在启用SELinux之前先进行测试，以确保系统和应用程序能够正常工作。用户还可以从SELinux社区获得更多信息和支持。

9.5.3　PAM安全机制

PAM（Pluggable Authentication Modules，可插拔认证模块）是Linux系统中一种重要的安全机制，用于对用户进行身份验证、授权和账户管理。它提供一个灵活的框架，允许系统管理员根据需要选择和配置不同的认证模块。

PAM允许将不同的认证方式实现为独立的模块，系统管理员可以根据需要选择和配置这些模块。这种模块化的设计使得系统的认证方式变得灵活且易于管理。

1. PAM 的工作原理

PAM的核心是PAM库，它包含一系列用于身份验证、授权和账户管理的函数。当用户登录系统或尝试执行受保护的操作时，PAM库会依次调用一组PAM模块来处理请求。每个PAM模块都负责执行特定的任务，例如验证用户名和密码、检查用户权限或更新账户信息。

PAM模块的执行顺序由配置文件（例如/etc/pam.d/login）定义。每个配置文件都包含一组PAM模块，每个模块都以一行定义。PAM库会按顺序执行配置文件中的每个模块，直到某个模块返回成功或失败。

2. PAM 的模块类型

PAM模块分为4种类型。

- **auth**：用于验证用户身份，例如检查用户名和密码。
- **account**：用于检查用户账户的状态，例如是否过期或被锁定。
- **password**：用于管理用户密码，例如允许用户更改密码或设置密码过期策略。
- **session**：用于管理用户会话，例如设置环境变量或启动/停止服务。

3. PAM 的优势与局限性

PAM具有以下优势。

- **灵活**：PAM允许系统管理员根据需要选择和配置不同的认证模块，以满足不同的安全需求。
- **可扩展**：可以开发新的PAM模块来扩展PAM的功能。
- **安全**：PAM可以帮助防止未经授权的访问，并增强系统的整体安全性。

PAM也有一些局限性。

- **复杂性**：PAM的配置文件和模块可能比较复杂，需要一定时间和精力来学习和理解。

● **性能开销**：PAM可能会增加系统的性能开销，尤其是在启用了一些更复杂的认证模块的情况下。

4. PAM 的使用方法

要使用PAM，首先需要熟悉PAM配置文件和模块的语法。还可以使用PAM工具，例如pam_list和pam_test来管理和测试PAM模块。以下是有关如何使用PAM的基本示例。

（1）添加新的PAM模块

将新模块的文件复制到/etc/pam.d目录，然后在相应的配置文件中添加一行来引用该模块。

（2）启用PAM模块

在配置文件中将模块的requisite或sufficient选项设置为1。

（3）禁用PAM模块

在配置文件中将模块的requisite或sufficient选项设置为0。

（4）测试PAM模块

使用pam_test工具测试PAM模块的配置。

9.5.4 Linux的安全引导

Linux引导的安全控制是指在启动过程中对引导加载程序和内核进行安全性控制的机制。这些控制措施旨在防止恶意软件对引导加载程序或内核进行篡改，确保系统在启动时的完整性和安全性。

1. Linux 引导过程简介

Linux系统的引导过程通常分为以下几个阶段。

阶段01：BIOS/UEFI阶段。在此阶段，BIOS或UEFI固件会负责执行硬件自检，加载引导程序并启动操作系统。

阶段02：引导加载程序阶段。引导加载程序会负责加载内核映像并启动内核。

阶段03：内核初始化阶段。内核会初始化硬件设备、加载驱动程序并挂载根文件系统。

阶段04：init进程阶段。init进程会负责启动系统服务和用户登录。

2. Linux 引导过程的主要安全威胁

在Linux引导过程中存在多种安全威胁。

● **引导程序劫持**：攻击者可以劫持引导程序，以加载恶意内核或修改系统配置。

● **内核漏洞攻击**：攻击者可以利用内核漏洞来执行任意代码或获取系统权限。

● **rootkit攻击**：攻击者可以安装rootkit来隐藏恶意软件和后门。

● **物理攻击**：攻击者可以直接物理访问计算机以篡改硬件或软件。

3. Linux 引导过程的安全技术及策略

为了抵御Linux引导过程中的安全威胁，可以采取以下安全技术及策略。

（1）使用安全的引导加载程序

使用受信任的引导加载程序，例如GRUB或systemd-boot，并确保其是最新的版本。GRUB

（GRand Unified Bootloader）是Linux系统中常用的引导加载程序。在Secure Boot启用的情况下，GRUB必须提供由受信任的签名机构签名的可信引导加载程序映像，以被UEFI固件加载。

（2）启用安全引导

启用安全引导功能，以防止加载未经授权的内核或引导程序。安全引导（Secure Boot）是一种由UEFI固件提供的安全启动功能，用于防止未经授权的引导加载程序或内核启动。它通过验证引导加载程序的签名来确保引导过程的完整性和安全性。

UEFI Secure Boot

UEFI（统一可扩展固件接口）固件中集成了Secure Boot功能，可以对引导加载程序进行验证和签名检查。经过数字签名的引导加载程序才能被UEFI固件信任并加载启动。

（3）加强内核安全

及时安装内核安全补丁，并启用内核安全功能，例如SELinux和AppArmor。在引导加载程序加载内核时，内核本身也会进行签名验证。只有通过数字签名的内核镜像才能被加载和启动。这可以确保内核的完整性和真实性。

（4）使用完整性保护

使用完整性保护机制，例如dm-verity或Secure Boot，以确保引导过程的完整性。

（5）限制物理访问

限制对计算机的物理访问，并实施物理安全措施，例如使用密码或生物识别技术。

9.6 提高Linux系统的安全性

随着Linux系统的完善以及软件环境的不断优化，Linux系统的市场占用率不断提高。Linux的安全性相较于Windows系统的安全性还是较高的。Linux的安全性由多个要素组成，如操作系统安全、文件系统安全、进程安全以及网络安全等。下面以常见的Linux发行版Ubuntu为例，介绍在Linux系统中如何提高系统安全性。

9.6.1 监控系统资源

实时监控进程，了解进程的运行、结束、僵死以及资源占用情况等，可以使用top命令。通过该命令可以监控系统中的主要资源（CPU、内存等）的利用率，并定期进行刷新。默认根据进程的CPU使用率进行排序，类似于Windows的任务管理器。该命令是一个交互式命令，可以使用按键来显示所需的内容。在终端窗口中直接使用top命令，即可进入进程信息界面，如图9-29所示。

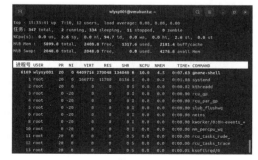

图 9-29

除了使用命令外，Ubuntu还提供图形化界面监控程序进程，类似于Windows的任务管理器，如图9-30所示。可以在这里查看进程的属性信息、停止程序运行等。

在"资源"选项卡中可以查看当前系统中的硬件使用情况，如图9-31所示。如果发现系统占用资源量较高，就需要警惕并从"进程"中查找占用量较高的程序，检测其安全性。

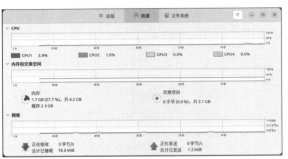

图 9-30

图 9-31

9.6.2　查看系统日志

在Linux运行过程中产生的错误、故障、运行情况、详细信息等都会被记录在日志中，用户可以通过日志了解系统的运行状态，以便解决出现的故障等。常见的日志文件存储在/var/log目录中，如图9-32所示。

图 9-32

9.6.3　在Linux中使用杀毒工具

日常使用Windows时，经常会受到病毒、木马等恶意程序的威胁，会使用各种防毒、杀毒工具来进行抵御。虽然Linux安全性较高，但也不能忽视安全问题，所以很多用户会使用ClamAV来保护系统。

知识拓展

ClamAV

ClamAV是Linux平台最受欢迎的杀毒软件之一，属于免费开源产品，支持多种平台。ClamAV是基于病毒扫描的命令行工具，但同时也有支持图形界面的ClamTK工具。该工具的所有操作都通过命令行来执行，高性能扫描实际是可以很好利用CPU资源的多线程扫描工具。ClamAV可以扫描多种文件格式并扫描压缩包中的文件，其支持多种签名语言，还可以作为邮件网关的扫描器使用。

Ubuntu默认并没有安装该杀毒工具，用户需要配置好软件源，更新后在终端窗口中使用"sudo apt install clamav"命令安装该软件。安装完毕后，使用"sudo service clamav-freshclam stop"命令关闭ClamAV服务，并且使用"sudo freshclam"命令更新病毒库，随后使用"sudo service clamav-freshclam start"命令再次启动。

查杀病毒可以使用"clamscan 目录路径/文件"命令进行查杀，还可以加上"--remove"参数，可在查出病毒后进行删除。

9.6.4 在Linux中使用防火墙

在Linux中使用防火墙需要先配置防火墙的处理规则，可以使用命令进行设置。

1. 设置的基本规则

基本规则是在不满足用户设置的规则的情况下，最终决定数据包的处理方式。配置过程如下：

```
wlysy001@vmubuntu:~$ sudo iptables -F INPUT                    // 清空 INPUT 默认规则
[sudo] wlysy001 的密码：                                        // 验证当前用户密码
wlysy001@vmubuntu:~$ sudo iptables -L                          // 查看所有规则
Chain INPUT (policy ACCEPT)
target    prot opt source              destination
Chain FORWARD (policy ACCEPT)
target    prot opt source              destination
Chain OUTPUT (policy ACCEPT)
target    prot opt source              destination          // 默认允许
wlysy001@vmubuntu:~$ sudo iptables -P INPUT DROP              // 将 INPUT 默认规则改为丢弃
wlysy001@vmubuntu:~$ ping localhost
PING localhost (127.0.0.1) 56(84) bytes of data.
^C
--- localhost ping statistics ---
3 packets transmitted, 0 received, 100% packet loss, time 2027ms
                                                              // 通过测试发现已经全部被丢弃
wlysy001@vmubuntu:~$ sudo iptables -P FORWARD DROP           // 将转发默认规则也改为丢弃
wlysy001@vmubuntu:~$ sudo iptables -L
Chain INPUT (policy DROP)
target    prot opt source              destination          // 丢弃
Chain FORWARD (policy DROP)
target    prot opt source              destination          // 丢弃
Chain OUTPUT (policy ACCEPT)
target    prot opt source              destination
```

2. 添加自定义规则

默认规则配置完毕，可以添加用户自定义的各种规则。例如添加INPUT规则，让所有本地lo接口的PING包都通过，执行代码如下：

```
wlysy001@vmubuntu:~$ sudo iptables -A INPUT -i lo -p ALL -j ACCEPT
wlysy001@vmubuntu:~$ ping localhost
```

```
PING localhost (127.0.0.1) 56(84) bytes of data.
64 bytes from localhost (127.0.0.1): icmp_seq=1 ttl=64 time=0.015 ms
64 bytes from localhost (127.0.0.1): icmp_seq=2 ttl=64 time=0.054 ms
……
^C
--- localhost ping statistics ---
8 packets transmitted, 8 received, 0% packet loss, time 7162ms
rtt min/avg/max/mdev = 0.015/0.029/0.054/0.011 ms
```

要在所有网卡上打开ping功能，可以使用"-p"参数指定协议ICMP，使用命令"--icmp-type"指定ICMP代码类型为8，完整的命令为"sudo iptables -A INPUT -i ens33 -p icmp --icmp-type 8 -j ACCEPT"。

如果要指定数据的来源，可以使用"-s"参数指定网段，完整的命令为"sudo iptables -A INPUT -i ens33 -s 192.168.80.0/24 -p tcp --dport 80 -j ACCEPT"。

可以通过命令将访问记录在LOG日志中，完整的命令为"sudo iptables -A INPUT -i ens33 -j LOG"。

配置完毕后可以通过命令查看规则，执行代码如下：

```
wlysy001@vmubuntu:~$ sudo iptables -L --line-numbe
Chain INPUT (policy DROP)
num  target    prot opt source          destination
1    ACCEPT    all -- anywhere       anywhere
2    ACCEPT    icmp -- anywhere        anywhere  icmp echo-request
3    ACCEPT    tcp -- 192.168.80.0/24 anywhere  tcp dpt:http
4    LOG       all -- anywhere        anywhere  LOG level warning
Chain FORWARD (policy DROP)
num  target    prot opt source          destination
Chain OUTPUT (policy ACCEPT)
num  target    prot opt source          destination
```

规则的备份与还原

可以使用命令将规则导出为文件进行备份，在出现故障或规则丢失后，可以将规则导入实现还原。

备份规则，可以使用命令"sudo iptables-save > save.txt"，将规则导出为文档即可。

还原规则，可以使用命令"sudo iptables-restore < save.txt"将文件中的规则导回iptables中。

9.6.5　定期更新系统

提高Linux系统安全性的最简单、最有效的方法之一就是定期更新。更新通常包含解决系统漏洞的安全补丁和错误修复。因此，定期安装更新和补丁的方法非常有用。

以Ubuntu为例，在配置好系统软件源后，可以使用命令"sudo apt update"更新索引，使用

命令"sudo apt upgrade"进行正常更新，如
图9-33所示。

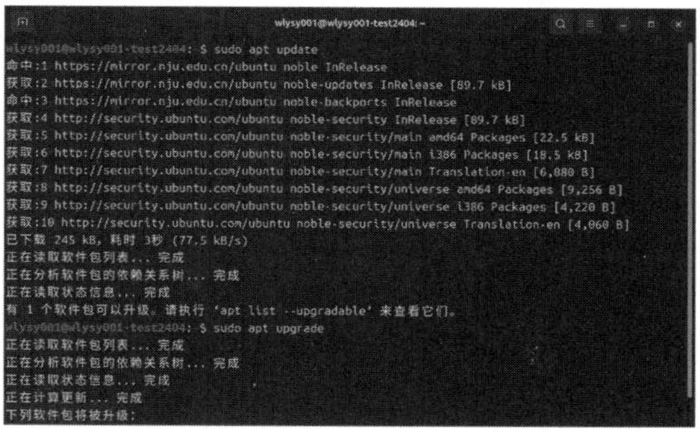

 解决依赖性更新

如果有依赖性更新，可以使用命令"apt
dist -upgrade"进行更新。

图 9-33

9.6.6 账号的安全管理

用户账号是计算机使用者的凭证或标识，每一个要访问系统资源的人，必须凭借其用户账
号才能进入计算机。Linux系统提供多种机制来确保用户账号的正确、安全使用。

1. Shell 环境设置

将非登录用户的Shell设为"/sbin/nolgin"或者"/bin/falsh"。如果想继续登录，就可以将其
改为"/bin/bash"。

2. 锁定长期不使用的账户

可以使用命令来锁定一些长期不使用的账户，在需要时再解锁。可以使用命令"sudo
usermod -L用户名"锁定，执行代码如下：

```
wlysy001@vmubuntu:~$ sudo cat /etc/shadow | grep user1
user1:!$y$j9T$R44OpxoFla9nrlivGIU5I1$VRPGsaFckBw4iNJxNIK4yxFUv8ziNZ7LvBWwsv2Z
rj9:19375:0:99999:7:::
wlysy001@vmubuntu:~$ sudo usermod -U user1
wlysy001@vmubuntu:~$ sudo cat /etc/shadow | grep user1
user1:$y$j9T$R44OpxoFla9nrlivGIU5I1$VRPGsaFckBw4iNJxNIK4yxFUv8ziNZ7LvBWwsv2Z
rj9:19375:0:99999:7:::
```

可以使用命令"sudo usermod -U 用户名"解锁。

 锁定的其他方法

可以使用命令"sudo passwd -L 用户名"锁定用户账户，使用命令"sudo passwd -U 用户名"
解锁。

3. 删除无用或可疑账户

对于无用账户，建议用户删除，以防止被恶意使用。如果发现系统账户中有可疑账户，也
应尽快删除。删除用户，可以使用命令"sudo userdel 用户名"，执行代码如下：

```
wlysy001@vmubuntu:~$ sudo userdel user4
wlysy001@vmubuntu:~$ sudo cat /etc/passwd /etc/shadow /etc/group /etc/gshadow | grep user4
wlysy001@vmubuntu:~$                    // 找不到任何关于 user4 的记录
```

可以使用"-r"选项，在删除用户的同时删除该用户的主文件夹。

4. 锁定账号文件

在Linux中，账户的信息保存在passwd中，密码信息则保存在shadows中。用户可以使用"sudo chattr +i 文件名"命令锁定账号文件，使用"sudo chattr -i 文件名"命令解锁账号文件。锁定后就无法创建新用户，也无法修改密码，在一定程度上提高了系统的安全性。

9.6.7　使用复杂密码

提高Linux系统安全性的另一个重要步骤是使用强密码。弱密码很容易被猜测或破解，攻击者可以轻松访问用户的系统。强密码的长度应至少为12个字符，并且应包含大小写字母、数字和符号。还应避免使用常用单词或短语，以及对多个账户使用相同的密码。如果发现密码不安全，应尽快在系统中更改密码，如图9-34所示。

```
wlysy001@wlysy001-test2404: $ sudo passwd
[sudo] wlysy001 的密码：
新的密码：
重新输入新的密码：
passwd: 已成功更新密码
```
图 9-34

9.6.8　禁用不必要的服务

提升Linux系统安全性的关键方法之一是关闭不必要的服务。服务是在系统后台运行的、提供特定功能的程序。但有些服务或许是不必要的，甚至可能成为安全隐患。

要查看Linux系统中当前运行的服务列表，可以使用systemctl命令。例如，查看所有活跃服务的状态，可以使用"systemctl status"命令，如图9-35所示。

```
wlysy001@wlysy001-test2404: $ systemctl status
● wlysy001-test2404
    State: running
    Units: 529 loaded (incl. loaded aliases)
     Jobs: 0 queued
   Failed: 0 units
    Since: Wed 2024-05-08 13:26:15 CST; 7min ago
  systemd: 255.4-1ubuntu8
   CGroup: ┬init.scope
           │ └─1 /sbin/init splash
           └─system.slice
             ├─ModemManager.service
             │ └─1450 /usr/sbin/ModemManager
             ├─NetworkManager.service
             │ └─1412 /usr/sbin/NetworkManager --no-daemon
```
图 9-35

如果要禁用某个服务，同样可以使用systemctl命令。例如，禁用telnet服务可以使用"sudo systemctl disable telnet"命令。

9.6.9　加密数据信息

数据加密也是保护数据免受未授权访问的有效方式。加密是将数据转换成无法读取的格式，除非拥有解密密钥。这意味着即使攻击者获取了数据，没有密钥也无法解读。

Linux提供多种加密工具，如LUKS（Linux统一密钥设置）和dm-crypt。LUKS是一种磁盘加密系统，可以加密整个分区；而dm-crypt可用于加密单个文件或文件夹。

9.6.10 使用安全的远程管理协议

telnet使用明文传输数据信息，已经很少使用。用户远程管理Linux服务器，可以使用更加安全的协议，如SSH，如图9-36所示。SSH是一种加密的网络协议，可以安全地登录远程服务器。通过使用SSH，可以防止用户通过暴力破解密码或网络监听等方式获取服务器的访问权限。也可以使用第三方的远程管理工具，如PuTTY进行远程管理，如图9-37所示。

图 9-36

图 9-37

9.6.11 限制用户使用su命令

默认情况下，任何用户都允许使用su命令，有机会反复尝试其他用户（如root）的登录密码，带来安全风险。为了加强su命令的使用控制，可借助于PAM认证模块，只允许极个别用户使用su命令进行切换。

可以将允许使用su命令的用户加入wheel组，并启用pam_wheel认证模块。

9.7 知识延伸：系统密码的破解

如果用户可以接触到目标主机，则可以使用工具清空密码，也就是说如果能接触到设备，那么其他的网络安全、系统安全防御全部形同虚设。

1. Windows 密码的破解

Windows登录密码加密存储在系统的SAM文件中。通过工具可以进行读取和修改，可以通过工具禁用或启用账户。但需要注意，因为是加密存放，所以这类工具一般不能修改密码，只能将密码清空。

本例使用的工具是Windows Login Unlocker。该软件是一款系统密码重置工具，在使用计算机时，经常会遇到忘记系统密码的问题，通过该软件的重置功能将系统的密码清空，以便让用户可以登录对应的系统。

很多PE都集成了该工具，制作好系统并启动PE后，将U盘插入计算机，启动计算机到PE环境中，可以启动该软件，如图9-38所示。

图 9-38

使用方法也非常简单，选择账户后，单击"重置/解锁"按钮，即可重置账户密码。如果使用微软账户登录，也可以使用该方法清空账户登录密码或PIN码，但该账户会被转换为本地账户，需要特别注意。

除了清空密码，选中用户后，单击"重置/解锁"的下拉按钮，或者在账户上右击，可以禁用账户、重置PIN码、重置密码、在管理员/标准账户之间切换、删除用户、查看用户信息，如图9-39所示。另外还可以创建新用户。

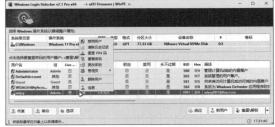

图 9-39

用户可以直接选择系统，单击"绕过"按钮，可以绕过当前登录的用户，使用没有密码的administrator来登录系统。

2. Linux 密码的破解

在Linux中，密码一般存放在"/etc/shadow"中，可以使用Kali对该文件进行破解，所使用的破解工具就是John the Ripper。用户可以将其他Linux的shadow文件导出并在Kali中破解，如果是Kali系统，则可以直接破解。下面介绍文件的导出及破解过程。

步骤 01 进入Kali，切换到root用户或者使用sudo，使用"cat /etc/shadow > hash.txt"命令将密码文件导出，如图9-40所示。

步骤 02 使用"john --format=crypt hash.txt"命令，通过字典运算与该文件中的哈希值进行比较，成功后则高亮显示破解的密码，如图9-41所示。此时不需要root权限，可以直接执行。

图 9-40

图 9-41

3. 在 Linux 系统中破解 Windows 登录密码

如果用户可以直接接触该主机，可以使用安装了Kali的U盘或Live版本的其他介质来进行SAM文件的破解。用户可以在Kali中进入"windows\system32\config"目录，使用"samdump2 SYSTEM SAM -o sam.hash"命令将SAM文件中的用户账户和加密密码提取出来，然后使用John the Ripper工具进行密码的破解，此时类型为NT，破解后，会高亮显示密码以及对应的用户账户，如果被禁用了，也会以"*"进行提示，执行效果如图9-42所示。

图 9-42